波動現象

平尾淳一／牧野　哲
師　啓二／徳永　旻 [共著]

現象と数学的体系から見える物理学────3

森北出版株式会社

●本書のサポート情報を当社 Web サイトに掲載する場合があります．
下記の URL にアクセスし，サポートの案内をご覧ください．

http://www.morikita.co.jp/support/

●本書の内容に関するご質問は，森北出版 出版部「(書名を明記)」係宛
に書面にて，もしくは下記の e-mail アドレスまでお願いします．なお，
電話でのご質問には応じかねますので，あらかじめご了承ください．

editor@morikita.co.jp

●本書により得られた情報の使用から生じるいかなる損害についても，
当社および本書の著者は責任を負わないものとします．

■本書に記載している製品名，商標および登録商標は，各権利者に帰属
します．

■本書を無断で複写複製（電子化を含む）することは，著作権法上での
例外を除き，禁じられています．複写される場合は，そのつど事前に
(社)出版者著作権管理機構（電話 03-3513-6969，FAX 03-3513-6979，
e-mail：info@jcopy.or.jp）の許諾を得てください．また本書を代行業者
等の第三者に依頼してスキャンやデジタル化することは，たとえ個人や
家庭内での利用であっても一切認められておりません．

このシリーズのまえがき

● このシリーズがまず最初に目標としたこと

「物理学はなんでこんなに難しいのか，まるで数学ではないか．」

これは高校生や大学生からよく聞かされる感想である．たぶん，いま本書を手にされている諸君は，どちらかというと物理や数学が好き，あるいは，興味がある，という方なのであろう．しかし，次のような感想をもったことはないだろうか．

「物理の法則はすべて実験にもとづき，実験を行って発見されたことは知っている．しかし，高校では物理の実験をほとんどやらないので，実験と本に書いてある法則とがどのように結びつくのか，実感としてよくわからない．」

このシリーズの著者らはまずこの点に注目した．

現象をよく観察し，そこから一般的な法則をみつけ出す．

誰もが知っているこの過程を追体験できるような本，これまで出版されている物理書とはいささか異なるスタイルの本，を考えた訳である．

● インターネットと書物

■ **インターネットは万能ではない** 現代では必要な知識はインターネットを用いて何でも手に入れることができる，といわれている．本当だろうか．検索のスピードやそのもととなる情報量の膨大さを比べると町の図書館など遠くおよばないようにも思える．「インターネットにつながる PC（パソコン）がいつもそばにある」という状況が現実のものとなり，インターネットはますます情報入手のための重要な手段となっている．インターネットがこれからも進化を遂げれば，知的な作業でできないことは何もないと考えられがちである．果たしてそうだろうか．

確かに，キーワードを入れて検索エンジンで検索すると，たがいに独立した膨大な量の件数がヒットする．しかし，検索の仕方にもよるだろうが，ヒット件数のほとんどがこちらの意図しない内容であったり，ほとんど役にたたないゴミのような情報であることが多いこともまた事実である．われわれはこの「ゴミ」のなかから「信頼できて役にたつ情報」を選り分けなくてはならない．書かれている情報をそのまま鵜呑みにしてはならないのである．

今日のようなブームになる前からインターネットを利用してきた著者らは，インターネットを「善意にもとづくボランティアによるネットワーク」と信じたい．しかし，故意ではないにしろ，勘違いによる誤報を公開してしまうことは十分にありうる．

　ここで，「情報検索」というよく似た機能をもつ書物の例を考えてみよう．百科事典である．最近は「場所をとる．重い．」ということで，何冊にもわたる全集の百科事典は売れ行きがよくないと聞いている．百科事典である項目を調べる際は，もちろん手めくりによるので，たいへん時間がかかるし作業効率はよくない．しかし，書かれた内容については，おそらく何回にもわたる校閲を経たものであるから，十分信頼することができる．つまり，情報源として「信頼性のリスク」は少ない．

　インターネットの特徴を述べたものとして，次の一文がある．
　　「ネットはあらゆるものを捉えることができるが，しかしリスクだけは捉えることができない*．」
つまり，人はネットの内側にいる限り，情報を受信するにせよ送信するにせよ，望むなら匿名性を保ち，傷つくことはないが，いったん身をネットの外側におけば，リスクをおわねばならないなんらかの現実にかかわることになる．

　教育現場でもそうである．教師と学生，生身の人間どうしが学問を通じてぶつかりあう．教育にはこのような緊張をともなったローカルな環境が必要なのであって，グローバルな，場合によっては匿名性をもつがゆえにリスクから解放されたインターネットだけでは不可能なのである．

■ **書物を探す能力**　大学で何を教えるかについて，次のようなことがよくいわれる．
　　「大学では知識を教えるのでなく，その知識を得るための本の選び方，本の読み方を教えるのだ．」
書物から情報を得る一連の作業は，長い間に絶え間なく継続して行ってきた訓練によって身につくものである．近未来人が，手間隙がかかって不便だからといってこの能力を失ってしまうとしたら，その人たちの思考力はかなりいびつなものとなるであろう．人の思考ではこうした離散性，連続性の両面の情報に基づく判断が必要なのである．それはあたかも，自然界は粒子的描像に基づく記述だけではいい表せず，波動的描像に基づく記述も必要であると物理学が示すことにも通じている．

＊　ヒューバート L. ドレイファス著，石原孝二訳「インターネットについて─哲学的考察」2002 年，産業図書．116 ページ．この著者は決してインターネットを全否定している訳ではない．

■ **インターネット時代の書物のあり方**　しかし，書物から情報を得る一連の作業には速報性が欠けていることは明白である．出版物である以上，誤植や（もちろんあってはならないことであるが）記述の誤りから完全に免れることはできない．従来の出版では版を改めるまでは修正することが不可能であった．この点についてはインターネットの利点を大いに活用しよう．つまり，本シリーズの出版元である森北出版株式会社のホームページにコーナーを設けて，そちらで修正事項や最近のニュースなど up-to-date な対応をしていきたいと著者らは考えているのである．

● 物理学的思考を身につけるために

■ **物理，および，これに関連する数学の基礎理論の全体像を示すこと**　物理ではその出発点の物理法則の解釈が最も難しい．従来の物理学書は，物理法則からはじまって例題・演習問題に終わる構成である．体系としての物理学はその通りなのであるが，これらを理解するには，けっきょく，終点の例題・演習問題から再び出発点に戻って考え直す必要が出てくる．このシリーズではこのような物理書を読解するうえでの難しさをとり除く工夫が施されている．

　科学技術の発展により，最先端の科学・技術を学ぼうとする若者たちが各専門課程の入り口にたどりつくまでに学ばなくてはならないことはとても多いので，なかには膨大な知識の迷路に迷い込み思わぬ回り道をすることもあった．そんなことのないようにと，この全 10 巻からなるシリーズの第一目標は，各部分の相互関連を念頭におきながら，メインテーマの流れを追うことを重視し，思い切ってスリム化して，物理，および，これに関連する数学の基礎理論の全体像を示していることにある．

■ **シリーズの目次**　シリーズの各書のタイトルはそれぞれ次の通りである．

第 1 巻　力学 I—数学編：微分積分学
第 2 巻　力学 II—数学編：線型代数学
第 3 巻　波動現象—数学編：フーリエ解析
第 4 巻　連続体の物理—数学編：複素関数論
第 5 巻　電磁気学 I—数学編：ベクトル解析
第 6 巻　電磁気学 II—数学編：特殊相対論のための数学
第 7 巻　熱力学・統計力学—数学編：確率・統計学
第 8 巻　近現代科学の発展
第 9 巻　量子力学 I—数学編：関数解析
第 10 巻　量子力学 II—数学編：物性論のための数学

■**本書は 3 部構成**　インターネットを利用するのであれ，書物を調べるのであれ，時間と手間をかければ，「知識」を得ることはできる．問題は「知恵」である．「得られた知識を整理統合して，そこから新しいものを創り出すことができる」こと，これこそが大切である．つまり，自分が得た知識を十分に理解し，自由に応用できるレベルまで高めること，これ以外にはない．そこで，本シリーズの各巻は，読者が上記の目標を実現することを念頭において，他の類書にはない，書き方の異なる 3 部構成をとることとした．

$$\left\{\begin{array}{ll} 第 I 部 & 現象から理論を予測する \\ 第 II 部 & 数学編 \\ 第 III 部 & 物理編 \end{array}\right.$$

■**第 I 部の構成**　ここではまず，各分野の特徴的な物理現象を紙上実験を通して紹介する．データは実際に実験をおこなって得たもの，公表された観測値などを参考に作成したものをもちいている．読者のなかには，自分で実際に実験をやってみる人もいるであろう．それが最良であることはいうまでもないが，忙しい現代であるからそこまでやる時間がないという人は，十分想像力を働かせて実験をしたつもりになってほしい．しかし，ここから先，実験データを四則演算やグラフを描く作業を通じて分析し，つづいて自力でこの現象の

図 1　岡潔の肖像

規則性（現象論的規則）をみつける作業をしながら進むという本の読み方を読者にお勧めする．著者らは誘導はするが，基本的には読者が自分でやってもらいたい．これは，考えるということが，身体性をともなう操作，何よりも手を動かすということと連動して有効性を発揮しているらしいからである．

　数学者岡潔（図 1）[†]は研究発表した若い数学者に対して
　　「もっと前頭葉を使え．」
と叱ることがあった．脳の研究ではいまだによくわからないことが多いのであろうが，前頭葉は大脳のなかの高度な知的機能の中枢でもあり，他方，1 次運動野という身体運動の司令塔でもある．脳外科医ペンフィールド（1891–1976）の図（図 2）では手に対応する範囲がとても広い．知的機能との関連は不明であるが，手を使う

---

† （1901–1978）昭和初期から多変数解析関数についての世界的研究を残され，また，創造の源として情緒の必要性を説いた数学者．

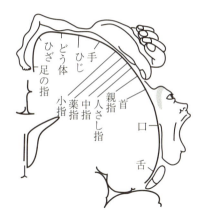

図 2　ペンフィールドの図

ことは，ともかく，前頭葉を使っていることになる．

■**第 II 部の構成**　この部分では，いわゆる物理数学ではなく，純粋数学の観点からタイトルにある数学部門を体系的に展開する．これは，物理学が第 I 部の「現象論的規則」から第 III 部の本質的な「物理法則」にジャンプするためには，この数学の全体像が必要だからである．このことは，物理の原理は断片的な数学公式を用いて証明できるものではないという構造とも関連する．物理学の各分野の一体系をよく「＊＊力学」とよぶことがあるが，このような力学の創設者の頭のなかには，これに関連する数学体系のエッセンスがその数学が完成する以前からあったに違いないことは科学史のなかから確認できる．

　前述したように第 II 部はそれ自体が独立した数学的内容の章からなるので，ここを先に読まれてもあとから読まれてもとくに支障はない．しかし，第 I 部に続けて第 II 部を読まれる諸君には，なんでこのような数学的議論がここからはじまるのか，面食らうかもしれない．そこで，第 II 部の前に，いわば"助走区間"として，「第 I 部から第 II 部へ」という章を用意したので，まずこの章を読んでから，第 II 部へ読み進んでいってほしい．

■**物理と数学のつながり**　数学と物理は論理以前の底流で深くつながっていることは明らかであるが，このことを物理学の理論的記述，あるいは，数学の理論的記述に従って余すところなく説明するということは不可能である．前述のように，物理学は数学の助けを得て論理構造を明らかにすることができた．数学はそれ自体物理学とは異なる論理体系をもつ独立した学問であるが，本書では物理学と数学の底流におけるつながりを解説することを試みる．第 II 部に入る前に「第 I 部から第 II 部

へ」と題し物理の側から数学へのアプローチを試みているので，第 II 部の各章の末尾においては各章の内容にもとづいて，数学の側からみた「物理へのつながり」を考えてみることとした．この部分は，従来，講義のなかでは話題になっても，教科書に書くのはためらわれる個所なのであるが，数学と物理学の関係をさらに密なるものとするため，著者たちにとっては十分「リスク」の多い試みであるが，あえて設けた次第である．

■**第 III 部の構成** ここでは，数学によって表現されてはいるが，数学とは独立した物理学理論の体系が展開される．第 I 部で得られた現象論的規則は，その体系のなかに現れる物理法則のほんの 1 例題として吸収されてしまう．読者は現象論的規則がより適応範囲の広い，原理としての「物理法則」へと昇華したことを実感するであろう．しかし，ここで注目しなければならないことは，これら現象論的規則には必ずこれにあてはまらない例外が出てくること，すなわち，適用限界がやがて明らかになる，ということである．つまり，数学的にはぬけ道なく保障されたかにみえる物理法則にも"ほころび"があるということなのである．

そういう事情から，本書ではある原理を導いたらそれが終点であるというような書き方はしていない．その原理を理解し十分使いこなすこと，そして，その原理を超えたまた次の段階を予測することが，読者にも望まれているのである．「論語」雍也篇第六に次の一文がある．

「子曰，知之者不如好之者，好之者不如樂之者．」

（子曰わく，之れを知る者は之れを好む者に如かず．之れを好む者は之れを楽しむ者に如かず．）

桑原武夫によると，「『知る』・『好む』・『楽しむ』は対象とのかかわり方の深浅を表していて，はじめの 2 つの段階を経てから『楽しむ』という理想郷に達する．しかし，いきなり第三段階に達することは許されないのであって，漸次的完成でなければならない」という[‡]．諸君が本書を読まれて「物理を知る」段階を経て「物理が好き」になり，さらには「物理を楽しむ」段階に達することができたなら，それこそ著者らの最高の喜びである．

[‡] 「論語」p165．筑摩書房 1982．

本シリーズの【実験】について

　本書で取り上げている「紙上実験」は，初学者が物理を理解するための教育的効果を考えて著者たちが導入した形式であって，中には実際の実験報告，観測データも含まれているにせよ，あくまでも思考訓練のためのものである．全てが現実の実験であると受け取られることのないように，特に教育者の立場にある人にはお願いしたい．

　通常，物理学書にある演習問題の実験は「問題を解くための」思考実験であり，ともすれば法則から式を導くこと，そしてその式に数値を代入して答を出すことに終始しがちである．また，実際の実験は，教育のための学生実験であっても，たとえば熱力学を習っていないうちに，温度・圧力等の影響を考えたり，とか，質点の力学しか習っていない時点で，剛体の運動の知識が必要であったり，などと，かならずしも教育の進度とは連携していないことが多いものである．本シリーズでは，原則として，「学習の順序を重視し先へ行って習う知識を先回りして押し付けない」という方針をとっているため，ここで紹介している「実験」は，特定の物理的事実のみを理解するために実際の実験よりも項目をしぼった形をとっている．そして，「データ」は以下の方針で作成された．

1. 実際に測定したデータについては，分析しやすいように数値を整えた．
2. 理論に基づいて計算したデータについては，読み取り誤差のみが発生するとして，その精度の範囲でばらつきがでるよう乱数を用いて人為的に数値を与えた．

　コンピュータ等で作成されたデータを使っているとはいえ，実験データから物理的事実を読み取ろうとする努力が必要であることは実際の実験の場合と全く同じである．つまり，物理現象に関わる「気づき方」を学んで欲しいのである．読者諸君は，他書にはないこの新しい試みに対して，どうか果敢に取り組んでいただきたい．

波動現象のまえがき

● 波とは

　この巻は「波動現象」について論じる．この分野の従来のテキストでは「振動・波動」，つまり，力学の一分野である≪振動≫を導入部とするものであるか，あるいは，「音波」，「光学」，これらは現象論に終始するか，または，前者については「流体力学」に含まれる≪圧力波≫，後者については「電磁気学」に含まれる≪電磁波≫から説き起こすもの，であって，波動そのものを真正面から論じた書は，おそらくあまりなかったのではないだろうか．

　いったい，≪波≫，あるいは，≪波動≫とは何であろうか．波動とは，

　　これを伝える空間（媒質）そのものは移動せず，空間の一点に生じた状態
　　の乱れが次々と有限な速度で周囲に伝わっていく現象

と定義される．

　物理学のその他の分野，「力学」，「電磁気学」，「熱力学」などでは，第1法則，第2法則，……というように，整然とした体系化がなされている．しかし，「波動」はこのように体系立てて論じることができないのであろうか？　徹底してその点を追及するならば，本シリーズの程度を超える「場の理論」からはじめなければなるまい．

　しかし，そこまでは立ち入らない．そういった事情から，本書の第Ⅰ部では「波動」のさまざまな現象を確認し，そこから運動法則を探っていくという方法論をとった．ついで，第Ⅲ部では波に関する数少ない原理と公式から出発して，第Ⅰ部で展開した波動に関係する多彩な現象を可能な限り統一的に論じる道を選んだ．ところで，第Ⅰ部と第Ⅲ部の中間に記述した第Ⅱ部，「フーリエ級数」と「フーリエ変換」は，観点を変えるなら，この部分が抽象的な波動の理論であると言えないこともない．その意味では≪波動≫は他の分野にもまして，もっとも数学との対応の深い分野なのである．

● 本書を読むために必要な予備知識

　この本の特徴として，はじめに実験データを考察することから学習する構成となっているので，本書を読むためには予備知識が必要である．以下に示す予備知識については，すでに「『力学Ⅰ』のまえがき」で詳しく述べているので，ぜひ目を通して

おいていただきたい．

1. 単位・測定値と誤差・有効数字
   - 単位について
   - 測定値と誤差
   - 有効数字と物理量の表記法
   - 測定値の加減乗除
   - 物理量を文字式で表す場合の表記法
2. 速度・加速度
   - 成分表示
   - 平均速度と瞬間速度
   - 平均加速度と瞬間加速度
   - 速度・加速度の向きについて

最後に，本書ではなるべく「長さは m（メートル），質量は kg（キログラム），時間は s（秒）」に統一して表すこととしている．これは，**国際単位系（SI）**に採用された基本単位であって，たとえば速度の単位は m/s というように，基本単位を組み合わせて表現し，混乱を避けたいがためである．

目 次

このシリーズのまえがき　i
波動現象のまえがき　viii

第 I 部　現象から理論を予測する

第 1 章　水面の波 ･･ 2
 1.1　水面の波の伝播　▶　2
 1.2　津　波　▶　7
 この章のまとめ　▶　10

第 2 章　音　波 ･･ 11
 2.1　うなり　▶　11
 2.2　定常波　▶　18
 この章のまとめ　▶　22

第 3 章　光　波 ･･ 23
 3.1　反射・屈折　▶　23
 3.2　干　渉　▶　33
 3.3　回　折　▶　40
 3.4　偏　光　▶　54
 この章のまとめ　▶　61

第 4 章　弾性体の波 ･･ 63
 4.1　弦を伝わる波　▶　63
 4.2　地震波　▶　70
 この章のまとめ　▶　79

第 I 部から第 II 部へ　81

第 II 部　数学編

第 1 章　フーリエ級数 ………………………………………………… 84
- 1.1　フーリエの発想　▶　84
- 1.2　L^2 の正規直交系にかんするフーリエ展開　▶　86
- 1.3　ベッセルの不等式　▶　86
- 1.4　完全正規直交系　▶　87
- 1.5　三角関数系　▶　87
- 1.6　区分的になめらかな関数のフーリエ級数の各点収束　▶　88
- 1.7　なめらかな関数のフーリエ級数の一様絶対収束　▶　90
- 1.8　三角関数系の完全性　▶　90
- 1.9　リーマン–ルベーグの定理　▶　91
- この章のまとめと物理学への応用　▶　92

第 2 章　フーリエ変換 ………………………………………………… 99
- 2.1　動　機　▶　99
- 2.2　反転公式　▶　100
- 2.3　パーセヴァルの等式，等長変換としてのフーリエ変換　▶　101
- 2.4　フーリエ変換のメリット　▶　102
- 2.5　熱方程式への応用　▶　102
- この章のまとめと物理学への応用　▶　103

第 III 部　物理編

第 1 章　波動の表現方法 ……………………………………………… 108
- 1.1　波の重ね合せの原理と波動方程式　▶　108
- 1.2　波動関数とそこに含まれる物理定数の意味　▶　113
- 1.3　平面波と球面波　▶　125
- 1.4　波動方程式を満たす波動，満たさない"波動"　▶　130
- この章のまとめ　▶　150

第 2 章　波の伝播 ……………………………………………………… 152
- 2.1　座標変換とドップラー効果　▶　152
- 2.2　ホイヘンスの原理とキルヒホッフの公式　▶　161
- 2.3　波のエネルギーの流れ　▶　170
- この章のまとめ　▶　178

第 3 章　基準振動 180
- 3.1　1 次元スカラー波の具体例　▶　181
- 3.2　2 次元スカラー波の具体例　▶　186
- 3.3　3 次元ベクトル波の具体例　▶　190
- この章のまとめ　▶　193

第 4 章　うなり，回折，干渉 194
- 4.1　うなり　▶　195
- 4.2　波の回折　▶　198
- 4.3　波の干渉　▶　218
- この章のまとめ　▶　226

第 5 章　幾何光学 228
- 5.1　幾何光学の基礎方程式と幾何光の流れ　▶　228
- 5.2　反射・屈折の法則　▶　233
- 5.3　反射・屈折にともなう干渉　▶　235
- 5.4　近軸光線　▶　239
- この章のまとめ　▶　253

第 6 章　非線型波動 255
- 6.1　波動方程式の"拡張"　▶　255
- 6.2　KdV 方程式と孤立波　▶　258
- 6.3　ザブスキー－クルスカルの数値計算とソリトン　▶　266
- 6.4　数値計算法　▶　273
- 6.5　ソフトウエア　▶　282
- この章のまとめ　▶　290

参考文献　　292
編集者あとがき　　293
四か国語索引　　295

第Ⅰ部
現象から理論を予測する

第1章 水面の波

この章のテーマ

「波・波動」とは，ひとことで言えば，「ある点において生じた物理量の変化が空間を伝わり別の場所に到達する」という現象である．しかし，具体的な「波」というと，海の波，池や沼の水面を伝わっていく波，を思い浮かべる人は多いであろう．これらの波は水面に波紋を作りながらゆっくりと広がっていく．さらに，伝わる様子を直接見ることはできないが，「音」や「光」も「波」と理解されている．音は空気や，金属などの固体中を伝わるが，真空中は伝わらない．一方，光は非透明な物質中は伝わらないが，空気中はもちろん真空中でも伝わる．

このように「波動現象」と言っても，"波を伝える物理量"，"伝わる物理量" において多種多様の実例がある．しかし，波としての共通した性質はあるはずで，本巻の第Ⅰ部では，その「波動性」に着目し，いろいろな「波動現象」をとりあげ，それらの物理的性質を明らかにしたい．そこでまず本章では，最初のテーマとして，私たちに一番なじみのある，「水の表面を伝わる波」から考えてみることとしよう．

1.1 水面の波の伝播

池に石を投げ込んだとき，波紋はゆっくり広がり伝わっていく．このとき，水はどのような動きをしているのだろうか．水の動きを見るとき，小さな水の粒子（領域）を考え，その位置の変化に注目する．簡単な実験（観察）で水の粒子の動きを調べてみよう．

【実験1】 水面を伝わる波の観察

目的

波が伝わるとき，水の表面の変化の様子を調べる．

実験方法

長方形の水槽（風呂）に水を入れ，水面に生じた変位を見るためコルク栓を浮かべる．水面に棒状の物体（発泡スチロール製）を浮かべ，それを一定の周期で上下に動かすことにより直線上の波面となるように工夫する．コルク栓の動きを観察する．

■ **用意するもの**　コルク栓，発泡スチロールの棒，デジタル時計．

■ **操　作**　長方形の水槽の短い一方の端の水面を上下に動かして波を発生させ，その波が通過するときに起こるコルク栓の動きを観察する．上下運動の周期を変え水位を調節しながら，水深の深い場合と浅い場合で動きに違いがあるか，を調べる．水槽の一方の端に波が達すると，そこで反射して波が戻ってくる．観測は進行波がこの反射波と重なり，定常的な合成波ができるまでに素早く終了しなくてはならない．

結果

観察結果から，コルク栓は上下運動を行うとともに波の伝播方向にも動くように見える．水深が深い場合，水平方向（伝播方向）にも同じ周期の往復運動をすることがわかる．水深が浅い場合，往復運動をくり返しながら，伝播方向に移動していく．

分析まとめ

[問題 1]

観察したコルク栓のこれらの運動から，波を伝える表面付近の水はどのような動きをしたのか考えてみよ．

[**解　答**]　波の伝播方向に x 軸，上下方向に z 軸をとる．「結果」にある通り，水深 h が大きい場合は，目印のコルク栓はある位置を中心として z 軸および x 軸にそって往復運動を行っているので，簡単にこの運動を周期 T の単振動とおいてみる．すると，水槽の底の適当な位置を原点 O として，任意の時刻 t におけるコルク栓の位置 (x, z) は，x 軸および z 軸にそっての単振動の振幅をそれぞれ x_0 および z_0 として，

$$x = x_0 \sin\left(\frac{2\pi}{T}t\right), \quad z = z_0 \cos\left(\frac{2\pi}{T}t + \theta_0\right) + h$$

と与えることができる．観察によると，コルク栓が波の "山" にあるとき，水平方向の変位は 0 であるので，上式で，$\theta_0 = 0$ とおいてよい．両式より t を消去すると，

$$\left(\frac{x}{x_0}\right)^2 + \left(\frac{z-h}{z_0}\right)^2 = 1$$

である．x_0 および z_0 は必ずしも等しくはないので，この式は楕円を表す．つまり，表面付近のコルク栓の動き（つまり，水の粒子の動き）は，図 1.1.1 に示す楕円を描くような回転運動であることがわかる．

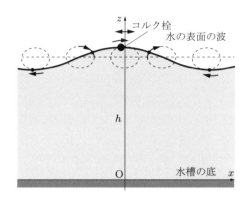

図 **1.1.1** 水面に浮いたコルク栓の楕円運動

水深 h が小さい場合，波によって起こる変化は表面だけにとどまらず底まで達し，水槽の水は全体として表面から水底までふくめた運動を行う．水底では水の粒子の運動は底との摩擦によって抑えられると考えられるので，表面近くの水粒子が先行し，回転運動を行いつつ伝播方向に移動する．

■この実験でわかったこと

「水波の伝播はたんに水の表面に生じた上下方向の変位が単振動を行いつつ伝わるという簡単な現象ではなく，伝わっていく速さが水深の大小にも依存して異なる，回転運動をともなった複雑な現象である」

【実験2】 水面を伝わる波の速さの測定

目的

水面を伝わるいろいろな波長の波について，伝播速度（つまり，波形が移動する速さ）と水深の関係を調べる．

実験方法

長方形の水槽（風呂）に水を入れ，水面に生じた変位が一定時間に移動する距離

を測定し，水面波の伝播速度を求める．デジタルビデオカメラで水面波が伝わる様子を撮影し，画像をコマ送りをしながら波の変位の位置を測定し，速さを求める方法を用いる．水深をいろいろと変えて測定を行う．

■**用意するもの** デジタルビデオカメラ*，三脚，ビデオ編集ソフト†，目盛をつけたひも，スポンジ．

■**操 作** 長方形の水槽（風呂）の水面の上方すれすれの位置に水面と平行になるように「目盛をつけたひも」を張る．デジタルビデオカメラを三脚にのせ，水槽の水面が見渡せる位置に固定する．水槽の一方の側の水面上で波源（スポンジ）をゆっくりと上下に動かして波を発生させ，その波が伝播する様子をビデオカメラで撮影する．ビデオは1秒間に30枚（フレーム）の割合で画像を撮影する．波源の動きと同じ周期の波ばかり発生するわけではなく，同時に短い波長の波が発生したり，伝わっていく途中で波が崩れたりで，いろいろな波長の波が次々と発生する．撮影画像の中から異なる波長の波をいくつかピックアップして，それらが移動する映像をビデオ編集ソフトでコマ送りで再生しつつ，「目盛をつけたひも」で移動距離を測り，伝播速度を求める．水深 h を $5 \sim 40\,\mathrm{cm}$ と変えて，同様に，いくつか波長の異なる波について速度を測定する．

【結 果】

撮影された $1/30\,\mathrm{s}$ ごとの画像をコマ送りで見ながら波の移動距離をひもの目盛を頼りに目測にて測定する．つまり，時間の測定精度は $1/30\,\mathrm{s}$ であり，移動距離の測定精度はせいぜい有効数字1ないし2桁程度のものである．結果は表 1.1.1 のように得られた．

表 **1.1.1** それぞれの水深 h の場合の波長 λ と伝播速度 c の関係

水深 h [$\times 10^{-2}$ m]	波長 λ [$\times 10^{-2}$ m]										
	15	14	12	10	8	6	5	4	3	2	1
40			0.40			0.3		0.2			0.3
30		0.45		0.40		0.3					0.3
20			0.40	0.40					0.3		0.3
10					0.4	0.4	0.4		0.3		0.3
5	0.64		0.45		0.4					0.2	0.3

---

* ここでは Canon 株式会社製 iVIS HF G10 を用いたが，動画撮影ができるならばスマートフォンなどでもよい．

† ここでは Corel 株式会社製 VideoStudio Pro X5 を用いた．

分析まとめ

これらからおおよそ以下のことがわかる．

1. 波長 4 cm 以上の波について，水深が同じならば，波長が大きくなるにつれ伝播速度も大きくなる．

2. 波長 4 cm 以上の波について，水深が 20 cm 以上で波長が同じならば，水深に関係なく伝播速度は同じ値をとる．水深が 10 cm 以下の場合はデータ数が少ないので，はっきりしたことはわからない．

3. 波長 3 cm 以下の波については，水深に関係なく伝播速度はほぼ一定で 0.3 m/s の値をとる．伝播速度は波長に依存する傾向も見られるが，データ数が少ないので，はっきりしたことはわからない．

【実験 1】で観察したように水面付近の水粒子の運動は上下方向の回転運動であるので，水面を伝わる波の周期や伝播速度は重力によるものと考えられる．伝播速度 c は波長 λ や重力加速度 g ($= 9.8 \,\mathrm{m/s^2}$) にどのように依存するのだろうか．g と λ から作られる量 $\sqrt{g\lambda}$ は速度の次元をもつ．そこで，波長 4 cm 以上の波の伝播速度 c が波長 λ の値に応じて大きくなるという事実から，表 1.1.1 のデータを，c の値を $\sqrt{g\lambda}$ で除した無次元量 $c/\sqrt{g\lambda}$ の値で書き直してみると，表 1.1.2 が得られる．

表 1.1.2 $\sqrt{g\lambda}$ でスケールした伝播速度 $c/\sqrt{g\lambda}$ の値

水深 h [$\times 10^{-2}$ m]	波長 λ [$\times 10^{-2}$ m]										
	15	14	12	10	8	6	5	4	3	2	1
40			0.4		0.4			0.4			1.0
30		0.4		0.4		0.4					1.0
20			0.4	0.4					0.6		1.0
10					0.4	0.5	0.5		0.6		1.0
5	0.5		0.4		0.4					0.5	1.0

表 1.1.1 と表 1.1.2 から次のことがわかる．

1. 水深 h が 20 cm 以上の場合，波長 λ が 4 cm 以上の波については，スケールした伝播速度 $c/\sqrt{g\lambda}$ の値は水深 h によらず一定で，0.4 である．よって c は

$$c = 0.4\sqrt{g\lambda} \tag{1.1.1}$$

と与えられる．

2. 水深 h が 10 cm 以下の場合，波長 λ が 4 cm 以上の波については，スケールした伝播速度 $c/\sqrt{g\lambda}$ の値は少しばらつくので，c は $\sqrt{g\lambda}$ に比例すると断定することはできない．c と水深 h の関係はこのデータからではよくわからない．

3. 波長 λ が 3 cm 以下の波については以上のような関係はなく，伝播速度 c の値は 0.3 m/s 以下であり，波長との関係もあるようだが，このデータからでは詳しいことはよくわからない．

波長に比べて水深が深い，前述の 1. の場合，水の粒子の運動は表面付近にとどまり，底まで達しない．このような波を**表面波**（または**深水波**）という．盛り上がった水面が元に戻るのは重力の作用によるのであるから，表面波の周期および伝播速度は重力加速度 g によるものと思われる．波長は長いので表面張力の影響は少ない．

波長に比べて水深が浅い場合（水深 5 cm の例），水の粒子の運動は底まで達し，水槽の水全体の運動となる．波の伝播速度は水深 h によると思われるが，この実験では c と h の関係はわからなかった．

風によって起こる，海面や湖面の「さざ波」のような，波長 λ が 3 cm 以下の短い波については，重力の影響に加えて（水面をできるだけ小さくしようと働く）表面張力の影響もあるものと考えられ，このような波を**表面張力波**という．表面張力波の伝播速度は水深によらない．c は λ に依存すると思われるが，ここでは両者の関係はわからない．

■ この実験でわかったこと

「波長に比べて水深が深い場合，伝播速度 c は水深によらず波長 λ によって決まり，$c = 0.4\sqrt{g\lambda}$ と与えられる」

1.2 津 波

海面に生じる波は，風によって海面に生じた水の粒子の変位が伝わるものがほとんどである．この場合，周期が短く，波長の小さい波が発生することがあり，「さざ波」と呼ばれている．「さざ波」は波長が小さいので水粒子間の相互作用の影響も顕著となり，その周期や伝播速度は重力だけではなく表面張力にも関係する．いっぽう，地震が海で起きた場合，変動によって海底が盛り上がるとその上部の水の粒子も上方に移動し，広範囲にわたって海面が盛り上がることにより津波が発生する．津波は長い波長の波としてジェット機並みの速さで海面を伝わるという．陸地で起きた地震の場合も同様で，地震による長周期の地面の変動により発生した海面の変化が海岸から伝わることになる．伝わるものが違うので，津波の伝播速度はよく知られた地震波（P 波，S 波および表面波．第 4 章参照）の伝播速度とは異なると思われる．ここではその速さを求めてみよう．

【実験3】 地震で発生した津波の伝播速度の測定

目的

1960年5月22日，南米チリをマグニチュード8.6の未曾有の大地震が襲った．地震によって発生した津波は波長が100kmにもわたるもので，とても速い速度で伝わり，遠くハワイのヒロや日本の太平洋沿岸にまで達した．ここでは，この津波の伝播速度を求める．

実験方法

地震が発生した時刻は現地時間で1960年5月22日15時11分（日本時間で23日4時11分）である．震源はチリ中部の都市バルディビア近海である．ハワイ島ヒロ市，および日本の三陸海岸までの距離は緯度・経度の値から計算で求めてもよいが，地球儀があれば，精度はあまりよくないが，地球儀上で距離を測ってしまった方が早い．

■ **用意するもの** 物差し，地球儀，細いひも．

■ **操作** ハワイ島ヒロ市，および日本の三陸海岸までの距離は地球儀上で細いひもを用いて距離を測定し，実際の距離に直す．また，津波が達した時刻から，到達時間を割り出し，津波の伝播速度を求める．

分析まとめ

[問題2]

津波が達した時刻は表1.1.3の通りである．

到達するのにかかった時間 t と距離 l から，津波の平均伝播速度 c を求め，表1.1.3の空欄に記入せよ．

表 **1.1.3** 津波の伝播速度

場所	到達時刻 ‡	時間 t [h]	距離 § l [cm]	実際距離 L [km]	速度 c [km/h]
震源	23日4時11分	—	—	—	—
ハワイ島ヒロ	23日18時58分				
三陸海岸（宮古）	24日2時47分				

‡ 日本時間．
§ 地球儀上．

[**解　答**]　説明にある通り，津波が伝播する距離は細いひもを用いて地球儀上での距離 l を測り，地図の倍率をかけて実際の距離 L に直し，津波の伝わる速度 c を求める．結果は表 1.1.4 のように得られる．ただし，地図上で 1 cm は実測 497.7 km に相当する地球儀を用いた．

表 1.1.4　津波の伝播速度（計算結果）

場所	到達時刻	時間 t [h]	距離 l [cm]	実際距離 L [km]	速度 c [km/h]
震源	23 日 4 時 11 分	—	—	—	—
ハワイ島ヒロ	23 日 18 時 58 分	14.8	22	1.09×10^4	7.4×10^2
三陸海岸（宮古）	24 日 2 時 47 分	22.6	34.5	1.72×10^4	7.6×10^2

津波の速度 c は，平均して求めると $c = \dfrac{7.4+7.6}{2} \times 10^2 = 7.5 \times 10^2$ km/h と得られる．これは秒速で表すと $\dfrac{7.5 \times 100000}{3600} = 2.1 \times 10^2$ m/s である．地震により盛り上がった海面が重力の作用で下がる，という運動により波が発生し伝わるのであるから，この上下動が伝わる速さは重力加速度 g [m/s^2] によるに違いない．そこで $c = \sqrt{kg}$ とおくと，ディメンションを考慮して，k は長さの次元をもつ量でなければならない．津波は水槽を伝わる波よりも水深が深いところを伝わるが，波長が 100 km にもわたるので，せいぜい数 km の深さの太平洋を伝播する波とみなすと，「水深が浅いところを伝わる波」とみなすことができる．水深の浅いところを伝わる波の場合，伝播速度 c は水深 h によるものと考えられるので，かりに先ほどの関係式で k を水深 h とおいてみよう．太平洋の水深の平均値は，だいたい 4028〜4188 m であるので，とりあえず，$h = 4100$ m とおいてみる．すると，$c = \sqrt{gh} = \sqrt{9.8 \, \text{m/s}^2 \times 4100 \, \text{m}} = 2.0 \times 10^2$ m/s となり，測定で得られた値とほぼ一致することがわかる．

伝播速度 c に関するこの関係式を【**実験 2**】の水面波の測定結果から検証してみよう．表 1.1.1 のデータを見てほしい．水深 5 cm のとき水槽を伝わる波長 15 cm の波の伝播速度は 0.64 m/s であった．上式によると，$c = \sqrt{gh} = \sqrt{9.8 \, \text{m/s}^2 \times 0.05 \, \text{m}} = 0.70$ m/s となり，これはほぼ一致とみてよいであろう．

水深に比べて波長の長い，このような波は **浅水波**，あるいは **長波** と呼ばれる．

この式の正しさを立証するには，もちろんさらに精度の高い実験を行ってもっと多くのデータを集めて検証しなくてはならないが，このような大ざっぱな測定でもおおよその見当をつけることはできるのである．

■ **この実験でわかったこと** 津波のように波長が 100 km にも及ぶ波の伝播速度は極めて速く，時速 750 km とジェット機並み（ジャンボ旅客機の巡航速度は時速 1000〜1100 km）である．太平洋の深さの平均値は 4100 m くらいであるので，津波は「水深の浅い容器の表面を伝わる波（浅水波）」ということになる．浅水波についておよそ次のことがわかった．

「伝播速度 c は水深 h，重力加速度 g を用いて，$c = \sqrt{gh}$ と与えられ，水槽による実験結果とも一致する」

この章のまとめ

本章では水面を伝わる波を紹介した．波動を考えるとき，一番シンプルな例として，単振動的な変化が伝わる波（正弦波）を考えるのがふつうであるが，水面波は簡単な正弦波などではなく，水粒子の運動も複雑で，身近な例である割にはわかりやすい簡単な現象とはいえない．

1. **表面波（深水波）**

   波長に比べて水深が深い場合，伝播速度 c は水深によらず波長 λ によって決まり，$c = 0.4\sqrt{g\lambda}$ と与えられる．このような波を表面波（深水波）という．

2. **水面における水粒子の運動**

   水面において水粒子の運動は回転運動を行う．水深が浅くなると，伝播速度も遅くなり，水の粒子は回転運動をしながら伝播方向に移動するようになる．

3. **津波（浅水波）**

   地震のときに発生する津波は波長が 100 km にも達する，とても長い波長の波である．波長は海の水深より長いので，津波は「水深の浅い場合に水面を伝わる波（浅水波）」とみなすことができる．伝播速度 c は水深 h と重力加速度 g を用いて $\sqrt{gh}$ と与えられる．平均水深 4100 m くらいの太平洋を横断して伝わる津波の場合，伝播速度は時速 750 km くらい，とジャンボジェット機並みである．水の表面を伝わる波であること，および伝わるものが違うので，固体である地中を伝わる地震波の P 波，S 波および表面波とは伝播速度が異なる．

第2章 音 波

この章のテーマ

　音（音波）は空気中に生じた密度の変動が伝播するという現象である．一般的にいって密度変化を起こす物質であれば音波が存在するが，物質が違えば物理的性質も異なるので，音波の伝播速度は異なる．音波が通過するとき，物質は進行方向と平行な方向に振動するので，音波はそのような波，つまり，縦波である．人間の音声，太鼓などの例を挙げるまでもなく，音波は古くから情報の通信手段として利用されてきた．振動数がわずかに異なる2つの音波が重なり合うとき，干渉・うなりが観測される．本章では音波を題材に，これら音に関わるさまざまな現象を調べてみることとしよう．

2.1　うなり

2.1.1　2つのおんさによるうなり

　うなりとは，振動数のわずかに異なる2つの音波が同時に達するとき，音波が強めあったり弱めあったりして音の振幅の強弱が聞こえる現象である．同様な現象は電磁波でもあり，ラジオなどの受信に利用されている．ここでは，おんさを音源と

図 1.2.1　おんさ　　　　　　図 1.2.2　共鳴箱に載せたおんさ

して用いた実験を通して，うなりを観察してみよう．おんさは金属製で図 1.2.1 に示す形状をしていて，U の字型の棒状の部分を叩くと規則的に振動し，一定の振動数の音を発生する．用途としては，ピアノなど楽器の調律に使われる．物理実験で使用する場合は，図 1.2.2 に示すような「共鳴箱」の上に載せて用い，効率よく音が発生するための工夫がなされている．

【実験4】 おもりをつけたおんさを用いたうなりの測定

目的

おんさにおもりをつけて叩くと，つけていないおんさと比べて，振動数がわずかに異なる音波が発生する．両方を同時に叩くとうなりが発生する．おもりをつけたことで振動数の値はいくらになったのか．うなりを測定して調べる．

実験方法

図 1.2.3 に示すように，440 Hz の振動数のおんさの棒状の部分に質量 4.4 g のおもりをねじでとめて装着する．おもりの位置はおんさの端からおもりの上端までの距離で測る．それぞれの共鳴箱の開口部が向き合うように配置して，おもりをつけていないおんさとおもりをつけたおんさを同時にならし，発生する音をマイクロフォンでひろってオシロスコープで波形を観測する．オシロスコープの画面から，うなりの周期を求め，おもりをつけたおんさの振動数を求める．おもりの位置を変えて測定し，おんさの振動数の変化を調べる．

図 1.2.3 おもりをつけたおんさを用いたうなりの実験

■**用意するもの**　おんさ2台とおもり，マイクロフォン，マイクアンプ，オシロスコープ．

■**操作**　おもりを端から 30 mm の位置に固定し，おんさを叩いてならす．同時におもりをつけていないおんさもならす．うなりが聞こえるので，発生音をマイクロフォンでとらえ，その出力をマイクアンプを通してオシロスコープに入力し，画面上でうなりの周期を測定する．

次に，おもりの位置を 70 mm に変えて，同様の測定を行う．

■**うなりの周期の測定**　オシロスコープの画面上でうなりの周期を測定する．図 1.2.4 はおもりの位置が 30 mm の場合である．画面上で振幅が最小の時刻 t_s から何回か（n 回とする）増減を繰り返した後の時刻 t_e を読み取り，うなりの周期を求める．同様な方法でおもりの位置が 70 mm の場合（図 1.2.5）についても周期を求める．

結果

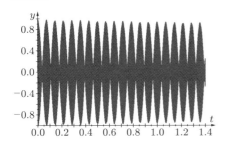

図 **1.2.4**　うなり（おもりの位置が 30 mm の場合）

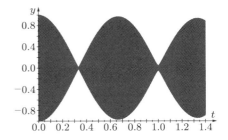

図 **1.2.5**　うなり（おもりの位置が 70 mm の場合）

うなりの振動数は 2 つの音源の振動数の差に等しい．このことからおもりをつけたおんさの振動数を調べてみよう．図 1.2.4 および図 1.2.5 の測定結果から，うなりの周期 T と振動数 Δf を求め，それぞれの場合におもりをつけたおんさの振動数を求める．

図 1.2.4 の場合はうなりの山が多数あるので，ある決められた時間間隔（例えば 1.0 s）内にある山の数を測定し，平均して周期 T を求める．図 1.2.5 の場合のように周期が長いときは，うなりの山ひとつについて，その開始時刻 t_s と終了時刻 t_e を目視で求める．うなりの振動数 Δf は周期 T の逆数である．Δf はおんさの振動数 f とおもりをつけていないときのおんさの振動数 f_0 との差（の絶対値）で与えられる（次項 2.1.2 参照）．

表 1.2.1 測定結果

おもりの位置 l [mm]	t_s [s]	t_e [s]	うなりの回数 n	周期 T [s]	振動数の差 Δf [Hz]	おんさの振動数 f [Hz]
30	0	1.0	14	0.07	14	426
70	0.33	1.0	1	0.67	1.5	438.5

$$\Delta f = |f - f_0|$$

いま，$f_0 = 440\,\mathrm{Hz}$ であるので，Δf と $f\,(= f_0 - \Delta f)$ は表 1.2.1 のように得られる．

このように，振動数のわからない音源があるとき，それと振動数が極めて近い基準音源（振動数がわかっている音源）を同時にならし，うなりを観測することができれば，未知の音源の振動数を知ることができるのである．

分析まとめ

■この実験でわかったこと

「おんさにおもりをつけるとおんさの振動数がわずかに変化する．その値はおもりをつけていないおんさを基準とし，両方を同時にならして，発生するうなりの周期を測定することによって知ることができる」

おんさはＵ字型の根元の部分（柄がついている部分）を支点として振動するので，その点から遠い位置（金属棒の端からは近い位置）におもりをつけた場合の方が振動数の変化は大きく，うなりの振動数が大きくなる．逆に支点に近い位置におもりを取り付けた場合は振動数のずれは小さい．おもりをつけるとおんさの振動の減衰は早くなる．そのためうなりの振幅は，図 1.2.4 と図 1.2.5 にみるように漸次減少する．

2.1.2　うなりが発生する理由

振動数がわずかに異なる 2 つの波源から発生した波が重なると干渉してうなりが発生する．その理由を考えてみよう．

図 1.2.6 で S_1 にある波源からは振動数 f の正弦波が，また，S_2 にある波源からは振動数 f' の正弦波が放出されている．これらの波を同時に点 P で観測するとしよう．

S_1 から点 P の向きを正として座標軸 r をとる．軸の原点は S_1 である．S_1 から速度 c で伝わる波の，S_1 における時刻 t での変位が

$$[y_1(t)]_{S_1} = A_1 \sin(2\pi f t + \theta_1)$$

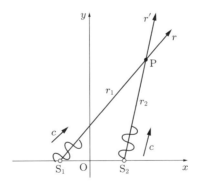

図 **1.2.6** 2つの波の干渉

と与えられるものとする．A_1 は波の振幅である．点 P の位置（S_1P の距離）を r_1 とすると，波が S_1 から点 P まで伝わるのに，$\dfrac{r_1}{c}$ だけ時間がかかるので，時刻 t，点 P における変位 $[y_1(t)]_\mathrm{P}$ は，時刻 $t - \dfrac{r_1}{c}$ における S_1 での変位に等しい：

$$[y_1(t)]_\mathrm{P} = \left[y_1\left(t - \frac{r_1}{c}\right)\right]_{S_1} = A_1 \sin\left\{2\pi f\left(t - \frac{r_1}{c}\right) + \theta_1\right\} \tag{1.2.1}$$

ただし，簡単のため波の振幅は変わらない（減衰しない）ものと仮定した．いっぽう，S_2 を原点とし，S_2 から点 P の向きを正として座標軸 r' をとる．S_2 から伝わる波の，S_2 における時刻 t の変位は，振幅を A_2 として，

$$[y_2(t)]_{S_2} = A_2 \sin(2\pi f' t + \theta_2)$$

であるとする．S_2P の距離を r_2 とすると，時刻 t，点 P における変位 $[y_2(t)]_\mathrm{P}$ は，前式と同様にして，

$$[y_2(t)]_\mathrm{P} = A_2 \sin\left\{2\pi f'\left(t - \frac{r_2}{c}\right) + \theta_2\right\} \tag{1.2.2}$$

と得られる．音波は縦波であり，各点における変位は波の進行方向である．したがって，合成波の変位も各点においてそれぞれの波の進行方向を考慮して，ベクトル的に加算しなくてはならないが，もし，2つの座標軸 r と r' がほぼ同方向で平行とみなすことができるほど点 P が音源からじゅうぶん遠くにあるとすれば，点 P における2波の合成波の変位 $[Y(t)]_\mathrm{P}$ は簡単に，

$$\begin{aligned}[Y(t)]_\mathrm{P} &= [y_1(t)]_\mathrm{P} + [y_2(t)]_\mathrm{P} \\ &= A_1 \sin\left\{2\pi f\left(t - \frac{r_1}{c}\right) + \theta_1\right\} + A_2 \sin\left\{2\pi f'\left(t - \frac{r_2}{c}\right) + \theta_2\right\}\end{aligned}$$

となる．さらに，計算を簡単にするため，$A_1 = A_2 = A$ と仮定し，和と積の公式

$$\sin a + \sin b = 2\sin\left(\frac{a+b}{2}\right)\cos\left(\frac{a-b}{2}\right)$$

を用いると，$[Y(t)]_\mathrm{P}$ は

$$[Y(t)]_\mathrm{P} = 2A\sin\left\{2\pi\left(\frac{f+f'}{2}\right)t - 2\pi\left(\frac{fr_1+f'r_2}{2c}\right) + \frac{\theta_1+\theta_2}{2}\right\}$$
$$\times \cos\left\{2\pi\left(\frac{f-f'}{2}\right)t - 2\pi\left(\frac{fr_1-f'r_2}{2c}\right) + \frac{\theta_1-\theta_2}{2}\right\}$$

となる．2つのおんさの振動数はわずかしか違わないので，$f' = f + \Delta f$ ($|\Delta f| \ll f$) とおくと，上式は

$$[Y(t)]_\mathrm{P} = 2A\cos\left\{2\pi\left(\frac{\Delta f}{2}\right)t + \beta\right\}\sin\left\{2\pi\left(f + \frac{\Delta f}{2}\right)t + \alpha\right\} \quad (1.2.3)$$

となる．ここで，α, β はそれぞれ

$$\alpha = -2\pi\left(\frac{fr_1+f'r_2}{2c}\right) + \frac{\theta_1+\theta_2}{2}$$
$$\beta = -2\pi\left(\frac{fr_1-f'r_2}{2c}\right) + \frac{\theta_1-\theta_2}{2}$$

とおいた定数である．(1.2.3) 式から，点 P における合成波の変位はその振幅の絶対値

$$\left|2A\cos\left\{2\pi\left(\frac{\Delta f}{2}\right)t + \beta\right\}\right|$$

が振動数 $\frac{\Delta f}{2} \times 2 = \Delta f$ でゆっくり変化する振動数 $f + \frac{\Delta f}{2} \fallingdotseq f$ の単振動を表すことがわかる．

【実験5】 おんさが発する音波の干渉に関する簡易実験

目的

おんさを用いて音波の干渉を調べる．

実験方法

■用意するもの　おんさ1台．

■実　験　おんさを共鳴箱から取り外し，片方の耳と同じ高さに保ち，少し離してから叩いて振動させる．おんさを対称軸のまわりにゆっくりまわして，音の強弱が聞こえる向きを測定する．

結果

おんさをゆっくり 360°まわす間,図 1.2.7 に示す,おおよそ A,B,C,D の 4 つの方向で音の強度がゼロになった.

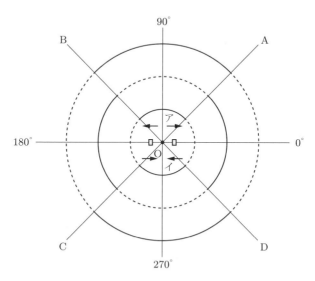

図 1.2.7 おんさが発する音波の干渉.ある瞬間におけるおんさの音波による空気の密度の変化の変位を示す.実線は密度の高いところ,点線は低いところを表す.おんさの 2 本の棒はアまたはイの向きにかわるがわる振動し,このような波を発生する.

分析まとめ

振動するおんさの 2 本の棒の間隔が拡がる(図 1.2.7 のア)とき,0°,180°付近の空気の密度は高くなり,中心の O および 90°,270°付近の空気の密度は低くなる.間隔が狭くなる(図のイ)とき,0°,180°付近の空気の密度は低くなり,中心の O および 90°,270°付近の空気の密度は高くなる.図に示すように,おんさの正面(90°または 270°の方向)に伝わる音波とおんさの横(0°または 180°の方向)に伝わる音波は互いに逆位相となる.しかし,0°,180°と 90°,270°の空気の振動は完全に対称性を保っている訳ではないので,この実験はあまり定量的に深入りすることはできない.大まかな観測にとどめたのはそのためである.

また,おんさをまわすと,1 回転ごとに 4 回強度がゼロとなることから,おんさが観測者に対して 45°(A),135°(B),225°(C),315°(D)を向くとき,互いに逆位相の音波が重なって打ち消し合っていると予想される.

2.2 定常波

クントの実験は，ガラス管内に生じた音波の**定常波**の波長を直接見ることのできる実験である．金属棒をこすって縦振動を起こすと，材質に特有の固有振動が生じる．この固有振動でガラス管内の気柱を共鳴させ，その定常波の波長を測定し，空気を伝わる音速から振動数を求める．それによって金属棒を伝わる縦波の速さがわかる．気柱の共鳴を生じさせる音源としてスピーカーを使う場合もあるが，その場合は音源の振動数をいろいろ変えて，気柱に生じる定常波の波長を測定することができる．本節では，この実験を通じて波の発生源として用いた金属棒を伝わる縦波の速さを求める．

【実験6】 クントの実験

目的

ガラス管内に生じる定常波の波長を測定して金属棒の振動数を求め，それから金属棒を伝わる縦波の速さを求める．

実験方法

コルクを細かく削り，粉状にしたものを少量，ガラス管に入れる．ガラス管内にはじゅうぶんに乾燥した空気が入っていて，両端はコルク栓で閉じられている．図 1.2.8 に見るように，ガラス管を机の上に水平におき固定する．金属棒 M の端はコルク栓を貫通してガラス管内に入っていて，先端には振動板 A がついている．金属棒はその中央（C）を動かないようにクランプで支えられていて，机にしっかりと固定されている．

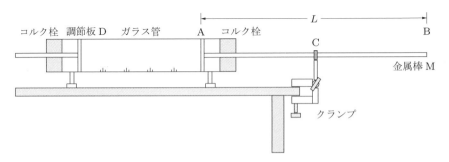

図 **1.2.8** クントの実験：真横から装置全体を見る．金属棒 M の BC 間を手でこすると，金属棒に定常波が生じ，それが振動板 A を振動させガラス管内に気柱の定常波を生じさせる．

金属棒に生じた縦波は振動板Aを振動させる．Aの振動によってガラス管内の空気中を音波が伝わる．ガラス管内に音波の定常波ができるように，調整板Dの位置を調整する（図 1.2.9）．コルク粉末は定常波の腹に集まるので，それらの位置を物差しで測れば，定常波の波長がわかる．

一方，空気中の音速は室温からわかるので，それから音波の振動数がわかる．音波の振動数は金属棒に生じた定常波の振動数と等しく，金属棒に生じる定常波の波長は金属棒の長さを測定すればわかるので，それらから金属棒を伝わる縦波の速さがわかる．

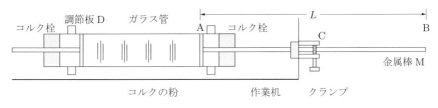

図 **1.2.9** クントの実験：真上から見た図．ガラス管内の定常波によってコルク粉が集まる場所ができる．

■**用意するもの** ガラス管，金属棒（長さ 85 cm），クランプ，温度計，コルクの粉，コルク栓のついた調整板など．金属棒の質量，長さと直径はあらかじめ測定しておく．金属棒の一方の端には振動板Aがついている．

■**操 作** 金属棒のBC間をゆっくりこすると縦波の定常波が生じる．定常波は，固定されているCを節とし両端AとBが腹となる場合が基本振動であり，もっとも波長が長い（図 1.2.10）．金属棒にはこの波長 $2L$ の定常波が生じる．金属棒の先端Aについている振動板はこの定常波により振動し，ガラス管内に音波を出す．振動板から発した音波は調整板Dで反射し，入射波と干渉する．Dの位置を左右に動かして調整すると，ある位置でガラス管内の気柱が共鳴し，音波の定常波ができる．そのとき定常波の腹ができる位置にはコルクの粉が集まるので，それらの間隔を測定すれば，定常波の波長がわかる．室温を測定して，そのときの空気中の音速を求めれば，それから定常波の振動数がわかる．定常波の振動数は，すなわち，金属棒の振動数であるので，金属棒を伝わる縦波の速さを知ることができる．

結 果

測定を行い，表 1.2.2 の結果を得たものとする＊．

表 **1.2.2** ガラス管内の定常波の腹の位置

腹の位置	x_1	x_2	x_3	x_4	x_5	x_6	x_7	x_8
読み取り値 [$\times 10^{-2}$ m]	19.5	25.5	33.7	42.2	52.8	58.9	67.1	75.8

■**気柱の定常波の測定**　金属棒に生じる定常波は，固定されている C を節とし，両端 A と B が腹となる基本振動であり，その波長は $2L$ である（図 1.2.10）．金属棒を伝わる縦波（音波）の速さを V，基本振動の振動数を f とおくと，次式が成り立つ．

$$V = f \cdot 2L \tag{1.2.4}$$

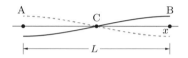

図 **1.2.10**　ある瞬間に金属棒に生じた定常波（中心が固定点 C，つまり節）．右向きの変位が上向きとなるように，縦波を横波として表現した．

分析まとめ

[問題 3]

ガラス管内のコルク粉は音波の定常波の腹の位置に集まる．これらの位置を物差しで測り，定常波の波長を求めてみよう．コルクの粉の集まった場所は測定の結果，表 1.2.2 の通りである．これより，定常波の波長を求めよ．このとき，室温は 18°C であった．定常波の振動数はいくらか．ただし，温度 t のときの空気中の音速 c は，近似的に

$$c = 331.5 + 0.61t \text{ [m/s]} \tag{1.2.5}$$

で与えられるものとする†．

＊ 実際の実験を参考にしたシミュレーション・データ．
† この近似式は実験的にも理論的にも求めることは可能であるが，その導出にあたっては熱力学的考察が必要であり，本書でそれを行うことはできない．したがって，ここでは結果のみを用いることとする．

[**解　答**]　ここでは読み取り誤差の影響を少なくするため，次のような工夫をする．

隣り合う腹の間隔を l とおく．表 1.2.2 の読み取り値より，読み取り間隔を大きく取って，

$$4l = x_5 - x_1 = 33.3 \times 10^{-2}\,\mathrm{m}$$
$$4l = x_6 - x_2 = 33.4 \times 10^{-2}\,\mathrm{m}$$
$$4l = x_7 - x_3 = 33.4 \times 10^{-2}\,\mathrm{m}$$
$$4l = x_8 - x_4 = 33.6 \times 10^{-2}\,\mathrm{m}$$

以上より，$4l$ の平均値は，

$$4l = \frac{33.3 + 33.4 + 33.4 + 33.6}{4} \times 10^{-2}\,\mathrm{m} = 33.43 \times 10^{-2}\,\mathrm{m}$$

ゆえに，$l = 33.43 \times 10^{-2}\,\mathrm{m}/4 \fallingdotseq 8.36 \times 10^{-2}\,\mathrm{m}$ で，空気中の波長 λ は $\lambda = 2l = 1.67 \times 10^{-1}\,\mathrm{m}$ と得られる．

気温は 18°C であるので，空気中の音速の値は (1.2.5) 式より，

$$c = 331.5\,\mathrm{m/s} + 0.61 \times 18\,\mathrm{m/s} = 342.5\,\mathrm{m/s}$$

と得られるので，求める振動数 f は

$$f = \frac{c}{\lambda} = \frac{342.5\,\mathrm{m/s}}{1.67 \times 10^{-1}\,\mathrm{m}} = 2.05 \times 10^{3}\,\mathrm{Hz}$$

と得られる．

金属棒の長さ L が 0.85 m であるので，金属棒に生じる定常波の長さ $2L$ は $2L = 2 \times 0.85\,\mathrm{m} = 1.70\,\mathrm{m}$.

したがって，金属棒を伝わる縦波の速さ（つまり，金属中の音速）V は (1.2.4) 式より，$V = f \cdot 2L = 2.05 \times 10^{3}\,\mathrm{Hz} \times 1.70\,\mathrm{m} = 3.49 \times 10^{3}\,\mathrm{m/s}$ と得られる．この金属棒を伝わる縦波は，空気中を伝わる音波の約 10 倍の速さで伝わることがわかった．ちなみに黄銅棒の縦振動の伝播速度は 3480 m/s である[‡]．

■**この実験でわかったこと**　閉じたガラス管内の気柱に生じる定常波の波長はコルクの粉をわずかに入れておくことで，直接見て波長を測定することができる．空気中の音速は気温を測定すればわかるので，これから定常波の振動数がわかる．振動源として金属棒を用いると金属棒の長さから生じる定常波の波長がわかるので，これより金属棒を伝わる縦波の速さがわかる．

「金属中の音速は，空気中の音速より速い」

[‡] 国立天文台編『理科年表』平成 20 年版丸善株式会社 (2007), p.42 より黄銅 (70Cu, 30Zn) について．

この章のまとめ

本章では音波を紹介した．

1. **おんさ**

    おんさの2本の棒は互いに逆位相で振動する．そのため，2本の棒に対して斜め45°，135°，225°，315°の方向では，互いに逆位相の音波が重なって打ち消し合い，音が聞こえない．

2. **うなり**

    振動数がわずかに異なる音波を発生する2つのおんさを同時にならすとうなりが聞こえる．うなりの振動数は2つのおんさの振動数の差（の絶対値）に等しい．

3. **定常波**

    両端を閉じたガラス管にコルクの粉を入れ，もう一方の端から音波を送ると，ガラス管内に音波の定常波が生じる．音波の波長の半分の間隔でコルクの粉が集まるので，それから，定常波の波長がわかる．金属中の音速は，空気中の音速より速い．

第 3 章 光 波

この章のテーマ

　鏡は古代から自分の姿形を移す道具として，またレンズは小さいものを拡大して見るルーペや視力を調節する眼鏡として使われていた．これらを通じて，私たちは光の反射・屈折という現象を理解することができる．しかし，光に関する物理現象はこれら以外にもある．ふつう「光」というと私たちの目に見える波長の範囲（だいたい 400 nm（$= 4.00 \times 10^{-7}$ m）から 800 nm（$= 8.00 \times 10^{-7}$ m）あたりまで）の光波（可視光）のことである．光が電磁波の一種であることを知っていれば，電磁気学の法則から反射および屈折を理解することができる＊が，本章ではそのような予備知識は抜きにして，まず，現象としての光の反射・屈折を観測することにしよう．次に，光の波としての性質を見るべく，光の干渉を観測する．ところで，私たちの耳に聞こえる（可聴周波数範囲）の音波の周波数範囲は約 20 Hz から 20 kHz であり，波長でいうと約 1.7 cm から 17 m の範囲の波である．したがって，日常のレベルで光波の干渉を観測しようとするときは，光波と音波では一方が横波で，もう一方が縦波（粗密波）であるという物理現象としての違いがあるほか，波長がかなり異なっており，光波の波長はとても小さいこと，したがって，対象とするもののサイズが非常に小さいことを考慮する必要がある．その事実を踏まえて，本章では波としての光の物理現象を調べる．

3.1 反射・屈折

3.1.1 光波の反射

　鏡は可視光線を反射する性質をもつ道具として古代から使われてきた．古代では銅などの金属板を用いていたが，今日の一般的な鏡では透明なガラス板の一方の面に銀やアルミニウムを蒸着させたものを使っている．ガラス板は金属膜の保護の役

＊ たとえば，本シリーズの第 6 巻『電磁気学 II』第 III 部 5.2 節「電磁波の反射と屈折」を参照のこと．

目を果たすだけなので,「金属板による光の反射」という原理から言えば,古代から何も変わっていないということになる.簡便なものとして薄いアルミニウムの板を用いる場合もある.まず,鏡にうつる物体の像について考えてみよう.細くしぼった光（光線）を用いると,反射・屈折は幾何学的な作図で考えることができるので便利である.この手法は物理学では「幾何光学」の分野に属し,詳しくは第III部5章で議論される.

【実験7】 鏡による光線の反射

目的

鏡による光線の反射を調べる.

実験方法

■ **用意するもの** レーザーポインタ,平面鏡,円筒形のスクリーン,角度の異なる線をひいた台紙.

■ **実　験** 平面鏡の表面の一点 O に対し,さまざまな入射角でレーザー光を入射させて,それぞれの場合の反射角を測定する.レーザー光は普通その道筋が見えないので,反射角は,円筒形のスクリーン上の反射スポットの位置から求める（図1.3.1参照）.結果を表1.3.1の空欄に記入する.

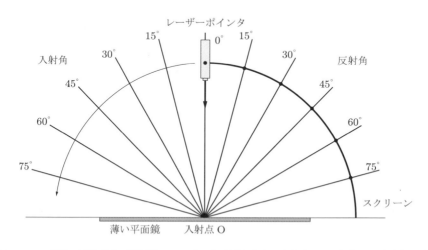

図 **1.3.1** 光線の反射実験の平面図.レーザー光は同じ高さの入射点 O に向けて,平面鏡の面に垂直となる角度 0° の方向から,15°,30°,45°,60°,75° と角度を変えながら発射し,その反射光線が円筒形スクリーンに達して作るスポットの位置の角度を読み取る.

表 1.3.1 いろいろな入射角に対する反射角

入射角	反射角
0°	
15°	
30°	
45°	
60°	
75°	

結果

水平面に平行に発射されたレーザー光は同じ高さの入射点 O で反射し，円筒形スクリーンの同じ高さの位置に達してスポットができる．測定結果は表 1.3.2 の通り[†]．

表 1.3.2 いろいろな入射角に対する反射角（結果）

入射角	反射角
0°	0°
15°	15°
30°	30°
45°	45°
60°	60°
75°	75°

分析 まとめ

表面が平らな面をもつ鏡を考える．物体 A（光源）から出た光線は図 1.3.2 に示すように，鏡の表面（鏡面）で反射して観測点（スポット）に達する．鏡面上の入射点に立てた法線と入射光線のなす角 θ を入射角，法線と反射光線との間の角度 θ' を反射角という．**反射の法則**は次のように表される．

「入射光線と法線および反射光線はひとつの平面内にあって，

　　入射角 (θ) ＝ 反射角 (θ')

である」

■**鏡による物体の反射像** さて，物体の位置を確認するには両眼で見て行う．左右の眼に入射する光線のわずかな方向の違い（**視差**という）により，物体の位置を測っ

[†] シミュレーション・データ．

ているのである．Aから出て，鏡面で反射した光線は，左眼と右眼にそれぞれ図に示す経路で入射する．このとき，観測者にはそれぞれの光線を延長した交点にあたかも物体があるかのように見える．これが物体Aの像（虚像）である．いま，鏡に対してAの手前に物体Bがあるとしよう．図1.3.2に見るように，Bの像B′はAの像A′の後側にできる．物体と像の関係は「鏡面に対して互いに線対称の位置にある」ということであり，観測者から見て，より遠くにできるということである．よく，鏡では「左右の逆転した像が得られる」という言い方がされるが，この図からわかるように，実際に逆転しているのは物体の前後関係なのである．

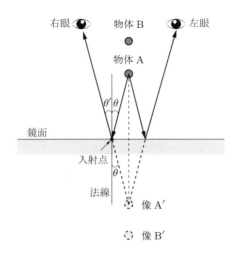

図 **1.3.2** 光の反射：両眼による物体の像の位置の確認．物体と像の関係．

■**万華鏡** 万華鏡は光の反射を利用した玩具[‡]である．紙でできた円筒の中に鏡を仕込み，一方の端に入れた色のついたたくさんの小片をもう片方からのぞくと，図1.3.3のような美しい対称図形を見ることができる．円筒部分を回転させると小片の配置が変わるので，見える図形も次々と変わり，その変化を楽しむことができる．

万華鏡の構造は簡単で，図1.3.4のようなアルミニウムの薄板3枚を正三角柱を作るように組み合わせ，紙の円筒の中に固定してある．一方の端にはさまざまな形の，色のついたプラスチックの小片が透明な容器に納められている．これを明るい方へ向けて，もう一方からのぞくと，光の多重反射により，小片の集まりがさまざまな対称性をもった図形として観測されるのである．

[‡] 日本では郷土玩具として，温泉地などで売られているが，もともとは「ブリュースターの法則」で知られる，スコットランドの物理学者 Brewster が1816年に特許を申請したものが起源とされている．

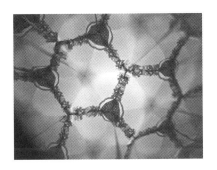

図 1.3.3 万華鏡で見える像

図 1.3.4 分解した万華鏡．上におかれた 3 枚のアルミニウムの板で作られた正三角柱状の鏡が下にある紙でできた円筒の中に入れてある．円筒のふたをして右方向からのぞくと，左側に見えるプラスチックの小片の集まりによってできるさまざまな対称図形を見ることができる．

問題 4

3 枚の鏡による多重反射を考慮するため，図 1.3.5 に示すような正三角形の集まりからなる格子（三角格子）を考える．△ABC 内の 1 点 P の像は，これらたくさんの線分を対称軸とする点の集まりとして求めることができる．以下の問いに答えよ．

(1) 図 1.3.5 の点 P の，3 枚の鏡による反射で作られる像の位置を図示せよ．
(2) 点 P を頂点とする三角形 △PAB の小片がどのような対称図形として見えるか，作図によって求めよ．

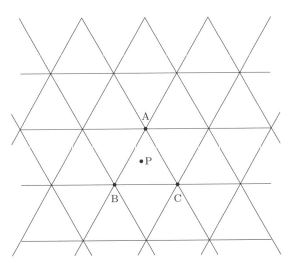

図 1.3.5 3 枚の鏡による反射で作られる点 P の像と図形

[解答] (1) 線分 AB に対する点 P の対称点（像，以下同じ）を P_1，BC に対する対称点を P_2，CA に対する対称点を P_3 とすると，それらの位置は図 1.3.6 に示す通りである．さらに，A を通って BC に平行な線分に対する P，P_1 および P_3 の対称点をそれぞれ P_4，P_1' および P_3' とする，という具合に次々と対称点を書き加えていく．

(2) (1) で求めた，これらの対称点と三角格子の各頂点とを線分でつないでいくと，△PAB の対称図形の集まりとして正六角形の図形ができあがる（図 1.3.6）．万華鏡をのぞくとき，私たちはひとつひとつのプラスチックの小片が作るこれらたくさんの正六角形の図形を見ることになるのである（図 1.3.3）．

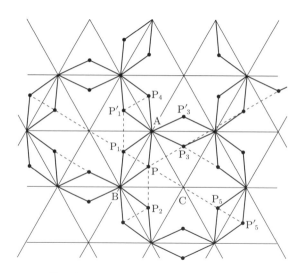

図 1.3.6　3 枚の鏡による反射で作られる点 P の像と図形（作図結果）

分析

3 枚の鏡のうち 1 枚を取り去ったとする．どのような図形を見ることができるか，前問と同じく図 1.3.5 の点 P の 2 枚の鏡による反射で作られる像を求めてから，考えてみよう．ただし，2 枚の鏡がなす角度は 60°とする．

ここでは詳細は省くが，図 1.3.3 が観測できる場合と同じ条件で万華鏡をのぞいたとすると，結果は図 1.3.7 のようになる．万華鏡には 2 枚の鏡を V 字型に組み合わせたタイプのもの，それらを 2 つ組み合わせた，4 枚の鏡を使うものなどのバリエーションがある．2 枚の鏡を用いたものでは，V 字型の開いた側には鏡がないの

で光量が不足気味であるが，無限に続く，図 1.3.7 のような正六角形の合同な図形が観測できる．これも反射の法則の表れである．

図 1.3.7　2 枚の鏡による反射で見える像

3.1.2　光波の屈折

光の屈折も反射と同じく，ありふれた幾何光学の現象である．たとえば，水を入れた容器に棒を入れて斜め上方から観測すると，図 1.3.8 に見るように棒（ストロー）が曲がって見える．

図 1.3.8　光の屈折．棒（ストロー）が曲がって見える．

【実験8】 光線の屈折

目的

透明な物体に入射した光線の屈折を調べる．

実験方法

■用意するもの　レーザーポインタ，試料（平らな面をもつ厚いガラス板），円筒形のスクリーン，角度の異なる線をひいた台紙．

■実　験　ガラス板の表面の一点 O に対し，さまざまな入射角でレーザー光を入射させて，それぞれの場合の屈折角を求める．レーザー光は普通その道筋が見えないので，ガラス板のもう一方の面にスクリーンを貼っておき，レーザー光がガラス面に平行な方向にどれだけずれるか，そのずれ x を測って，屈折角を求める（図 1.3.9 参照）．結果を表 1.3.3 の空欄に記入する．

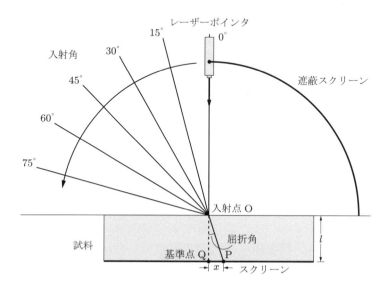

図 1.3.9　レーザー光の屈折の実験の平面図．レーザー光は同じ高さの入射点 O に向けて，試料の面に垂直となる角度 $0°$ の方向から，$15°$, $30°$, $45°$, $60°$, $75°$ と角度を変えながら発射する．光線は点 O からガラス（厚さ $l = 5.0\,\mathrm{cm}$）内部に屈折して入り，その屈折光線が出る位置 x を測定する．位置 x から屈折角度を求める．円筒形スクリーンは反射光線を吸収し，外光を遮蔽する働きをしている．

表 1.3.3　いろいろな入射角に対する屈折角（$l = 5.0\,\mathrm{cm}$）

入射角	x [cm]	屈折角 $\tan^{-1}(x/l)$
$0°$		
$15°$		
$30°$		
$45°$		
$60°$		
$75°$		

結果

測定結果は表 1.3.4 の通り§. 水平面に平行に発射されたレーザー光は同じ高さの入射点 O から，厚さ $l = 5.0\,\mathrm{cm}$ の試料内部に入り，面に平行な方向に x だけずれて点 P に達する．円筒形スクリーンの同じ高さの位置に反射光線が達し，そこで吸収される．ずれから求めた屈折角について，屈折角/入射角，sin(屈折角)/sin(入射角) などの比も求め，共に表 1.3.4 に示す．

表 **1.3.4** いろいろな入射角に対する屈折角

入射角	x [cm]	屈折角 $\tan^{-1}(x/l)$	屈折角/入射角	sin(屈折角)/sin(入射角)
0°	0	0°	—	—
15°	0.9	10°	0.68	0.69
30°	1.8	20°	0.67	0.69
45°	2.8	29°	0.65	0.69
60°	3.7	37°	0.61	0.69
75°	4.4	41°	0.55	0.69

分析まとめ

一般に，光線が伝播してきた媒質とは異なる媒質との境界面に入射すると，そこで光線の反射と屈折が起こる．いま，図 1.3.10 のように空気中を進んできた光線が屈折率 n の媒質 II との境界面に入射したとすると，光線の一部は反射し，残りは屈折して媒質 II の中を進む．入射点において境界面に垂直に立てた法線と入射光線，反射光線および屈折光線は同じ面内にある．前述のように，法線と入射光線との間

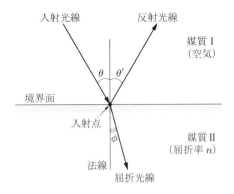

図 **1.3.10** 反射と屈折

---

§ シミュレーション・データ．

の角度 θ が入射角，反射光線との間の角度 θ' が反射角であり，また屈折光線との間の角度 ϕ を屈折角という．測定結果より，sin（屈折角）と sin（入射角）の比が入射角によらず一定とわかる．この比を**屈折率**という．真空に対する屈折率を特に絶対屈折率という．

屈折の法則は次のように表される（詳しくは第 III 部 5.2 節で扱う）．「入射光線と法線および屈折光線は同一平面内にあり，屈折率を n として

$$\sin\theta = n\sin\phi \tag{1.3.1}$$

である．」

(1.3.1) 式をもとに，「なぜ棒（ストロー）が曲がって見えるのか」を考えてみよう．前述のように，人は両眼で見て物体の位置を確認する．「水中にある物体を空気中から見るとどの位置に見えるか」は，物体から出た光線がどのような光路をとって左右の眼に入射するかということで決まる．いま，図 1.3.11 のように水面からの距離 L の位置にある物体 A から出た光線は境界面を通るとき，屈折して左右の眼に入る．境界面に入射するときの入射角を ϕ，屈折角を θ とすると，屈折の法則 (1.3.1) が成り立つ．後述するように，空気の（絶対）屈折率は，厳密に言うと，1 ではないので，その点を問題とするならば，n は「空気に対する水の（相対）屈折率」ということになる．左右の眼には角 θ の方向から光線が入射するので，あたかもそれを延長した位置に物体 A があるように見える（像 A′）．水面から像 A′ の位置までの距離を L' とすると像 A′ は，物体 A から $h\,(= L - L')$ だけ浮き上がって見えることになる．いま，物体 A と入射点に立てた法線との距離を d とすると，次式が成り立

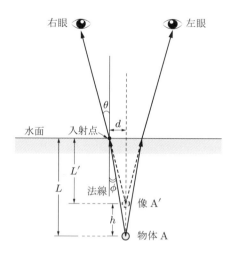

図 **1.3.11** 光の屈折：両眼による水中にある物体の像 A′ の位置の確認

つ(図 1.3.11 参照).
$$L\tan\phi = d, \quad L'\tan\theta = d$$

角度 θ および ϕ が小さい場合に,近似式($\tan\theta \approx \theta$, $\sin\theta \approx \theta$)を用いると,屈折の法則は
$$\theta = n\phi$$
となり,前の 2 式は次のようになる.
$$L\phi = d, \quad L'\theta = d$$
これから,θ, ϕ および L' を消去すると,h は,
$$h = L - L' = L\left(1 - \frac{L'}{L}\right) = L\left(1 - \frac{\phi}{\theta}\right) = L\left(1 - \frac{1}{n}\right)$$
となる.屈折率 n の値が 4/3 の水の場合,$h = L/4$ だけ浮き上がって見える.

3.2 干 渉

3.2.1 光波の干渉

■ジャマン干渉計　光線を 2 つに分け,それぞれ別々の光路を進ませた後,スクリーン上でふたたび合成すると,2 つの波がずれて重なるため,**干渉**が起こる.この原理を応用したものがジャマン干渉計(図 1.3.12)である.銀メッキした 2 枚の平行平板(鏡)を使って光路を分ける.途中にある同じ長さ l の容器 A と B のうち一方

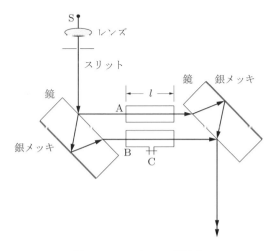

図 1.3.12　ジャマン干渉計

に試料を入れて干渉を観測する．たとえば，容器 A はそのまま（室内の空気のみ）で，容器 B 内の空気をノズル C からポンプで引いて真空にすると，B を通る光路の方が光は早く到達することになる．

真空中の光速度を c_0 とすると，屈折率 n の空気中の光速度 c は $c = c_0/n$ である¶．つまり，通過に要する時間をもとに考えると，長さ l の光路は幾何学的には l であっても，真空中では l/n の長さに相当する．長さが同じであっても，それぞれの光路を通った光線はスクリーン上でずれて重なることとなり，干渉するのである．空気の屈折率 n は 1 に極めて近いが厳密に 1（真空の屈折率）ではない．基準となる振動数とわずかに異なる振動数のおんさの振動数を「うなり」，つまり「音波の干渉」によって求めたように，一般に，基準となる物理量と値がわずかに異なる物理量を測定するため，両者の差を検知するという実験手法がとられる．ここでは，光の干渉を利用することにより，1 とわずかに異なる空気の屈折率 n を測定する．

■**マイケルソン干渉計** 光線を 2 つに分け，それぞれ別の光路を進ませた後ふたたび合成し，干渉をみるという点で，**マイケルソン干渉計**はジャマン干渉計と原理は同じである．もともとマイケルソン干渉計は光路が互いに垂直となるように設置し，光がこの 2 方向を進むとき速さにわずかでも違いがあるかどうかを検証するために考案された器械であった．しかし，光速度は伝播の向きによらない（**光速度不変の原理**）ことが確認され，現在では次に示すような，干渉による屈折率の測定に使われている．

図 1.3.13 はマイケルソン干渉計の構成図である．図 1.3.14 に見るように，図の左方向から入射した光線（空気中の波長 λ）は，ハーフミラー（ビーム・スプリッタ）

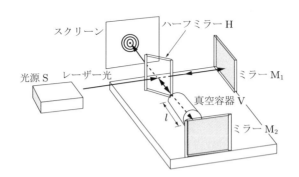

図 **1.3.13** マイケルソン干渉計の構成図

¶ この事実は本書で証明されていないが，前提条件として認められているものとする．振動数は波源（光源）に依存し，伝播中は変わらないので，真空中で波長 λ_0 の光波は空気中では $\lambda = \lambda_0/n$ の波長となる．

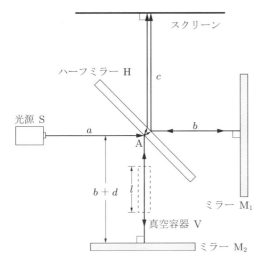

図 **1.3.14** マイケルソン干渉計の原理

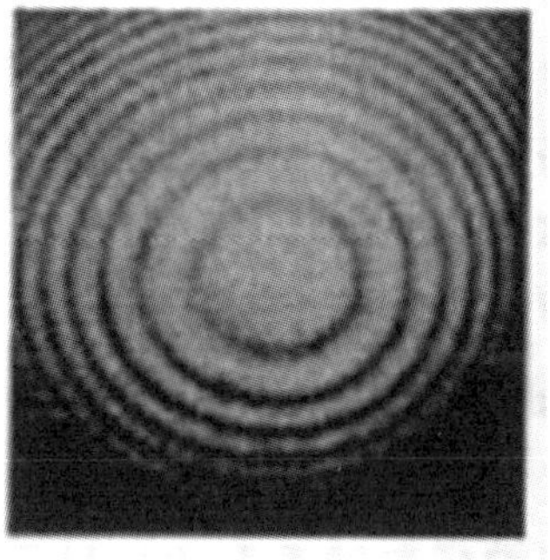

図 **1.3.15** スクリーン上の干渉縞のパターン（レンズで拡大してある．早稲田大学理工学基礎実験室より提供を受けた）．

H により 2 本の光線に分けられる．一方の光線は H を透過し，ミラー M_1 に垂直入射して全反射した後，H で反射してスクリーンに達する．もう一方の光線は H で反射後，ミラー M_2 で全反射し，H を透過してスクリーンに達する．H と M_1 の間，および H と M_2 との間の距離は異なるので，スクリーン上で干渉が起き，図 1.3.15 のような同心円状の干渉縞が観測される[∥]．

■**同心円状の干渉縞ができる理由**　図 1.3.14 に示すように，光源 S からハーフミラー H の入射点 A までの距離を a，H を出た点からミラー M_1 までの距離を b，A からミラー M_2 までの距離を $b+d$，H を出た点からスクリーンまでの距離を c とおく．H の厚さを無視すれば，S から M_1 で垂直反射してスクリーンに達する光線の光路の長さ L_1 は，

$$L_1 = a + 2b + c$$

同様に，M_2 で反射する光線の光路の長さ L_2 は，

$$L_2 = a + 2(b+d) + c$$

である．いま，仮に $d > 0$ とすると，光路差 ΔL は $\Delta L = L_2 - L_1 = 2d$ である．

さて，S から角 φ 方向に進む光線については，図 1.3.16 に示すように，H，M_1

[∥] この実験は早稲田大学基幹理工学部・創造理工学部・先進理工学部の理工学基礎実験の「光の分光と干渉」を参考にした．詳しくは同実験の指導書，早稲田大学理工学基礎実験室編『理工学基礎実験 1B』2010. を参照のこと．

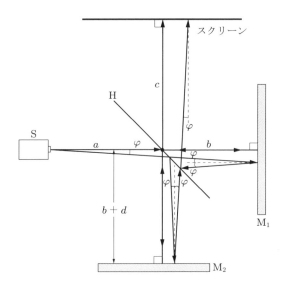

図 1.3.16 角 φ 方向に進む光線の進路

あるいは M_2 で反射した後，スクリーン面に垂直な方向に対して，角 φ をなす方向から入射する．光路の作図はややめんどうであるが，次に述べるように，M_1 あるいは M_2 による仮想的な"光源"を考えると比較的簡単にまとめることができる．

つまり，スクリーンから見ると，M_1 で反射してやってくる光線はスクリーンの手前 L_1 にある点 S_1 から出ているように見えるので，ここに仮想的な光源があるとする．同様に，M_2 で反射してスクリーンに達する光線は距離 L_2 の点 S_2 にある光源から出ているとみなす．さらに，光源 S から角 φ の方向へ進む光線は，図 1.3.16 に見るように M_1 および M_2 で反射してそれぞれスクリーンに達するわけであるが，図 1.3.17 (a) のように"光源"，S_1 および S_2 から角 φ 方向に進むものと考えることができる．2 つの光線の光路差は図 1.3.17 (b) に見るように，$\Delta L = 2d\cos\varphi$ である．したがって，スクリーン上には，m を整数として，

$$\Delta L = 2d\cos\varphi = m\lambda \tag{1.3.2}$$

を満足する，$\varphi = 0$ に相当する点を中心とし，角 φ の等しい点を結んだ同心円状の干渉縞が観測されるのである．

■**空気の屈折率の測定** 真空ポンプで真空容器 V（長さ l）の空気を抜いて真空にする．このとき，空気の屈折率を n とすると，M_2 で反射してスクリーンに達する光路の長さ L_2' は $L_2' = a + 2(b + d + l/n - l) + c$ である．したがって，光路差 $\Delta L' = L_2' - L_1$ は

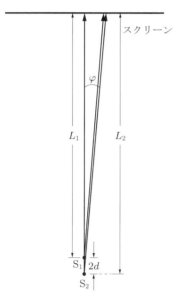 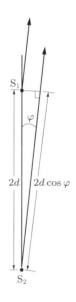

(a) S_1 および S_2 からそれぞれ φ 方向に進む光

(b) S_1 および S_2 付近の拡大図

図 **1.3.17** 2 つの "光源", S_1 と S_2, からの光線の干渉

$$\Delta L' = 2d - 2\left(1 - \frac{1}{n}\right)l$$

である.

次に,排気弁を調節して,真空容器に徐々に空気を入れていくと,干渉縞の中央部が「明 → 暗 → 明」(あるいは,「暗 → 明 → 暗」)と変わるので,その変化がなくなるまで明暗の回数を測定する. いま,M_1 も M_2 も動かさないので,光路差は $\Delta L' = 2d - 2\left(1 - \frac{1}{n}\right)l \to 2d$ と変わる. 明暗 1 回の変化は,光路では 1 波長 λ のずれに相当する. したがって,真空容器に空気を入れはじめてからの明暗の回数が N であるとすれば,光路差は $N\lambda$ である. 真空中の波長 λ_0 を用いて

$$2l\left(1 - \frac{1}{n}\right) = N\lambda = N\frac{\lambda_0}{n}$$

が成り立つ. これより,n は

$$n = 1 + \frac{N\lambda_0}{2l} \tag{1.3.3}$$

と求めることができる.

【実験9】 空気の屈折率の測定

目的

マイケルソン干渉計を利用し,屈折率がほとんど 1 に近い値となる空気の絶対屈折率を求める.

真空容器に徐々に空気を入れながら,スクリーン上にできる干渉縞の中央部の明暗の回数を測定する.

実験方法

一方の光路の途中にある真空容器の中の空気を抜いて真空にしておく.容器についた空気弁を少しずつ開閉しながら,真空容器の中の圧力がまわりと同じになるまで,スクリーン上の中央部(図 1.3.15 参照)の明暗の回数(明 → 暗 → 明 または 暗 → 明 → 暗 を 1 回と数える)を測定する.光源は赤色のレーザー光(波長 $633\,\text{nm} = 6.33 \times 10^{-7}\,\text{m}$)で,真空容器の長さ l は $70\,\text{mm} = 7.0 \times 10^{-2}\,\text{m}$ である.

結果

真空容器の中が真空状態からまわりと同じ圧力の状態になるまで明暗の回数の測定を 5 回行い,その平均値 $\overline{N}$ を求める.結果は表 1.3.5 の通りであった.

表 **1.3.5** 干渉縞の中央部の明暗の回数

N_1	N_2	N_3	N_4	N_5	$\overline{N}$
62	61	60	59	60	60

分析まとめ

これらのデータから,空気の絶対屈折率 n は

$$n - 1 = \frac{\overline{N}\lambda_0}{2l} = \frac{60 \cdot 6.33 \times 10^{-7}\,\text{m}}{2 \cdot 7.0 \times 10^{-2}\,\text{m}} = 2.7 \times 10^{-4} \quad \therefore \quad n = 1.00027$$

と得られる.

ちなみに,『理科年表』によると,標準空気(炭酸ガス 15% を含む 15°C, $1\,\text{atm} = 0.101325\,\text{MPa}$ の乾燥空気)の屈折率 n は [**]

$\lambda_0 = 0.62\,\mu\text{m}$ に対し,$n = 1.0002767$,$\lambda_0 = 0.64\,\mu\text{m}$ に対し,$n = 1.0002764$ とあったので,これから補間法を用いて $\lambda_0 = 633\,\text{nm} = 0.633\,\mu\text{m}$ に対する屈折率は,$n = 1.0002766$ と得られる.

[**] 国立天文台編『理科年表』平成 20 年版,丸善株式会社(2007),p.447.

さて，次に (1.3.2) 式で干渉条件が与えられる干渉縞は，真空容器に空気を注入するのにともないどのように変化するのか，考えてみよう（「問題5」）．

[問題5]

屈折率は気体の密度に依存する．【実験9】で，長さ l の真空容器 V 内の空気の屈折率が n_v であるとき，
(1) スクリーンに生じる干渉縞が満足する条件を，d, l, λ, φ, n および n_v を用いて求めよ．
(2) n_v が大きくなり n に近づくにつれ，干渉縞はどのように動くか，説明せよ．

ただし，$d > \left(1 - \dfrac{1}{n}\right)l$ が成り立つものとする．

[解 答] (1) 空気の屈折率が n であるから，M_2 で反射してスクリーンに達する光路の長さ L_{2v} は，真空に換算すると，$nL_{2v} = na + 2n(b+d-l) + 2n_v l + nc$ となり，

$$L_{2v} = a + 2(b+d-l) + \frac{2n_v}{n}l + c$$

である．したがって，L_1 との光路差 $\Delta L'_v = L_{2v} - L_1$ は，

$$\Delta L'_v = 2d - 2\left(1 - \frac{n_v}{n}\right)l$$

となり，n_v が 1 から n と変わるにつれ，$\Delta L'_v$ は $2d - 2\left(1 - \dfrac{1}{n}\right)l \;(>0) \to 2d$ と変化する．以上より，角度 φ の方向に明るい干渉縞ができる条件は，m を整数として，

$$\Delta L'_v \cos\varphi = 2\left\{d - \left(1 - \frac{n_v}{n}\right)l\right\}\cos\varphi = m\lambda \tag{1.3.4}$$

となる．

(2) 真空容器内の空気の密度が変化したとき，干渉縞がどのように移動するのかを考えてみよう．屈折率が $n_v \to n_v + \Delta n_v$ とわずかに変化したとき，m 番目の明るい干渉縞の角度が角度 $\varphi \to \varphi + \Delta\varphi$ と変わるとすると，

$$2\left\{d - \left(1 - \frac{n_v + \Delta n_v}{n}\right)l\right\}\cos(\varphi + \Delta\varphi) = m\lambda \tag{1.3.5}$$

となる．Δn_v が n_v と比べて小さいとき，$\Delta\varphi$ も φ に対して小さく，近似式

$$\cos(\varphi + \Delta\varphi) \cong \cos\varphi - \sin\varphi \cdot \Delta\varphi$$

が成り立つ．これを (1.3.5) 式に代入すると，

$$2\left(d-l+\frac{n_v+\Delta n_v}{n}l\right)(\cos\varphi-\sin\varphi\cdot\Delta\varphi)=m\lambda$$

となり，(1.3.4) 式を用い，Δn_v と $\Delta\varphi$ の高次の項を無視すれば，

$$2\frac{\Delta n_v}{n}l\cos\varphi-2\left(d-l+\frac{n_v}{n}l\right)\sin\varphi\cdot\Delta\varphi=0$$

これより

$$\frac{\Delta\varphi}{\Delta n_v}=\frac{\frac{1}{n}l}{d-l+\frac{n_v}{n}l}\frac{\cos\varphi}{\sin\varphi}$$

が得られる．$n>n_v>1$ であるので，$d-l+\frac{n_v}{n}l>d-l+\frac{1}{n}l>0$ で，$\Delta n_v>0$ のとき，つねに $\Delta\varphi>0$ となる．つまり，真空容器内の空気の屈折率 n_v が 1（真空）から室内の空気の屈折率 n まで増えるとき，干渉縞は中心部から外側へと移動する．

3.3 回 折

　物陰から声をかけられ振り返ると，姿は見えないのに声は聞こえる，ということがある．光も音も直進するので，ふつうは障害物によって遮られてしまうのであるが，人の可聴領域の音波では，数 m サイズの障害物があってもそれを回り込んで伝わるため，聞こえるのである．この現象を**回折**という．回折は音波特有の現象かというと，決してそうではない．たとえば，光に照らされた物体の影を見てみよう．影の縁の部分は線で引いたようにくっきりしているように見えても，よく見るとぼやけている．つまり，光が回り込んでいるのである．このように，回折は光波の場合にも見られる．一方，音波の場合も，高い音は手で軽く耳を覆うだけで簡単に遮ることができるが，低い音をこの方法で遮断することは難しい．本章の冒頭で述べたように，波動として，可視光線の波長領域と可聴領域の音波の波長領域とはかなり違いがあるが，それでも以上の経験などから，波長の長い波の方が回折しやすいことはわかる．光波の回折を考えてみよう．

3.3.1　単スリット

　まず，0.02〜0.1 mm ($2\sim10\times10^{-5}$ m) ほどの狭い隙間（スリット）を通過する光波の回折を調べてみる．ここでは，**単スリット**を作り，さまざまな波長の光を入射させスクリーンに投影される像を観測する．用意した「単スリット」は，片面を黒く塗った少し厚手のアルミホイルの小片にカッターナイフで長さ 10 mm ほどの切り込みを入れ，それを四角い小さな窓を開けた台紙と一緒にスライドマウントに

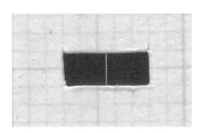
(a) 単スリット．中央の四角い小さな窓に見える黒い部分にスリットがある．

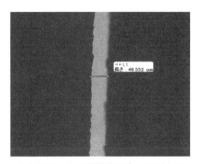
(b) スリットの顕微鏡写真．画面上でスリット幅を測ることができて，$46.552\,\mu\mathrm{m}$ とわかる．

図 **1.3.18** 単スリット[††]

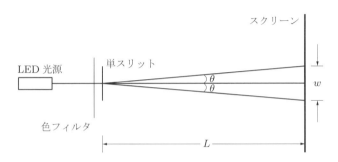

図 **1.3.19** 単スリットの実験（LED 光源）

セットしたものである（図 1.3.18）．ここでは，顕微鏡観測により幅 $46.552\,\mu\mathrm{m}$ の細長い"すきま"であると測定されたスリットを用いる．まず予備実験として，**LED**（発光ダイオード）を光源（白色光，6400 ルクス）とし，色フィルタを通したさまざまな色（青色，赤色，および緑色）の光を単スリットにあて，スクリーン上にできる像を観測する（図 1.3.19）．単スリットからスクリーンまでの距離 L は 1 m である．

【実験10】 単スリットの実験（1）：LED 光源

目的

単スリットに「色フィルタ」を透過した光を当て，その像を観察する．これにより，光の波長と回折の関係を調べる．

[††] 早稲田大学理工学基礎実験室より提供を受けた．

> **実験方法**

■**用意するもの** LEDライト,巻き尺,白い紙(スクリーン).色フィルタは工業用の色見本からNo.25(赤),No.52(緑)とNo.73(青)を用いた.それらのフィルタの透過特性[‡‡]は図1.3.20の通り.

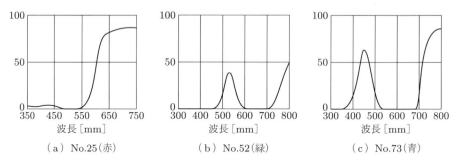

(a) No.25(赤)　　　　(b) No.52(緑)　　　　(c) No.73(青)

図 **1.3.20** 色フィルタの透過特性:縦軸は相対強度.

■**操 作** 光源の白色光を「色フィルタ」を通して単スリットに当て,いろいろな波長の光に対して,スクリーン上に投影されたスリット像の幅を測定する.

> **結 果**

フィルタの透過特性には幅があるが,その中心となる波長の値を採用し,透過光の波長とスリット像の幅の関係を求めると,表1.3.6の通りである.なお,波長750 nm以上の光は人間の目に見えない[*]として,無視した.

表 **1.3.6** 透過光の波長 λ と単スリット像の幅 w の関係

波長 λ [nm]	像の幅 w [mm]
450	60
540	65
650	70

> **分析まとめ**

波長と像の幅のデータをグラフにしてみる(図1.3.21).図から,大まかにいって両者は直線関係にあることがわかる:波長を λ [nm],像の幅(広がり具合)を w [mm] として,グラフから式で表すと,

---

[‡‡] 色見本付属の資料より.

[*] 可視光の波長の範囲は 380 nm〜750 nm = (3.80〜7.50) × 10^{-7} m と言われている.

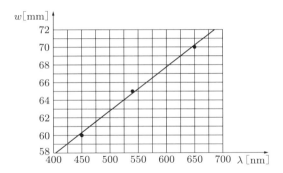

図 1.3.21 波長 λ [nm] と像の幅 w [mm] の関係．直線は近似直線（(1.3.6) 式）を表す．

$$w = 0.050\,[\mathrm{mm/nm}]\lambda + 37.8\,\mathrm{mm} \tag{1.3.6}$$

である．

■この実験でわかったこと

「波長の長い光ほど大きく回折し，単スリットの像の幅（広がり具合）は波長に比例して大きくなる」

次に，レーザー光を光源として用い，同じ単スリットを使って実験してみよう．

【実験11】 単スリットの実験（2）：レーザー光源

目的

レーザーは特定の波長の連続した光波を出すので，単スリットによる光の干渉も観測することができるだろう．レーザー光源は市販の赤色と緑色のレーザーポインタを用いる．レーザーポインタはふつう，赤色レーザー光を発射するものがポピュラーであるが，緑色のものも存在する（図 1.3.22）．波長は赤色レーザー光が 635 nm，緑色レーザー光が 532 nm である．それぞれで単スリットを照射し，40 cm 先のス

図 1.3.22 緑色レーザーポインタ．上部に見える小さな四角い突起が照射ボタンで，その右が LED インジケータ．ボタンを押すと図の右方向に緑色のレーザー光（波長 532 nm）が発射される．

クリーン上にできる像を観測する．これにより，
(1) スクリーン上の回折像を調べる．
(2) LED 光源とレーザー光源による結果の違いを確認する．

実験方法

■ 用意するもの　赤色レーザーポインタと緑色レーザーポインタ，単スリット，デジタルカメラ（低照度撮影が可能なもの），巻き尺，目盛を印刷した白い紙（スクリーンとして使う）．

■ 操　作　赤色レーザーポインタのレーザー光（波長 635 nm）と緑色レーザーポインタのレーザー光（波長 532 nm）をそれぞれ単スリットに当て，回折光をスクリーンに投影する．スクリーン上の回折像をデジタルカメラで撮影する．

結 果

(1) 結果は図 1.3.23 および図 1.3.24 の通りである．
(2) LED 光源との結果の違いは以下の通り：
(a) 回折像がシャープであること．
　レーザー光源を用いた場合は中央部に比較的幅の広い明るい像があり，その左右対称の位置に明るいスポットが見られる．スクリーン上の像はさらにその外側にも広がって存在するが，中心から離れるに従い明るさは徐々に弱くなる．レーザー光は単に明るいだけでなく，LED の赤色光・緑色光より干渉性が高く像がはっきりしている．
(b) 【実験10】から入射光の波長 λ が大きくなると回折像 w の幅も大きくなる

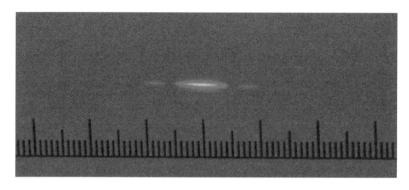

図 1.3.23　スクリーン上で観測される回折像の分布（赤色レーザー光の場合．横軸の目盛の単位は mm）．像の中央部はとても明るい．それから離れるにしたがって，像は薄くなっていく．光源からスクリーンまでの距離は 40 cm．

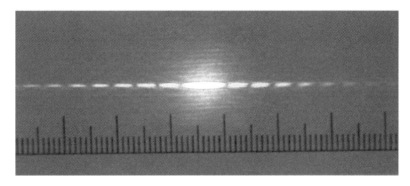

図 1.3.24 スクリーン上で観測される回折像の分布（緑色レーザー光の場合）．光源からスクリーンまでの距離は 40 cm．

ことがわかったが，ここでも，図 1.3.23 および図 1.3.24 をみると，中央の幅の広い強度のパターンの幅は，赤色レーザー光についての方が緑色レーザー光についてより，若干広くなっていることがわかる．

分析まとめ

単スリットとスクリーン間の距離を L とし，スクリーン上の像（あるいは暗い点）の位置を x とすると，回折角 θ は $\sin\theta \fallingdotseq \tan\theta = \dfrac{x}{L}$ から求めることができる．図 1.3.23 および図 1.3.24 から，回折光が弱めあう暗点の位置を測ってみよう．

問題 6

図 1.3.23 および図 1.3.24 から[†]，赤色レーザー光 (R) と緑色レーザー光 (G) のそれぞれについて暗点の位置（X_p^R と X_p^G）を読み取り，表 1.3.7 の形に整理せよ．ただし，中央部の幅の広い像（明点）の次数を便宜上 0 とし，そこから図の右に位置する暗点の次数を正（左は負）ととるものとする．

表 1.3.7 単スリットによる回折光の暗点の位置

次数 p	-3	-2	-1	1	2	3
暗点の位置 X_p [$\times 10^{-3}$ m]						

[解 答] 読み取った位置は表 1.3.8，1.3.9 の通りとなる．

さて，これらの暗点は中央部を中心として対称に分布するはずである．そこで，

[†] 細かくは森北出版 Web サイト (http://www.morikita.co.jp/books/mid/015831) の画像ファイル「1.3.23.jpg」および「1.3.24.jpg」を参照すること．

読み取り誤差を減少する意味で，

$$\frac{X_1^R - X_{-1}^R}{2} = \overline{X}_1^R$$

などとして，中心からそれぞれの暗点までの距離（平均値）を求めよう．結果は表 1.3.8 および表 1.3.9 より，それぞれのレーザー光源の場合について，表 1.3.10 のように得られる．

表 1.3.8　赤色レーザー光の場合：単スリットによる回折光の暗点の位置（結果）．中央の明るい部分に近い目盛を原点に選んだ．

次数 p	-3	-2	-1	1	2	3
暗点の位置 X_p^R [$\times 10^{-3}$m]	-16	-11.5	-5.7	5.5	11.5	17

表 1.3.9　緑色レーザー光の場合：単スリットによる回折光の暗点の位置（結果）．中央の明るい部分に近い目盛を原点に選んだ．

次数 p	1	2	3	4	5	6	7	8
暗点の位置 X_p^G [$\times 10^{-3}$m]	10.5	14.5	19	23.2	27.2	31.2	35	39
次数 p	-1	-2	-3	-4	-5	-6	-7	-8
暗点の位置 X_p^G [$\times 10^{-3}$m]	1.7	-2.5	-6.7	-11	-15.2	-19.5	-24	-28

表 1.3.10　中心から暗点までの距離（平均値）

(a) 赤色レーザー光の場合

次数 p	1	2	3
距離 $\overline{X}_p^R$ [$\times 10^{-3}$m]	5.6	11.5	16.5

(b) 緑色レーザー光の場合

次数 p	1	2	3	4	5	6	7	8
距離 $\overline{X}_p^G$ [$\times 10^{-3}$m]	4.4	8.5	12.9	17.1	21.2	25.4	29.5	33.5

これをグラフで表すと図 1.3.25 の通りである．

図には最小二乗法で求めた近似直線が示されている．赤色レーザー光の場合，直線の式は

$$\overline{X}_p^R = (5.45p + 0.3) \times 10^{-3} \text{ [m]} \fallingdotseq 5.45 \times 10^{-3} p \text{ [m]} \tag{1.3.7}$$

で，緑色レーザー光の場合は，

$$\overline{X}_p^G = (4.17p + 0.30) \times 10^{-3} \text{ [m]} \fallingdotseq 4.17 \times 10^{-3} p \text{ [m]} \tag{1.3.8}$$

である（切片の値は 0 になるものとして無視した）．

暗点の位置（中心からの距離）は，単スリットとスクリーン間の距離 $L\,(=0.40\,\text{m})$

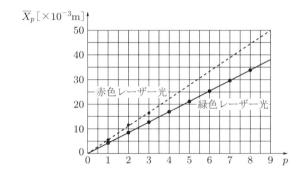

図 **1.3.25** 単スリットによる回折光における，次数 p と回折光の中心から暗点までの距離 $\overline{X_p}$ の関係．実線は緑色レーザー光，破線は赤色レーザー光の場合である．それぞれの直線は最小二乗法で求めた．

に比例するので，(1.3.7) 式および (1.3.8) 式から，結局，単スリットによる回折光の強度分布に関して次の結果が得られる．

暗点位置について

$$X_p = pL \times A \quad (p = 1, 2, 3, \ldots) \tag{1.3.9}$$

ただし，定数 A は赤色レーザー光（波長 $\lambda_R = 635\,\mathrm{nm}$）の場合は $A^R = 1.36 \times 10^{-2}$，緑色レーザー光（波長 $\lambda_G = 532\,\mathrm{nm}$）の場合は $A^G = 1.04 \times 10^{-2}$ である．

ここで，定数 A の比を求めると $\dfrac{A^R}{A^G} = \dfrac{1.36 \times 10^{-2}}{1.04 \times 10^{-2}} \fallingdotseq 1.3$ である．また，波長の比が $\dfrac{\lambda_R}{\lambda_G} \fallingdotseq 1.2$ であることから，【実験10】において，像の拡がりが波長 λ に比例して大きくなったように定数 A は波長 λ にほぼ比例するものと考えられる．

そこで，その比例定数を C とおいて，(1.3.9) 式をさらに次のように書き換える．

暗点位置について

$$X_p = pLA = p\lambda L \times C \quad (p = 1, 2, 3, \ldots)$$

ただし，定数 C の値は，赤色レーザー光（波長 $\lambda_R = 635\,\mathrm{nm} = 6.35 \times 10^{-7}\,\mathrm{m}$）の場合は $\dfrac{A^R}{\lambda_R} = \dfrac{1.36 \times 10^{-2}}{6.35 \times 10^{-7}\,\mathrm{m}} \fallingdotseq 2.2 \times 10^4\,\mathrm{m}^{-1}$，緑色レーザー光（波長 $\lambda_G = 532\,\mathrm{nm} = 5.32 \times 10^{-7}\,\mathrm{m}$）の場合は $\dfrac{A^G}{\lambda_G} = \dfrac{1.04 \times 10^{-2}}{5.32 \times 10^{-7}\,\mathrm{m}} \fallingdotseq 2.0 \times 10^4\,\mathrm{m}^{-1}$ となり，両者はほぼ同じ値である．したがって，C としては両者を平均した $2.1 \times 10^4\,\mathrm{m}^{-1}$ を採用する．

■ この実験でわかったこと

「単スリットの回折像の p 番目の暗点の中心からの距離 X_p は，スクリーンまでの距離 L および波長 λ に比例し，

$$X_p = pC\lambda L \quad (p = 1,\ 2,\ 3,\ \ldots), \quad C = 2.1 \times 10^4 \ \mathrm{m}^{-1} \tag{1.3.10}$$

と与えられる」

3.3.2 回折格子

回折格子とは，たくさんのスリットを等間隔で並べた構造をもち，それぞれのスリットを通過した光の干渉を利用して入射光を分光するために使われるものと考えられているが，このような入射光を透過するタイプのほかに反射するタイプもある．ここでは透過型のものを使う（図 1.3.26）．これは比較的簡単に作ることができる（紙に一定幅の線を等間隔に引いたものを透明フィルムに縮小コピーする．さらにそれをカメラで銀塩フィルムに撮影し，そのフィルムをスライド枠にマウントする．ここでは，早稲田大学の実験室から提供されたものを使用した）．いっぽう，CD の記録面を太陽光などにかざしてみると虹色の反射光が見えるが，これは反射光が干渉をしているからであって，反射型回折格子はこの原理を利用している．

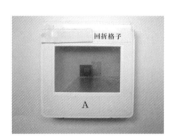

(a) 真ん中の黒っぽい四角の部分が「紙に一定幅の線を等間隔に引いたもの」を撮影した部分で，スライド枠にマウントし，回折格子として利用する

(b) (a) の黒い部分の顕微鏡写真の一部

図 **1.3.26** 透過型回折格子

【実験12】 回折格子の実験：レーザー光源

目的

回折格子による回折を調べる．レーザー光源は市販の赤色と緑色のレーザーポイ

ンタを用いる．回折格子にレーザー光を当て，40 cm 先のスクリーン上の像を観測する．これにより，

(1) 回折像を調べる．
(2) 単スリットによる回折像（【実験11】）と回折格子による像との違いを検討する．

実験方法

■ **用意するもの** 赤色レーザーポインタと緑色レーザーポインタ，回折格子，デジタルカメラ，巻き尺，目盛を印刷した白い紙．

■ **操 作** 赤色と緑色のレーザーポインタ（光源）からのレーザー光（$\lambda_R = 635\,\mathrm{nm}$ と $\lambda_G = 532\,\mathrm{nm}$）を回折格子に当て，回折光をスクリーンに投影する．それぞれの場合にスクリーン上に見られる回折像の分布の様子を撮影する．

結果

(1) 結果は図 1.3.27 および図 1.3.28 の通りである．

図 1.3.27 に見るように，像は全体として単スリットの場合より明るい．中

図 **1.3.27** 赤色レーザー光の場合に，スクリーン上で観測される回折像の分布（横軸の目盛の単位は mm）．光源からスクリーンまでの距離は 40 cm．

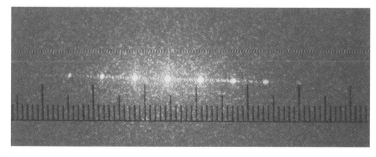

図 **1.3.28** 緑色レーザー光の場合に，スクリーン上で観測される回折像の分布．光源からスクリーンまでの距離は 40 cm．

でも中央の像は特に明るい．それから離れるにしたがって，スポット状の像がいくつか見られる．
(2) 単スリットの場合との違いは以下の通りである．
   (a) 回折像が全体として明るく，点状でシャープであること．
   (b) 中央の明るい像の他に，スポット状の像がいくつか見られること．

分析まとめ

回折格子とスクリーン間の距離 L は単スリットの実験のときと同じ 40 cm である．レーザー光源も同じものを使っている．ここでは明点（スポット状の回折像）の位置を測定する．単スリットの実験にならってスクリーン上の明点の位置 x を図 1.3.27 および図 1.3.28 から読み取ってみよう．

問題 7

図 1.3.27 および図 1.3.28 から[‡]，赤色レーザー光 (R) と緑色レーザー光 (G) のそれぞれの場合について明点の位置（x_p^R と x_p^G）を読み取り，表 1.3.11 のような形に整理せよ．ただし，中央の最も明るい明点の次数 p を 0 とする．

表 1.3.11 スクリーン上の明点の位置

(a) 赤色レーザー光の場合

次数 p	-3	-2	-1	0	1	2	3
位置 x_p^R [×10^{-3} m]							

(b) 緑色レーザー光の場合

次数 p	-4	-3	-2	-1	0	1	2	3	4
位置 x_p^G [×10^{-3} m]									

[解答] 結果は表 1.3.12 の通りである．

これらの点は原点 O を中心としてほぼ左右対称に分布している．単スリットのときと同じく，

$$\frac{x_1^R - x_{-1}^R}{2} = \overline{x}_1^R$$

として，それぞれの点の中心からの距離（平均値）を求めると，表 1.3.13 の通りである．

[‡] 細かくは森北出版 Web サイト (http://www.morikita.co.jp/books/015831) の画像ファイル「1.3.27.jpg」および「1.3.28.jpg」を参照すること．

3.3 回折

表 1.3.12 スクリーン上の明点の位置（結果）

(a) 赤色レーザー光の場合

次数 p	-3	-2	-1	0	1	2	3
位置 x_p^{R} [$\times 10^{-3}$m]	-21	-13.2	-5.5	2	9.5	17	24.5

(b) 緑色レーザー光の場合

次数 p	-4	-3	-2	-1	0	1	2	3	4
位置 x_p^{G} [$\times 10^{-3}$m]	-21	-14.7	-8.2	-1.8	4.5	10.7	17.2	23.5	39.7

表 1.3.13 明点の中心からの距離（平均値）

(a) 赤色レーザー光の場合

次数 p	0	1	2	3
$\overline{x}_p^{\mathrm{R}}$ [$\times 10^{-3}$m]	0	7.5	15.2	22.75

(b) 緑色レーザー光の場合

次数 p	0	1	2	3	4
$\overline{x}_p^{\mathrm{G}}$ [$\times 10^{-3}$m]	0	6.25	12.7	19.1	25.35

これらの結果をグラフで表してみよう．

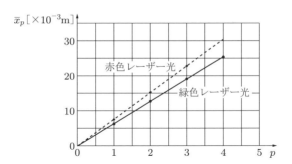

図 1.3.29 回折格子による回折光における，次数 p と回折光の中心から明点までの距離 $\overline{x}_p$ の関係．それぞれ実線は緑色レーザー光，破線は赤色レーザー光の場合に相当する．それぞれの直線は最小二乗法で求めた．

図 1.3.29 には，データ点を最小二乗法により直線で近似した場合の直線が示されている．それらは以下の通りである（単スリットの場合と同様，切片の値は 0 になるものとして無視した）．

$$\text{赤色レーザー光の場合：} \overline{x}_p^{\mathrm{R}} = (7.625p + 0.13) \times 10^{-3} \, [\mathrm{m}]$$
$$\fallingdotseq 7.63 \times 10^{-3} p \, [\mathrm{m}]$$
$$\text{緑色レーザー光の場合：} \overline{x}_p^{\mathrm{G}} = (6.37p + 0.075) \times 10^{-3} \, [\mathrm{m}]$$
$$\fallingdotseq 6.37 \times 10^{-3} p \, [\mathrm{m}]$$

以上の結果より，回折光の強度分布に関して次の結論が推定できる（距離 $L = 0.40\,\mathrm{m}$）．

明点の位置（回折光の中心からの距離）について

$$x_p = pL \times B \quad (p = 1,\,2,\,3,\,\ldots) \tag{1.3.11}$$

ただし，定数 B は赤色レーザー光（波長 $\lambda_\mathrm{R} = 635\,\mathrm{nm}$）の場合は $B^\mathrm{R} = 1.91 \times 10^{-2}$，緑色レーザー光（波長 $\lambda_\mathrm{G} = 532\,\mathrm{nm}$）の場合は $B^\mathrm{G} = 1.59 \times 10^{-2}$，という値である．

さらに，定数 B の比を求めると，$\dfrac{B^\mathrm{R}}{B^\mathrm{G}} = \dfrac{1.91 \times 10^{-2}\,\mathrm{m}}{1.59 \times 10^{-2}\,\mathrm{m}} \fallingdotseq 1.2$ で，波長の比が $\dfrac{\lambda_\mathrm{R}}{\lambda_\mathrm{G}} \fallingdotseq 1.2$ であることから，回折格子の場合についても，定数 B はレーザー光の波長 λ に比例するものと考えられる．

以上を踏まえて，単スリットの場合と同様に，(1.3.11) 式は次のように書き換えることができる：

明点位置について

$$x_p = pLB = p\lambda L \times C' \quad (p = 0,\,1,\,2,\,3,\,\ldots)$$

ただし，定数 C' は，赤色レーザー光（波長 $\lambda_\mathrm{R} = 635\,\mathrm{nm} = 6.35 \times 10^{-7}\,\mathrm{m}$）の場合は $\dfrac{B^\mathrm{R}}{\lambda_\mathrm{R}} = \dfrac{1.91 \times 10^{-2}}{6.35 \times 10^{-7}\,\mathrm{m}} \fallingdotseq 3.0 \times 10^4\,\mathrm{m^{-1}}$，緑色レーザー光（波長 $\lambda_\mathrm{G} = 532\,\mathrm{nm} = 5.32 \times 10^{-7}\,\mathrm{m}$）の場合は $\dfrac{B^\mathrm{G}}{\lambda_\mathrm{G}} = \dfrac{1.59 \times 10^{-2}}{5.32 \times 10^{-7}\,\mathrm{m}} \fallingdotseq 3.0 \times 10^4\,\mathrm{m^{-1}}$ となることを考慮し，両者を平均した $C' \fallingdotseq 3.0 \times 10^4\,\mathrm{m^{-1}}$ という値であるとする．

■**この実験でわかったこと** 単スリットの場合と同じく，

「回折格子の回折像の p 番目の明点の位置（中心からの距離）x_p は，スクリーンまでの距離 L と波長 λ に比例し，

$$x_p = pC'\lambda L \quad (p = 0,\,1,\,2,\,3,\,\ldots), \quad C' = 3.0 \times 10^4\,\mathrm{m^{-1}} \tag{1.3.12}$$

と与えられる」

[[**問題 8**]]

図 1.3.30 は実験に用いた回折格子の顕微鏡写真（図 1.3.26 (b) を部分拡大したもの）である．

図から光の通るところ（白っぽい部分）と通らないところのおよその幅を読み取り，スリット間隔 d とスリット幅 a を求めよ．

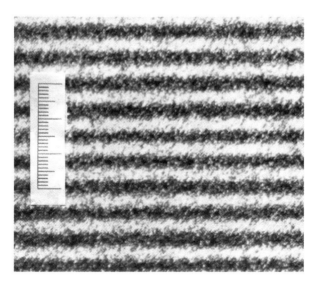

図 1.3.30 回折格子の顕微鏡写真．長さの尺度として図のスケールの最小目盛が $4\,\mu\text{m}$ を表す．

[**解 答**] 図 1.3.30 より，おおよそ次の通り，読み取ることができる．

 光の通るところ：$10\,\mu\text{m}$，光の通らないところ：$20\,\mu\text{m}$

ゆえに，

 スリット間隔：$d \fallingdotseq 30\,\mu\text{m} = 3.0 \times 10^{-5}\,\text{m}$

 スリット幅：$a \fallingdotseq 10\,\mu\text{m} = 1.0 \times 10^{-5}\,\text{m}$

[分析まとめ]

(1.3.11) 式の無次元量 B は光の波長 λ に比例している（$B = C'\lambda$）．そこで，B の表現を推定してみよう．

回折格子で長さに関連のある物理量は λ, d および a である．これらで作られる無次元量で λ に比例する量は，λ/d または λ/a である．赤色レーザー光の場合（$B^{\text{R}} = 1.91 \times 10^{-2}$）にそれらの数値を求めてみると，それぞれ

$$\frac{\lambda_{\text{R}}}{d} = \frac{6.35 \times 10^{-7}\,\text{m}}{3.0 \times 10^{-5}\,\text{m}} \fallingdotseq 2.1 \times 10^{-2}$$

$$\frac{\lambda_{\text{R}}}{a} = \frac{6.35 \times 10^{-7}\,\text{m}}{1.0 \times 10^{-5}\,\text{m}} \fallingdotseq 6.3 \times 10^{-2}$$

となる．

緑色レーザー光の場合（$B^{\text{G}} = 1.59 \times 10^{-2}$）では，それらの数値は，それぞれ

$$\frac{\lambda_{\mathrm{G}}}{d} = \frac{5.32 \times 10^{-7}\,\mathrm{m}}{3.0 \times 10^{-5}\,\mathrm{m}} \fallingdotseq 1.8 \times 10^{-2}$$

$$\frac{\lambda_{\mathrm{G}}}{a} = \frac{5.32 \times 10^{-7}\,\mathrm{m}}{1.0 \times 10^{-5}\,\mathrm{m}} \fallingdotseq 5.3 \times 10^{-2}$$

である．いずれも $\frac{\lambda}{d}$ の値の方が B の値に近い．

これは $B = \frac{\lambda}{d}$ という事実，つまり，

$$x_p = p\frac{\lambda L}{d} \quad (p = 1,\ 2,\ 3,\ \dots) \tag{1.3.13}$$

という関係式が成り立つという事実を示しているのではないだろうか．

(1.3.13) 式については第 III 部 4.3 節にて議論される．

さて，単スリットの場合は，回折光が互いに干渉して弱めあう暗点の位置を求め，

$$X_p = pL \times A = pC\lambda L$$

という結果を得たが，上記の結果から，この無次元量 A についてもスリット幅 a と波長 λ から $A = \frac{\lambda}{a} \left(C = \frac{1}{a}\right)$ という関係式が成立するのではないかという推察をすることができる．ちなみに，顕微鏡観測によりスリット幅 a は $46.552\,\mu\mathrm{m}$ と測定されているので，

$$\frac{1}{a} = \frac{1}{46.552 \times 10^{-6}\,\mathrm{m}} = 2.148 \times 10^{4}\,\mathrm{m}^{-1}$$

となり，$C = 2.1 \times 10^{4}\,\mathrm{m}^{-1}$ と等しい．これは，単スリットの場合，暗点の位置には

$$X_p = p\frac{\lambda L}{a} \quad (p = 1,\ 2,\ 3,\ \dots) \tag{1.3.14}$$

という関係式が成立することを示唆する．

これらの結果に関しては，波長の異なるレーザー光を用いる，スリット幅の違う単スリットを使って実験を行うなど，さらにデータを蓄積した上でないと確かなことは言えないが，ここではある程度の傾向をみることはできた．結果をきちんと理解し，理論的な解釈を得るには，第 III 部 4.2 節の議論を待たなくてはならない．

3.4 偏 光

光波は電場と磁場の変化が空間を伝わる電磁波の 1 種で，横波である．いま，光波の伝播方向に対して垂直な面を考えると，波の変位はこの面内に限定されるわけであるが，特にある方向のみに限られ，それが変わらないとき，この波は**直線偏光**と呼ばれる．一般的に，**偏光**とは変位の振動方向に規則性が見られることをいうが，

本節では直線偏光のみを扱い，この現象を考えてみよう．なお，電磁波の場合は偏波と呼ばれている．

3.4.1 偏光の実験

直線偏光は偏光板を用いることで簡単に作ることができる．自然光はいろいろな方向の振動成分をもつ電磁波の波束の集まりであるが，偏光板を通すとそのうちの偏光板によって決まる方向成分のみを通すことができるのである．

進行方向，電場と磁場の向きは関連しているので，電場の向きが決まれば磁場の向きは自動的に決まってしまう．横波としての光を考える場合は，電場と磁場のいずれかの変位に注目すればよいが，以下では電場の向きに注目して議論を進める．

【実験13】 偏光の実験

目的

2枚の偏光板を用いて，透過する自然光の偏光の様子を調べる．
(1) 偏光板とカメラの偏光フィルタを用いて，透過する光を観察する．
(2) 2枚の偏光フィルタを用いて，透過光強度を測定する．

実験方法

■ **用意するもの** 偏光板は四角い板状のもの（Polaroid HN-32 linear polarizer, Berkeley Physics Course -Vol.3 "Waves", McGraw-Hill Book Co.（1968）の付属品），偏光フィルタはカメラ用のもの（Nikon POLARIZING FILTER 52 mm）を用いる．強度測定に光度計を用意し，2枚の偏光フィルタを用いる．

■ **操作** （1）偏光板の上に偏光フィルタを重ねておき，透過光を観察する．
（2）2枚の円形の偏光フィルタを通して透過光強度を測定する．一方の偏光フィルタ（P）は向きを固定し，もう一方の偏光フィルタ（A）の向きを変えつつ，透過光強度を測る（図 1.3.31）．

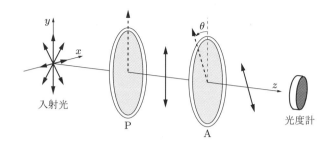

図 1.3.31 偏光の実験（P および A は偏光フィルタ．P の向きは固定されている）．透過光強度を測定する場合は光度計を用いる．

結果

(1) 結果は図 1.3.32 の通りである．四角い偏光板と偏光フィルタの向きが平行のときは光が透過するので文字が見えるが，直交するときは見えない．

(a) 互いに向きが平行

(b) 互いに向きが垂直

図 1.3.32 重ねておいた偏光板と偏光フィルタ

(2) 図 1.3.31 に見るように，透過光強度が最大となるときの角度を基準（0°）としてその値を 100 とする．それから反時計回りに A を回転していくと，相対強度は角度 θ に対して表 1.3.14 のように変化した．

表 1.3.14 透過光の相対強度

角度 θ	相対強度	角度 θ	相対強度
0°	100	95°	1
5°	99	100°	4
10°	96	110°	14
20°	88	120°	28
30°	75	130°	44
40°	58	140°	61
50°	41	150°	77
60°	26	160°	90
70°	12	170°	97
80°	3	175°	99
85°	1	180°	100
90°	0		

分析まとめ

(1) 偏光板は特定の方向の変位の成分しか透過させない．もし，重ねた 2 枚の偏光板の方向がそろっていれば，光波は透過することができるが，直交するように配置した場合は透過しない．

(2) 図 1.3.33 は表 1.3.14 の透過光の相対強度の値を θ に対してプロットしたものである．このグラフから，透過光の相対強度は角度 θ に対して $\cos^2\theta$ に比例して変化することがわかる．ちなみに，表 1.3.14 のデータと $\cos^2\theta$ との散布図を描くと図 1.3.34 の通りで，両者は極めてよく一致する．したがって，これから $\theta = 0°$ のときの透過光強度を I_0 として，角度 θ のときの相対強度は，

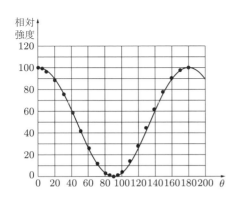

図 1.3.33 透過光の相対強度の角度 θ 依存性

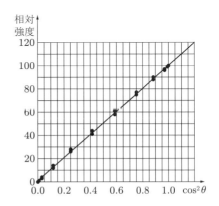

図 1.3.34 透過光の相対強度と $\cos^2\theta$ の関係（散布図）．直線は 1 次式：$0.9922\cos^2\theta + 1.1018$ を表す．

$$I(\theta) = I_0 \cos^2 \theta \tag{1.3.15}$$

となることがわかる．理由は次の通りである．

偏光板（偏光フィルタ）は入射光のうち特定の向きの電場の成分しか透過させない．これは特定の方向に対して垂直な電場の成分は吸収されるからである（図 1.3.35）．電球や太陽光のような自然光が光源の場合，入射光はいろいろな方向に変化する電場成分をもつ光波の集まりであるが，図 1.3.31 の偏光フィルタ P により，図に示す向きの電場成分のみ透過する．この光が P に対して角度 θ 傾けた，もう一方の偏光フィルタ A に入射すると，P を透過した電場 $\boldsymbol{E}$ のうち，A の向きに垂直な成分 $E\sin\theta$ は吸収され，平行な成分 $E\cos\theta$ のみ透過する（図 1.3.35）．光の強度は振幅の 2 乗に比例する．したがって，透過光強度は $\cos^2\theta$ に比例し，$\theta = 0°$ の透過光強度を I_0 とすると，

$$I_0 = I_0 \cos^2 \theta$$

となり，(1.3.15) 式が得られる．

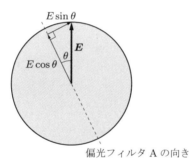

図 **1.3.35** 偏光板フィルタ A に入射する電場 $\boldsymbol{E}$．A の向きに垂直な成分 $E\sin\theta$ は吸収され，$E\cos\theta$ のみ透過する．

3.4.2　偏光の向きの回転

【実験14】 偏光の実験：偏光の向きの回転

目的

半波長板（後述）を用いて，偏光の向きを変える．四角い偏光板，カメラの偏光フィルタと半波長板を用いて，透過する光を観察する．

実験方法

■ 用意するもの　半波長板．偏光板と偏光フィルタは【実験13】と同じものを用いる．

3.4 偏光

■ **操　作**　偏光板と偏光フィルタの間に半波長板を 45° 傾けておき，透過光を観察する．

結果

結果は図 1.3.36 の通りである．2 つの偏光板（四角い偏光板と偏光フィルタ）の向きが平行のとき，半波長板を通った光は透過することができないが，直交するときは半波長板を通った光のみ透過する．

(a) 2 枚の偏光板の向きは互いに平行　　　　　(b) 互いに向きが垂直

図 1.3.36　半波長板を偏光板と偏光フィルタの間に 45° 傾けて挿入した
（白く見える小さな四角は識別のための目印である）

分析まとめ

セロファンのように長い分子が向きをそろえて集まった構造をもつ物質や，プラスチックでも圧力を加えられた状態にあるときは，媒質の屈折率が方向によりわずかに異なる．そのような物質に偏光した光波が入射すると，偏光状態が変わる．この事実を考えてみよう．

いま，厚さ d のそのような物質があり，互いに垂直となる 2 つの方向で屈折率が n_1 および n_2 と異なるとしよう（$n_1 < n_2$ とする）．屈折率が n_1 の方向を進む光波が物質を出るとき，真空に対する位相差 $\Delta\phi_1$ は

$$\Delta\phi_1 = 2\pi \left| \frac{d}{\lambda_0} - \frac{n_1 d}{\lambda_0} \right| = \frac{2\pi d}{\lambda_0}(n_1 - 1) \tag{1.3.16}$$

であり，同様に，屈折率が n_2 の方向を進む光波が物質を出るとき，真空に対する位相差 $\Delta\phi_2$ は

$$\Delta\phi_2 = 2\pi \left| \frac{d}{\lambda_0} - \frac{n_2 d}{\lambda_0} \right| = \frac{2\pi d}{\lambda_0}(n_2 - 1) \tag{1.3.17}$$

である．両者の差 $\Delta\phi$ は

$$\Delta\phi = \Delta\phi_2 - \Delta\phi_1 = \frac{2\pi d}{\lambda_0}(n_2 - n_1) \tag{1.3.18}$$

となる.半波長板は $\Delta\phi = \pi$,つまり,

$$(n_2 - n_1)d = \frac{1}{2}\lambda_0$$

となるように調整された光学素子である.実験ではこの値が $280 \pm 20\,\mathrm{nm}$ のものを使った.厳密には真空中の波長 $560\,\mathrm{nm}$ の光波に対してのみ "半波長板" として働くが,近似的にはこの波長前後の光に対しても使えると考えてよい.いま,半波長板の屈折率が n_1 となる方向を e_1,n_2 となる方向を e_2 とし,互いに垂直とする.半波長板に入射した直線偏光の電場を E とする.E と e_1 とのなす角を φ とすると,E の e_1 方向成分 E_1 と e_2 方向成分 E_2 は,E の大きさを E として,それぞれ,

$$E_1 = E\cos\varphi, \quad E_2 = E\sin\varphi$$

と与えられる.

半波長板を出るとき,電場を E' とすると,同じく電場の成分 (E_1', E_2') は

$$E_1' = E'\cos\varphi, \quad E_2' = E'\sin(\varphi + \pi) = -E'\sin\varphi$$

となる.結局,入射した直線偏光の偏光面(偏光の向き)は角度 2φ だけ回転する(図 1.3.37).この実験のように,$\varphi = 45°$ とおいた場合,偏光面の回転は $90°$ となり,互いの向きが平行におかれた偏光板の間に半波長板があるときは入射光は透過せず,垂直におかれた偏光板の間にある場合は透過する,ということになるのである.

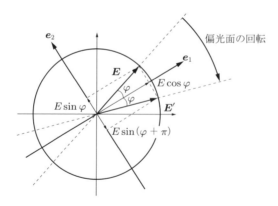

図 **1.3.37** 半波長板の屈折率が n_1 となる方向を e_1,n_2 となる方向を e_2 とし,互いに垂直とする.半波長板に入射した直線偏光の電場を E とする.E と e_1 とのなす角は φ とする.半波長板を出たとき電場は角度 2φ だけ回転していて,E' となる.

この章のまとめ

本章では光波について，反射・屈折・干渉・回折・偏光を調べた．

1. 反射・屈折の法則

　　空気（媒質 I）中を進んできた光線が屈折率 n の別の媒質 II との境界面に入射するとき，光線の一部は反射して媒質 I に戻り，また一部は屈折して媒質 II を進む．入射光線と反射光線と屈折光線は同じ面内にある．入射点において境界面に垂直に立てた法線と入射光線との間の角度 θ が入射角，また法線と反射光線との間の角度 θ' が反射角であり，屈折光線との間の角度 ϕ を屈折角という．

　　反射の法則は，

$$\text{入射角} (\theta) = \text{反射角} (\theta')$$

であり，屈折の法則は

$$\sin\theta = n\sin\phi$$

と与えられる．

2. 光波の干渉

　　マイケルソン干渉計を用いると，レーザー光（真空中の波長 λ_0）の干渉を利用することにより，屈折率の値が 1 に極めて近い空気の屈折率 (n) を測定することができる．光路の途中にある長さ l の真空容器内を真空にしてから，徐々に空気を入れ，もとの気圧に戻す操作をしつつ，スクリーン上で移動する干渉縞の本数 N を測定する．n は

$$n = 1 + \frac{N\lambda_0}{2l}$$

と与えられる．

3. 光波の回折

　　光を単スリットを通してスクリーンに投影させると，スクリーン上に広がった像ができる．像の広がりは光の波長と逆比例の関係にある．レーザー光を用いると，干渉によりスクリーン上の像ははっきりしたものとなる．レーザー光の波長を λ，スクリーンまでの距離を L とする．

(1) 単スリットの場合

　　中央部に幅の広い明るい回折光の像があり，それから離れるにしたがっていくつかの強度の小さいパターンが見られる．それらの暗点位置（中心からの距離）は，スリット幅を a として，

$$X_p = p\frac{\lambda L}{a} \quad (p = 1, 2, 3, \ldots)$$

と与えられる．

(2) 回折格子の場合

　　レーザー光を回折格子に当てるとスクリーン上に点状の像がいくつか見られる．中央の像を中心として，各点状の像の位置（中心からの距離）は，回折格子のスリット間隔 d を用いると，

$$x_p = p\frac{\lambda L}{d} \quad (p = 1,\ 2,\ 3,\ \ldots)$$

となる．

4. **偏光**

(1) 2枚の偏光板を重ねて光線を当てると，2枚の偏光板の向きのなす角 θ に応じて，透過光強度 $I(\theta)$ が，

$$I(\theta) = I_0 \cos^2 \theta$$

と変化する．ただし，I_0 は $\theta = 0°$ のときの透過光強度である．

(2) 半波長板を用いると，直線偏光の向きを変えることができる．

第4章 弾性体の波

この章のテーマ

　弾性体とは，外力を受けて変形した物体が，外力が取り去られるとすぐ元に戻るという「弾性の法則」に従う物体のことである．固体の弾性体が一般的であるが，気体や液体も圧縮に対して弾性体として振る舞うことがある．本章ではそのような材質できた一様な物質中を伝わる波を問題とする．その意味では，"音波も同じ"ということになるが，ここでは特に固体を伝わる波に注目する．テーマとしては「弦を伝わる波」と「地震波」を扱う．

　地震のとき起きるゆれについては詳細な研究がなされてきたが，ここでは1918年に大森房吉によって経験則として発表された，いわゆる「大森公式」に基づく震央の決定法を実例を用いて論じる[*]．

4.1 弦を伝わる波

　両端を固定し，一定の張力を加えて張った弦の一部を弾くと，その変位が弦を伝わり，端で反射して重なり合い，その結果，特定の振動数の（波長の）振動だけがいつまでも残ることとなる．これが弦の**定常波**である．外部から弦にさまざまな振動数で外力を加えると，特定の振動数のときに大きな変位が生じることがある．ここでは弦にどのような振動数の（波長の）定常波が生じるのか，実験で確かめてみる．

4.1.1 弦の定常波

【実験15】　弦の定常波の測定

目的

弦に生じる定常波の振動数を調べる[†]．

---

[*] 高校地学を既習の読者には周知のことであるが，身近な弾性波動の例題としてあえてとりあげたい．

[†] この実験は早稲田大学基幹理工学部・創造理工学部・先進理工学部の理工学基礎実験の「エレクトリック・ギター」を参考にした．詳しくは同実験の指導書，早稲田大学理工学基礎実験室編『理工学基礎実験1A』2012, を参照のこと．

実験方法

図 1.4.1 に示すように，弦の振動実験装置にスチール製の弦 2 本が互いに平行に張られている．2 本の弦は線密度（単位長さあたりの質量）が異なる．弦の張力はねじを回して調整し，その値は張力センサーで知ることができる．スチール弦に発振器（交流電源）をつないで AB 間に交流電流を流すと，磁極間にある部分は磁界から上下方向に同じ振動数の力を受ける．交流の周波数（振動数）を小さい値から徐々に大きくし，弦にあらわれる定常波の様子を観察し，その振動数を測定する．次に，張力の値をいろいろな値に変えて，基本振動の振動数を測定する．

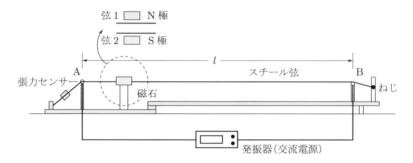

図 1.4.1 弦の振動実験装置

用意するもの
振動実験装置．弦は，図 1.4.1 の A と B で支柱におさえられているので，これらの点の間の長さ l の部分に定常波が生じる．張力センサーは弦の張力を電圧値で表示するので，それを実際の張力の値に換算する必要がある．

操作
(a) 長さ l を 60 cm とし，弦 1 を流れる交流電流の周波数（振動数）を 200 Hz からゆっくり上げていく．弦の振動が大きく振れ，安定しているとき，定常波が立っていることがわかる．

定常波の振動の様子を観測する．

(b) 次に弦 1 と弦 2 のそれぞれについて，張力 20 N から 60 N まで 10 N ずつ変え，各場合に基本振動の振動数を測定する．

(c) 弦 1 について，弦の途中を指で押さえて（点 A から測った）弦の長さを 0.60 m から 0.30 m まで 0.10 m ずつ変えて，各場合に基本振動の振動数を測定する．

結果

■ **定常波の測定** (a) 定常波の振動の様子とそのときの振動数を観測する．まず，最初に周波数 $f = 217$ Hz のとき，図 1.4.2 の定常波が観測された．次に $f = 433$ Hz

のとき，図 1.4.3 の定常波が観測された．さらに周波数を上げると，$f = 650\,\mathrm{Hz}$ のとき，図 1.4.4 の定常波が観測された．

図 **1.4.2** 最初の定常波（基本振動，$f = 217\,\mathrm{Hz}$）

図 **1.4.3** 次の定常波（2 倍振動，$f = 433\,\mathrm{Hz}$）

図 **1.4.4** 3 番目の定常波（3 倍振動，$f = 650\,\mathrm{Hz}$）

以上の結果から，定常波の振動数と波長の関係を調べてみよう．

[問題 9]

図 1.4.2～1.4.4 の観測結果から，定常波の振動数 f と波長 λ の関係を調べる．それぞれの場合に求めた定常波の振動数 f と波長 λ の値が表 1.4.1 に記入してある．それらの積 $f\lambda$ を計算し，その値を表の空欄に記入せよ．

表 **1.4.1** 弦の定常波の振動数 f と波長 λ の関係

	振動数 f [Hz]	波長 λ [m]	$f\lambda$ [m/s]
最初の定常波	217	1.200	
次の定常波	433	0.600	
3 番目の定常波	650	0.400	

[**解 答**] 振動数 f と波長 λ の積を有効数字 3 桁で求め，表に書き入れる．結果は表 1.4.2 の通りである．

表 1.4.2　弦の定常波の振動数 f と波長 λ の関係

	振動数 f [Hz]	波長 λ [m]	$f\lambda$ [m/s]
最初の定常波	217	1.200	2.60×10^2
次の定常波	433	0.600	2.60×10^2
3番目の定常波	650	0.400	2.60×10^2

(b) 次に弦1と弦2のそれぞれについて，張力を20Nから60Nまで10Nずつ変えて，各場合に基本振動の振動数を測定する．結果は表1.4.3の通りである．

表 1.4.3　弦の張力 S と振動数 f の関係

張力 S [N]	張力の平方根 $\sqrt{S}$ [N$^{1/2}$]	基本振動数 f [Hz] 弦1	基本振動数 f [Hz] 弦2
20	4.47	153	215
30	5.48	188	264
40	6.33	217	305
50	7.07	242	340
60	7.75	266	373

(c) 弦1について，弦の途中を指で押さえて弦の長さを0.60mから0.30mまで0.10mずつ変えて，各場合に基本振動の振動数を測定する．結果は表1.4.4の通りである．

表 1.4.4　弦の長さ l と振動数 f の関係

長さ l [m]	長さの逆数 $1/l$ [m^{-1}]	基本振動数 f [Hz]
0.60	1.67	217
0.50	2.00	260
0.40	2.50	325
0.35	2.86	371
0.30	3.33	433

分析まとめ

(a) 積 $f\lambda$ の値はどの定常波についてもほぼ同じで，次元は速度と等しく [m/s] である．つまり，これは弦を伝わる波の速さ c を表し，ここでは数値を平均して 2.60×10^2 m/s と得られる．

(b) 「弦の張力の平方根と振動数の関係」は図1.4.5の通りである．張力 f の値が同じでも，弦1の方が線密度が大きい，つまり，弦2に比べて重く動きにくいので振動数の値が低く，グラフは弦2のグラフの下側にくる．

(c)「弦の長さの逆数と振動数の関係」は図 1.4.6 の通りである．弦の長さが長いほど波長の長い定常波が立つことができるので，つまり，振動数と弦の長さは反比例の関係にあることがわかる．

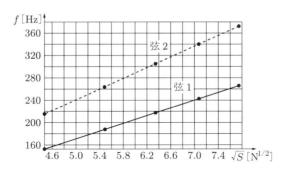

図 **1.4.5** 弦の張力の平方根 $\sqrt{S}$ と振動数 f の関係

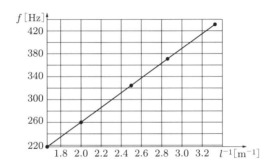

図 **1.4.6** 弦の長さの逆数 l^{-1} と振動数 f の関係

結果分析

■ **この実験でわかったこと** 弦に周期的な外力を与えると，ある特定の周波数のとき，弦に定常波が現れる．

「定常波の波長は振動数と反比例の関係にあり，両者の積は一定となる．この値は弦の張力の平方根に比例する」

4.1.2 弦の線密度・密度

ばね定数 k のばねにつながれた質量 m の物体の単振動の例から，私たちは単振

動の角振動数が $\sqrt{k/m}$ と与えられることを知っている[‡]．弾性体が単振動をする，このようなたくさんの系の集まりと考えると，弾性体を伝わる変位の速さも $\sqrt{k/m}$ に比例するに違いない．また，弦の張力 S が大きくなると，弦は少し押しても変位しなくなる．つまり，固くなる．したがって，弦を伝わる波について，弦の線密度を ρ として伝わる波の速さは，ディメンション（次元）を考慮すると，$\sqrt{S/\rho}$ に比例する（次元は，$\left[\sqrt{\dfrac{S}{\rho}}\right] = \left[\dfrac{\mathrm{kg \cdot m/s^2}}{\mathrm{kg/m}}\right]^{1/2} = \mathrm{[m/s]}$）と考えることができる．ここではこれ以上の証明はできないが，「伝わる速さが $\sqrt{S/\rho}$ に等しい」ことは第III部 2.3 節において示される．

■**弦の線密度** いま，弦を伝わる波の速さ c は $c = \sqrt{S/\rho}$ と与えられるものとする．この式を用いて弦の線密度 ρ を求めてみよう．

[**問題 10**]

表 1.4.3 のデータを用い，
(1) 弦の張力の平方根 $\sqrt{S}$ と弦を伝わる波の速さ c の関係を示す表を作れ．
(2) 弦 1 と弦 2 の線密度 ρ の値を求めよ．

[**解 答**]
(1) 表 1.4.3 では，弦の長さ l は $0.60\,\mathrm{m}$ で基本振動を観測しているので，このときの波長 λ_0 は $1.2\,\mathrm{m}$ である．したがって，振動数 f に対する波の速さ c は $c = f\lambda_0 = 1.2f\,\mathrm{[m/s]}$ と与えられる．弦の張力の平方根 $\sqrt{S}$ と弦を伝わる波の速さ c の関係は表 1.4.5 の通りである．

表 **1.4.5** 弦の張力の平方根 $\sqrt{S}$ と波の速さ c の関係

張力の平方根 $\sqrt{S}$ [N$^{1/2}$]	波の速さ c [m/s]	
	弦 1	弦 2
4.47	1.84×10^2	2.58×10^2
5.48	2.26×10^2	3.17×10^2
6.33	2.60×10^2	3.66×10^2
7.07	2.90×10^2	4.08×10^2
7.75	3.19×10^2	4.48×10^2

[‡] たとえば，本シリーズ『力学 I』第 I 部 4 章 p.72 参照のこと．

(2) 図 1.4.5 から，弦 1 と弦 2 のいずれの場合も，$\sqrt{S}$ と振動数 f は直線関係にあることがわかる．したがって，$\sqrt{S}$ と波の速さ $c = 1.2f$ [m/s] の関係も同様であるので，$c = k\sqrt{S}$ とおいて，比例係数 k を求める．

弦 1 については，
$$k_1 = \frac{(3.19 - 1.84) \times 10^2 \,\mathrm{m/s}}{(7.75 - 4.47)\,\mathrm{N}^{1/2}} = 4.13 \times 10 \,\mathrm{m/s} \cdot \mathrm{N}^{-1/2}$$

また，弦 2 については，
$$k_2 = \frac{(4.48 - 2.58) \times 10^2 \,\mathrm{m/s}}{(7.75 - 4.47)\,\mathrm{N}^{1/2}} = 5.78 \times 10 \,\mathrm{m/s} \cdot \mathrm{N}^{-1/2}$$

と得られる．

さて，$c = k\sqrt{S}$ と $c = \sqrt{S/\rho}$ を比べると，$\rho = k^{-2}$ であるとわかるので，ゆえに弦 1 の線密度 ρ_1 は

$$\rho_1 = (4.13 \times 10)^{-2} \,\mathrm{kg/m} = 5.85 \times 10^{-4} \,\mathrm{kg/m}$$

また，弦 2 の線密度 ρ_2 は

$$\rho_2 = (5.78 \times 10)^{-2} \,\mathrm{kg/m} = 2.99 \times 10^{-4} \,\mathrm{kg/m}$$

とそれぞれ得られる．

■**弦の材料の密度** ここでは，弦はエレクトリック・ギターで普通に用いられるスチール弦を使っている．弦を収めた紙ジャケットを見ると，材質は「plain steel」(つまり，鋼鉄) で直径 (r とする) は弦 1 が 0.013 インチ (約 3.3×10^{-4} m)，弦 2 が 0.009 インチ (約 2.3×10^{-4} m) とある．これらの値から，弦の材料の密度を求めてみよう．

弦を直径 r の円形断面をもつ線材であるとすると，線密度 ρ は「単位長さあたりの質量」であるから，その密度 σ と線密度 ρ の関係は

$$\rho = \sigma \left(\frac{r}{2}\right)^2 \pi$$
$$\therefore \quad \sigma = \frac{4}{\pi}\frac{\rho}{r^2} \tag{1.4.1}$$

となる．(1.4.1) 式を用いて，弦の材料の密度を求めよう．弦 1 について

$$\sigma_1 = \frac{4}{\pi}\frac{5.85 \times 10^{-4}\,\mathrm{kg/m}}{(3.3 \times 10^{-4})^2\,\mathrm{m}} \fallingdotseq 6.8 \times 10^3 \,\mathrm{kg/m^3}$$

弦 2 について

$$\sigma_2 = \frac{4}{\pi}\frac{2.99 \times 10^{-4}\,\mathrm{kg/m}}{(2.3 \times 10^{-4})^2\,\mathrm{m}} \fallingdotseq 7.3 \times 10^3 \,\mathrm{kg/m^3}$$

とそれぞれ得られる．有効数字（1〜2桁）を考慮すると，ほぼ一致している．しかし，紙ジャケットの表示は「鋼鉄」であるが，弦1と弦2は同じ材質であるかどうかまではわからない．理科年表によれば，鋼鉄はさまざまな種類のものがあり，密度はだいたい $7.8 \sim 8.0 \times 10^3 \, \mathrm{kg/m^3}$ である[§]．

4.2 地震波

4.2.1 地震波の古典的解析

はじめに地震の観測に関する基礎知識を簡単に述べておく．

■**地震計** ひもやばねに質量の大きなおもりをつけて他端を上下，左右に動かしても，おもりは地球に対してゆれない．地震計ではこうした不動点がとりつけられ，まわりの磁石の移動を電磁誘導によって電流に変えてこれを記録する．初期データは，横軸が時間，縦軸は加速度単位で南北（N–S）成分，東西（E–W）成分，上下（U–D）成分の3種が得られる．

■**地震波の種類** ① 実体波：地殻が弾性体としてふるまうときに生じる波動で，これには初期微動（ガタガタと細かくゆれる）として届く，縦波である**P波**と，次の主要動（グラグラと大きくゆれる）として達する，横波である**S波**とがあり，これらを**実体波**と呼ぶ．P波は，音波と同様に，物質の密度の疎密のくり返しの伝播であり，固体，液体，気体中のどれにも伝わる．一方，S波は，物質がねじれ，ねじれがもとに戻るというくり返しの伝播で，液体や気体にはそもそもねじれなどは存在しないので，固体中にしか発生しない．

地震計で観測された実体波の波形の例として，図1.4.7に示すように，2000年の鳥取県西部地震について，米子市における観測記録を見てみよう．

[§] 国立天文台編『理科年表』平成20年版，丸善株式会社（2007），p.383.

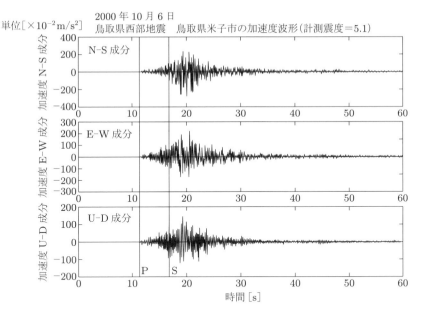

図 1.4.7 米子市における震度 5.1 の記録：3 成分の縦軸はそれぞれ，$[10^{-2}\,\mathrm{m/s^2}]$ 単位の加速度，横軸は震源地（その位置は後に述べるように，計算によって定まる）の地震発生時刻 13 時 30 分 18 秒を 0 とした [s] 単位の経過時間である．グラフより P 波が初めて到達した時間は，ほぼ，11 s 程度．S 波の到達時間は，約 17 s ぐらいか．これは，それまで縦波であるから，南北（N–S），東西（E–W）成分のゆれが小さかったのが，ここから横波となるため，横ゆれ振幅が大きくなっているので決めることができるのであるが，実際には地震波の周期の影響などをフィルターをかけて補正したグラフを用いたりして判断している（資料は気象庁解説，計測震度の算出方法より）．

② 表面波：実体波は地球内部にも伝わり，時間がたてば，また，震源からの距離が大きくなれば減衰してしまうが，震源から遠い地点では減衰の少ない**表面波**が到達する．この波は，縦波と横波が合成された振動，また，地層のずれなどによって起こる地表と平行な振動などからなっている．表面波は，実体波に比べて，伝わる速さが遅く周期が長く，振幅も大きいのが特徴である．

地震計で観測された表面波の波形の例として図 1.4.8 に示すように，1992 年 7 月 12 日の北海道南西沖地震が地球の反対側（アメリカ合衆国オレゴン州）で記録された場合を見てみよう．

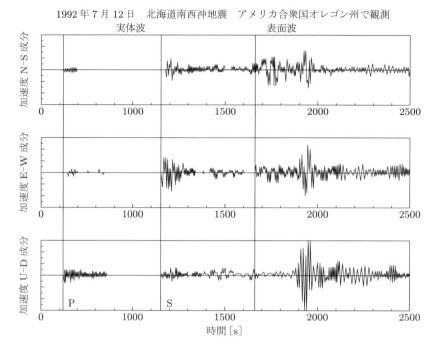

図 1.4.8　1992年7月12日発生の北海道南西沖地震のアメリカ合衆国オレゴン州における記録：横軸は地震の発生時刻を原点にとり時間を [s] 単位で表す．縦軸の単位は省略する．ここで，P, S の表示は U–D 成分の図に示してあるが，約 1700 s 付近の線を引いたところからはっきり長周期となり，大きな振幅の表面波が現れたことがわかる（資料は地学団体研究会編『地震と火山』東海大学出版会（1996年改訂版）による）．

■**大森公式**　P波とS波は震源を同時に出発するが，P波の伝わる速さはS波の伝わる速さより速い．観測点にP波が到達してからS波が到達するまでの時間を **P–S時間**と呼ぶ．この時間を T とおくと，震源から観測地点までの距離 L は T に比例する．比例定数を k とおくと

$$L = kT \tag{1.4.2}$$

となるが，$k = 7.5\,\mathrm{km/s}$ がよく使われる．

震源の鉛直上方の地上の点は**震央**と呼ばれる．大森公式から3個所の観測地点 A, B, C から震源までの距離 L_A, L_B, L_C を得れば，図 1.4.9 のようにして震央を求めることができる．

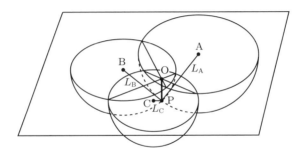

図 1.4.9　震源を P とする．点 P は点 A を中心とする半径 L_A の半球面上にある．同様に，点 P はそれぞれ点 B, C を中心とする半径 L_B, L_C の半球面上にもあるから，3 つの半球面の交点となる．震央 O は点 P から地上への垂線の足となるから，半球の地上での断面である 3 つの円の 3 つの共通弦の交点となる．

【実験16】　地震の観測

例として 2004 年 10 月 23 日に発生した新潟中越地震をとりあげる．

地震に関するデータは，時間がたてば多数報告されるであろう．また，実際には，より精密な地図とコンピュータを用いて精度の高い結果を各機関が出している．

しかし，ここでは演習問題として，少ないデータから初等的な方法とほとんど物差しを使わない近似的作図で結果を出す方法を試みることにする．

目的

気象庁発表の地震計の記録から，震央，震源の深さを決定する．

■データの読み取り　図 1.4.10 は観測地点長岡の，図 1.4.11 は観測地点小千谷の加速度波形である．いずれも，グラフの横軸は震源地における地震発生の時刻 17 時 56 分 00 秒を 0 として s 単位で示す．

結果

■観察結果　長岡と小千谷とでは波形もよく似ていて，主要なゆれの継続時間もともに 10~15 s 程度である．ただし，振幅は当然より震度の高い小千谷の方が大きい¶．P–S 時間，すなわち，初期微動継続時間がともに短いということは震央が近く，かつ，震源も浅いことを示している．両地点とも周期の長い波が見られないことも，震源の近さを裏付けている．

¶　計測震度 I は，加速度を a [$\times 10^{-2}$ m/s^2] として，$I = 2\log a + 0.94$ m/s^2 と定義されている．

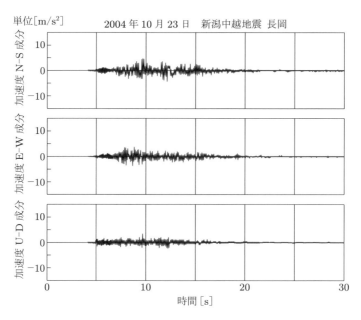

図 1.4.10　長岡における震度 6 弱の記録（資料は気象庁解説）

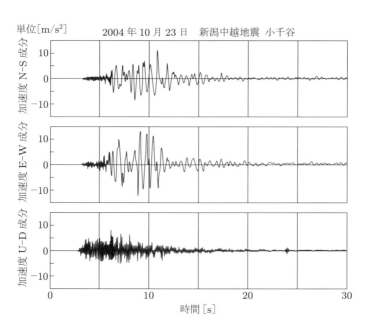

図 1.4.11　小千谷における震度 6 強の記録（資料は気象庁解説）

■計算結果　図 1.4.10, 1.4.11 は震源が近いため，図 1.4.7 のように波形からは P–S 時間はとても読み取れないので，長岡，小千谷に加えて柳島についても気象庁で発表された数値を使うことにする．

〚問題 11〛

図 1.4.12 は国土地理院の 2 万 5 千分の 1 の数値地図である．
(1) この図の「柳島」のところの地図の四辺形の対角線を × 印の中央で読み取った値が表 1.4.6 の最後の行に書き込まれている．これにならって長岡，小千谷の近似位置を地図上に × 印で記入せよ[||]．例として柳島の場合が図 1.4.12 に記入されている．
(2) 表 1.4.6 に記入されている P–S 時間 T から，大森公式 $L = kT$ ($k = 7.5\,\mathrm{km/s}$) を用いて観測地点から震源までの距離を計算し，表 1.4.6 を完成させよ．

表 1.4.6　P–S 時間 T と震源までの距離 L の関係

観測地点	P–S 時間 T [s]	震源までの距離 L [km]	距離 [縦マス]
長岡	1.9		
小千谷	2.2		
柳島	7.0	52.5	5.7

(3) ふたたび図 1.4.12 に戻り，地図上の 1 マスは縦 $9.25\,\mathrm{km}$，横 $11.2\,\mathrm{km}$ であるが，縦マスの方が値が小さいので，$L \div 9.25$ から縦マス単位の値を求め，その半径で円を描くという作図により震央の緯度，経度を求めよ．例として，柳島の場合を 5.7 マスとして，図 1.4.12 に円が描かれている．
(4) 前問の作図に基づいて長岡と小千谷の場合について，震央までの距離をピタゴラスの定理を用いて算出し，震源，震央までの距離をもとに震源の深さを求めよ．

[||] もちろん，各測候所の正確な緯度，経度は記録されている．しかし，はじめに述べたような方針に基づき，あえてこのような物差しすらもたない場合の作図上簡単な方法を採用する．確認したところ，この方法による誤差は数百 m 程度であった．

76　第Ⅰ部　第4章　弾性体の波

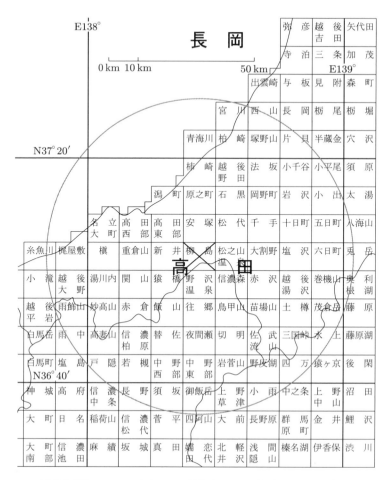

図 1.4.12　国土地理院の 2 万 5 千分の 1 の数値地図．図に経緯と縮尺の目盛が付してある．

[解　答]　(1), (2) 表 1.4.7 の通りである．

表 1.4.7　P–S 時間 T と震源までの距離 L の関係（完成した表）

観測地点	P–S 時間 T [s]	震源までの距離 L [km]	距離 [縦マス]
長岡	1.9	14.3	1.5
小千谷	2.2	16.5	1.8
柳島	7.0	52.5	5.7

(3) 作図結果は図 1.4.13 のようになり，震央は地図名「片貝」内の中央から真上に 4 分の 1 マス程度上の点である．緯度，経度に換算すると，約 N37°24′, E138°49′

となった.気象庁発表が N37°18′, E138°52′ であるので,こんな粗っぽい方法でもかなりよい結果が出るのである.

(4) 図 1.4.13 のように作図して読み取ることもできるが,精度が悪くなるので,ピタゴラスの定理を用いて計算する.計算は,例えば柳島では,図 1.4.9 における震央までの距離 AO は

$$\begin{cases} 横 & 3.00\,\text{マス} \times 11.2\,\text{km} = 33.6\,\text{km} \\ 縦 & 4.25\,\text{マス} \times 9.25\,\text{km} = 39.3\,\text{km} \end{cases}$$

$$\sqrt{(33.6\,\text{km})^2 + (39.3\,\text{km})^2} = 51.7\,\text{km}$$

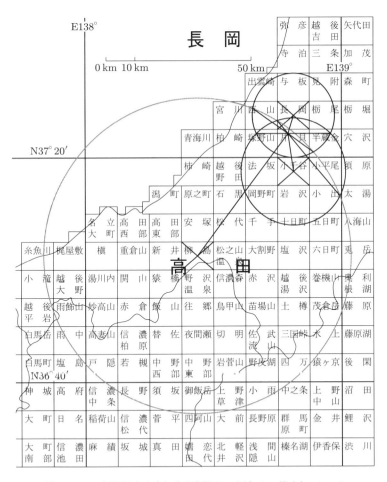

図 1.4.13 観測地を中心とする半径 L の円を 3 つ描くと,3 つの共通弦の交点 O として震央の位置が定まる.

表 1.4.8　観測地点から震源および震央までの距離より求めた震源の深さ

観測地点	震源までの距離	震央までの距離	震源の深さ
Aとすると	AP [km]	AO [km]	$h = \mathrm{OP} = \sqrt{\mathrm{AP}^2 - \mathrm{AO}^2}$ [km]
長岡	14.3	6.93	12.5
小千谷	16.5	11.6	11.7
柳島	52.5	51.7	9.1

である.

表 1.4.8 から求めた h の平均は

$$h = 11\,\mathrm{km}$$

であるが，気象庁発表は 13 km である.

分析まとめ

簡単な大森公式のみ用いたにもかかわらず，ほぼよい結果が得られた理由のひとつは，3つの観測地点の選び方がよかったためである．観測点の組み合わせによっては，精度が悪くなることもあるであろう．それ以上に難しいのが，加速度波形から P 波と S 波の開始時刻を読み取ることである．精度がよかったもうひとつの原因は，この判断を専門家に任せた点にある．震源の深さの計算は観測地によってばらつきがあるが，平均値としては，比較的よい結果であろう．

4.2.2　大森公式の成立理由

震源から観測地点までの距離を L, P 波の速さを c_P, S 波の速さを c_S とすると，P 波が震源から観測地点まで到達する時間は L/c_P, S 波が震源から観測地点まで到達する時間は L/c_S だから，P–T 時間 T は

$$T = \frac{L}{c_\mathrm{S}} - \frac{L}{c_\mathrm{P}} = \frac{c_\mathrm{P} - c_\mathrm{S}}{c_\mathrm{P} c_\mathrm{S}} L$$

ゆえに，

$$L = kT, \quad k = \frac{c_\mathrm{P} c_\mathrm{S}}{c_\mathrm{P} - c_\mathrm{S}} \tag{1.4.3}$$

となる．P 波，S 波の速さは平均値が

$$c_\mathrm{P} = 5.0\,\mathrm{km/s}, \quad c_\mathrm{S} = 3.0\,\mathrm{km/s}$$

と知られている．(1.4.3) 式より，

$$k = \frac{c_\mathrm{P} c_\mathrm{S}}{c_\mathrm{P} - c_\mathrm{S}} = 7.5\,\mathrm{km/s}$$

と k の値が得られるのである．

しかしながら，それではなぜ c_P, c_S の値がこの数値になるのか．そのことを説明しなければ，この公式を理論から求めたことにはならない．この点については，第 III 部 1.4 節で改めて述べる．

この章のまとめ

本章では弾性体（固体）を伝わる波について紹介した．

1. 弦を伝わる波

両端を固定した弦には決まった振動数の定常波が生じる．
弦を伝わる波の速さは張力の平方根に比例し，弦の線密度の平方根に反比例する．
弦の定常波の実験から弦の密度を求めると，その物質の密度とほぼ同じ値が得られた．

2. 地震波

(1) 地震波の種類

① 実体波 P 波（縦波）：固体，液体，気体を伝わる．波の速さは約 $5.0\,\mathrm{km/s}$.
　　　　　　S 波（横波）：固体のみを伝わる．波の速さは約 $3.0\,\mathrm{km/s}$.
② 表面波（縦波と横波の合成）：波の速さは実体波より遅く，周期が長く振幅も大きい．

(2) 大森公式

観測点に初めて縦波の P 波が到達してから横波の S 波が到達するまで時間 T を P–S 時間という．震源から観測地点までの距離 L は T に比例する．すなわち，

$$L = kT, \quad k = 7.5\,\mathrm{km/s}$$

という経験式が成り立っている．

(3) 震央（震源の真上の地上の点）

大森公式から，3 点の観測地点から震源までの距離を得れば，作図により震央を求め，震源の深さを知ることができる．

第Ⅰ部から第Ⅱ部へ

≪波≫を初学者に説明するのによく水面の波からはじめることが多いが，これは水の波が可視的であるという理由からであろう．水の波は，すでに第Ⅰ部1章で論じたように，実は極めて複雑な波である．一方，単純化できる連続体媒質の変位は，弦とばねの例を除いては，ほとんど微小変位に近く直接測定は簡単ではない．つまり，音として聞こえても，「誰が風を見たでしょう．」ということになる．ましてや，光として見える場合であっても，真空媒質では数学的に物質同様の取り扱いが可能ではあるが，その変位は直接測定できない．

しかし，このように波を伝える媒質がはっきりしなくても，「見える」，「聞こえる」というメカニズムは≪光≫，≪音≫として，古くからまだほとんどできあがっていなかった物理学の対象とされてきた．そしてこのような場合だからこそ，その解明の手がかりは数学の中にあったのである．紀元前から，オクターブの存在がピタゴラスによって見出されていたことは，彼が数の比に関して知り尽くしていたからである．また，アレクサンドリアにおいては，ユークリッドの幾何学がすでに反射光学という分野を作り出していた．

しかしながらギリシャ人たちがいかに幾何学を集大成させていたからといって，これのみで幾何光学ができがったと思い込むのはまだ早い．なぜなら，彼らは透明なガラスを作る技術をもっていなかったので，レンズを作ることができなかったからである．光の直進性，反射の法則，屈折の法則から成り立つ幾何光学の完成は，7世紀から西欧ルネッサンス以前まで長い期間，世界を支配してきたイスラム文化の中においてである．彼らは，他の優れた技術とともに，レンズ，望遠鏡を作る技術をもっていた．現在の幾何光学とほとんど変わらない形の幾何光学に関する文献は，ハイサム（アルハーゼン，11世紀）の著したものである．この頃の科学はほとんど医者の手によるものである．彼らは，砂漠地域に多い目の患いのための優れた眼鏡を必要としたのである．この光学技術の発達なくしては，後年のガリレオの土星観測（1610年）も不可能であったであろう．

だが，この幾何光学，とりわけ光の直進性は，ニュートンの光の粒子説へとつながっていくのである．ニュートン自身は「ニュートン・リング」という彼の名がついた光学装置による実験考察（1675年）が残っていて媒質の存在も認め，粒子説か

ら波動説への歩み寄りもみられるのであるが，彼の弟子たちは「イギリスのニュートンの《粒子説》対大陸のホイヘンスの《波動説》(1678年)」という構図のまま過ごしたのである．そのため，イギリス人であるヤングが粒子説ではどうしても説明できない干渉実験 (1801年) を発表したとき，彼はニュートンへの裏切り者とみなされたのである．そのヤングは多才であり，後年シャンポリオンが解読に成功したロゼッタ・ストーンの解読を手がけたのは，彼が最初なのである．これにはまた因縁がある．本巻の第II部で何度も名の出てくるフーリエという人は，ナポレオンに登用された数学者で，ナポレオンのエジプト遠征にも同伴していたが，実際にロゼッタ・ストーンを持ち帰ったのはフーリエだったのである (1799年)．

このフーリエ前後の波動に関連した数学と物理学の交流は，さらにめまぐるしく豊かである．《重ね合せの原理》はホイヘンス (17世紀) などによって見出された物理学上の原理なのであるが，これがフーリエによって偏微分方程式の解法に取り入れられて，形式的にも整備され，より深い意味をもつものになった (18世紀)．このことは《波動方程式》の解法についての成果ばかりでなく，ニュートンが彼の「光学」の中でもっとも強い関心を示していた《スペクトル》という，可視でない光をも含めた，いわゆる，"色"の解明の成功をもたらし (19世紀)，さらには，20世紀になって，《重ね合せの原理》が量子力学の中で新しい物質観をもたらすのである．

第Ⅱ部
数学編

第1章　フーリエ級数

この章のテーマ

フーリエ（Jean Baptiste Joseph Fourier, 1768–1830）は，熱方程式を定式化してこれを解く画期的方法を『熱の解析的理論』（1822）で展開した．

1.1　フーリエの発想

フーリエの発想を紹介しよう．問題は，領域 $\Omega = \{(t,x) \mid t > 0,\ 0 < x < \pi\}$ の閉包で定義された関数 $u = u(t,x)$ でつぎの条件をみたすものを求めることである：
（1）まず u は Ω の内部で偏微分方程式

$$\frac{\partial u}{\partial t} = \frac{\partial^2 u}{\partial x^2}$$

をみたす；
（2）つぎに u は区間 $[0, \pi]$ の両端で境界条件

$$u(t,0) = u(t,\pi) = 0$$

をすべての $t > 0$ にたいしてみたす；
（3）最後に u は初期条件

$$u(0,x) = f(x)$$

をみたす．ここに，f は $[0, \pi]$ 上で与えられた関数である．

この問題を解くのに，フーリエはつぎのように考えた．まず（1），（2）をみたす関数をなるべくたくさん準備する．容易にわかるように，任意の自然数 $n = 1, 2, \ldots$ にたいして

$$u_n = e^{-n^2 t} \sin nx$$

は（1），（2）をみたす．一方，方程式（1），境界条件（2）は線型であるから，いましがた準備した u_n に定数 A_n をかけて加えたもの

$$u = \sum_{n=1}^{\infty} A_n u_n = \sum_{n=1}^{\infty} A_n e^{-n^2 t} \sin nx$$

も（1），（2）をみたすであろう．厳密にいうと，これは関数項の無限級数であるから，偏微分と無限級数の和とが順序交換できることなどを確かめる必要があるが，これはさしあたり許されるとしよう．すると，残るのは初期条件（3）だけである．すなわち，与えられた関数 f に応じて，

$$\sum_{n=1}^{\infty} A_n \sin nx = f(x)$$

となるように係数列 $(A_n)_n$ を選ぶことができればよい．いまそれができたとすると，A_n は何でなければならないか．この条件に $\sin mx$ をかけて $x=0$ から π まで x で積分すると，もし積分と無限級数の和が順序交換できるのなら，

$$\sum_n A_n \int_0^\pi \sin nx \sin mx\, dx = \int_0^\pi f(x) \sin mx\, dx$$

となるが，一方

$$\int_0^\pi \sin mx \sin nx\, dx = \begin{cases} \dfrac{\pi}{2} & (m=n) \\ 0 & (m \neq n) \end{cases}$$

であるから，

$$A_n = \frac{2}{\pi} \int_0^\pi f(x) \sin nx\, dx$$

でなければならないことが出てくる．逆にこのように $(A_n)_n$ を決めると，

$$\sum_n A_n \sin nx = f(x)$$

が何らかの意味でなりたつことが期待され，こうして問題が解けたことになる．以上がフーリエの発想である．もちろん，関数項の無限級数をあつかう以上，その収束，偏微分や積分との順序交換などについて理論的な整備が必要であり，フーリエ自身がひとりでそれを完成したわけではないが，ここにフーリエ解析という重要なテーマが誕生したのである．

ただし，

$$|A_n| \leq \frac{2}{\pi} \int_0^\pi |f|\, dx \leq \frac{2}{\pi} \sqrt{\int_0^\pi |f|^2\, dx}$$

だから，$f \in L^2$（L^2 の意味は次節）なら $(A_n)_n$ は有界であることに注意すると，C を定数として，

$$|A_n e^{-n^2 t} \sin nx| \leq C e^{-n^2 t}$$

であり，したがって，$t>0$ のとき級数は $[0,\pi]$ で一様絶対収束である．各項の偏導

関数の級数もそうだから，偏微分と級数の和は順序交換可能であり，（1），（2）は問題ない．したがって，初期条件（3）のみに問題は集中する．

1.2 L^2 の正規直交系にかんするフーリエ展開

実数内に有限閉区間 $I = [a,b]$ をとる．I 上で可測な関数 f のうち

$$\int_a^b |f(x)|^2 \, dx < \infty$$

となるものの全体を $L^2(I)$ と記す．f の値は複素数であるとしておく．$L^2(I)$ は線型空間であるが，内積

$$(f|g) = \int_a^b f(x)\overline{g(x)} \, dx$$

を備えて，ヒルベルト空間と考える．ノルムは

$$\|f\| = \sqrt{\int_a^b |f(x)|^2 \, dx}$$

である．

さて，$L^2(I)$ のなかの関数列 $(\phi_n)_n$ が

$$(\phi_n|\phi_m) \begin{cases} > 0 & (m = n) \\ = 0 & (m \neq n) \end{cases}$$

をみたすとき，直交系であるという．さらに $\forall n: \|\phi_n\| = 1$ のとき，正規直交系であるという．このとき，$f \in L^2(I)$ にたいして

$$c_n = (f|\phi_n) = \int_a^b f(x)\overline{\phi_n(x)} \, dx$$

を f の $(\phi_n)_n$ にかんする**フーリエ係数**とよび，$\sum_n c_n \phi_n$ を f の $(\phi_n)_n$ に関する**フーリエ展開**とよぶ．

1.3 ベッセルの不等式

$(\phi_n)_n$ は $L^2(I)$ の正規直交系であるとし，$f \in L^2(I)$ とすると，

$$\sum_n |(f|\phi_n)|^2 \leq \|f\|^2$$

がなりたつ．これをベッセルの不等式とよぶ．じっさい，どんな大きな N にたいしても，
$$0 \leq \left\| f - \sum_{n=0}^{N}(f|\phi_n)\phi_n \right\|^2 = \|f\|^2 - \sum_{n=0}^{N}|(f|\phi_n)|^2$$
がなりたつからである．とくにこれから，$n \to \infty$ のとき $(f|\phi_n) \to 0$ であることに注目しておこう．

1.4 完全正規直交系

$(\phi_n)_n$ が $L^2(I)$ の正規直交系で，$f \in L^2(I)$ とする．ベッセルの不等式より，級数 $\sum_n (f|\phi_n)\phi_n$ は $L^2(I)$ のなかで収束する．さしあたりその極限を F と記す．どういうとき，$F = f$ となって，フーリエ展開が元の f を復元することができるのであろうか．じつは，つぎの3条件が同値である：

（1）任意の $f \in L^2(I)$ にたいして「$\forall n: (f|\phi_n) = 0 \Rightarrow f = 0$」がなりたつ；
（2）任意の $f \in L^2(I)$ にたいして $f = \sum(f|\phi_n)\phi_n$；
（3）[パーセヴァルの等式] 任意の $f \in L^2(I)$ にたいして $\|f\|^2 = \sum |(f|\phi_n)|^2$．

■証明 （1）$\Rightarrow$（2）：とにかく $F = \sum(f|\phi_n)\phi_n$ が存在し，しかもベッセルの不等式より，任意の $m \in \mathbb{N}$ にたいして $(f - F|\phi_m) = (f|\phi_m) - \sum(f|\phi_n)(\phi_n|\phi_m) = 0$ となり，（1）より $f = F$．（2）$\Rightarrow$（3）$\Rightarrow$（1）はあきらか．　　（証明終）

そこで，これらの条件がなりたつ正規直交系は完全であるといわれる．このとき，$L^2(I)$ の位相で
$$f = \sum_n (f|\phi_n)\phi_n$$
がなりたつのである．

1.5 三角関数系

区間 $[-\pi, \pi]$ において関数系

$$1, \cos x, \sin x, \cos 2x, \sin 2x, \ldots, \cos nx, \sin nx, \ldots$$

は直交系をなす．これを三角関数系とよぶ．これを正規化したものを $(\phi_n)_n$ とする．すなわち，

$$\phi_0(x) = \frac{1}{\sqrt{2\pi}}, \quad \phi_{2n-1}(x) = \frac{\cos nx}{\sqrt{\pi}}, \quad \phi_{2n}(x) = \frac{\sin nx}{\sqrt{\pi}}$$

である．$f \in L^2(-\pi, \pi)$ にたいして
$$a_n = \frac{1}{\pi}\int_{-\pi}^{\pi} f(x)\cos nx\, dx, \quad b_n = \frac{1}{\pi}\int_{-\pi}^{\pi} f(x)\sin nx\, dx$$
とおいて，級数
$$\frac{a_0}{2} + \sum_{n=1}^{\infty}(a_n\cos nx + b_n\sin nx) = \sum(f|\phi_n)\phi_n$$
を f の三角関数展開とよぶ．$(\phi_n)_n$ が完全であることが，フーリエの発想を正当化することになるわけだが，その証明には少し迂回しなければならない．

なお，冒頭でフーリエの発想を紹介したとき，$[0,\pi]$ で定義された関数 f を
$$\sum A_n\sin nx, \quad A_n = \frac{2}{\pi}\int_0^{\pi} f(x)\sin nx\, dx$$
と展開したが，これはつぎのように見ると三角関数展開にほかならない．すなわち，f を
$$F(x) = \begin{cases} f(x) & (0 \leqq x \leqq \pi) \\ -f(-x) & (-\pi \leqq x < 0) \end{cases}$$
と $[-\pi,\pi]$ 上の奇関数 F に拡張する．すると，この F の三角関数展開は
$$\frac{a_0}{2} + \sum(a_n\cos nx + b_n\sin nx) = \sum A_n\sin nx$$
となる（すなわち，$a_n = 0$, $b_n = A_n$）．その意味でこれを正弦展開とよぶこともある．

1.6　区分的になめらかな関数のフーリエ級数の各点収束

f は $\mathbb{R}$ 上の 2π 周期関数で，区分的になめらかとする．すなわち，$f(x+2\pi) = f(x)$ であって，分点 $-\pi = x_0 < x_1 < \cdots < x_\mu = \pi$ を適当にとると，小区間 $[x_{j-1}, x_j]$ で f は微分可能で，f も導関数もその小区間の両端で片側極限をもつとする．このとき，f の三角関数展開
$$\frac{a_0}{2} + \sum_{n=1}^{\infty}(a_n\cos nx + b_n\sin nx)$$
は各点 x で収束し，極限は
$$\frac{1}{2}\big(f(x+0) + f(x-0)\big)$$
に等しい．これを証明しよう．

x を止める．まず三角関数展開を複素表示しよう．

$$S_N = \sum_{n=-N}^{N} c_n e^{inx}, \quad c_n = \frac{1}{2\pi} \int_{-\pi}^{\pi} f(x) e^{-inx}\, dx$$

とおく．容易にわかるように，

$$S_N = \frac{a_0}{2} + \sum_{n=1}^{N} (a_n \cos nx + b_n \sin nx)$$

であるから，証明すべきことは，

$$S_N \to \frac{1}{2}\bigl(f(x+0) + f(x-0)\bigr) \quad (N \to \infty)$$

である．さて，積分と和を順序交換すると，

$$S_N = \frac{1}{2\pi} \int_{-\pi}^{\pi} f(x-t) D_N(t)\, dt, \quad D_N(t) = \frac{\sin(N+\frac{1}{2})t}{\sin \frac{t}{2}}$$

となる（ここで，$f(x)$ も $D_N(t)$ も周期 2π の周期関数であることを用いた）．さらに

$$D_N(t) = \cos Nt + E_N(t), \quad E_N(t) = \cot \frac{t}{2} \sin Nt$$

と分解すると，

$$\frac{1}{2\pi} \int_{-\pi}^{\pi} f(x-t) \cos Nt\, dt = \frac{1}{2}(a_N \cos Nx + b_N \sin Nx)$$

であり，ベッセルの不等式により，$N \to \infty$ のとき，$a_N, b_N \to 0$ であるから，この部分は 0 に収束する．したがって，

$$T_N = \frac{1}{2\pi} \int_{-\pi}^{\pi} f(x-t) E_N(t)\, dt$$

の挙動を調べればよい．$f(x) = 1$ のときを参照すると

$$\frac{1}{2\pi} \int_{-\pi}^{\pi} E_N(t)\, dt = 1$$

であることがわかるので，E_N が偶関数であることに注意すると，定数 S にたいして

$$T_N - S = \frac{1}{2\pi} \int_{0}^{\pi} F(t) E_N(t)\, dt$$

がなりたつ；ただし

$$F(t) = f(x+t) + f(x-t) - 2S.$$

そこで，

$$S = \frac{1}{2}\bigl(f(x+0) + f(x-0)\bigr)$$

ととる．すると，$\delta > 0$ をじゅうぶん小さく，M をじゅうぶん大きくとると，$0 < t \leqq \delta$

において

$$|f(x \pm t) - f(x \pm 0)| \leq Mt$$

がなりたつから，$0 < t \leq \pi$ において $F(t)/t$ は有界であり，$t \mapsto F(t)/t$ は $L^1(0, \pi)$ に属す．ゆえにベッセルの不等式より，$N \to \infty$ のとき，

$$\int_0^\pi F(t) \frac{1}{t} \sin Nt \, dt \to 0$$

である．ところが，$[-\pi, \pi]$ で連続な関数 ω によって $\cot \dfrac{t}{2} = \dfrac{2}{t} + \omega(t)$ と書けるから，

$$T_N - S = \frac{1}{2\pi} \int_0^\pi F(t) \frac{2}{t} \sin Nt \, dt + \frac{1}{2\pi} \int_0^\pi F(t) \omega(t) \sin Nt \, dt$$

において，$N \to \infty$ のとき，右辺第 1 項はいましがた見たように 0 に収束し，第 2 項は，ベッセルの不等式により，0 に収束する．したがって $T_N \to S$ が出て，証明が終わる．

1.7　なめらかな関数のフーリエ級数の一様絶対収束

いま，f がなめらかな 2π 周期関数であるとし，

$$f(x) = \sum c_n e^{inx}, \quad c_n = \frac{1}{2\pi} \int_{-\pi}^\pi f(x) e^{-inx} dx$$

とフーリエ展開する．すると，部分積分により，

$$c_n = \frac{1}{2\pi i n} \int_{-\pi}^\pi Df(x) e^{-inx} \, dx$$

であるから，ベッセルの不等式より

$$\sum n^2 |c_n|^2 \leq \frac{1}{2\pi} \|Df\|^2$$

となり，

$$\sum |c_n| \leq \frac{1}{2} \left(\sum n^2 |c_n|^2 + \sum \frac{1}{n^2} \right) < \infty$$

である．すなわち，フーリエ展開は一様絶対収束である．

1.8　三角関数系の完全性

そこで，$L^2(-\pi, \pi)$ の三角関数系を正規化したもの $(\phi_n)_n$ の完全性を確かめよう．

$f \in L^2(-\pi, \pi)$ がすべての ϕ_n と直交したとする．$\varepsilon > 0$ を任意にとる．このとき，ルベーグ積分の理論により，$\|f - g\| \leqq \varepsilon$ となるなめらかな関数 g が存在する．g はなめらかであるから，1.7 節よりそのフーリエ展開は g に一様絶対収束する．したがって，もちろん $\|g\|^2 = \sum |(g|\phi_n)|^2$ がなりたつ．ゆえにベッセルの不等式により，

$$\|g\|^2 = \sum |(f - g|\phi_n)|^2 \leqq \|f - g\|^2 \leqq \varepsilon^2$$

となり，$\|g\| \leqq \varepsilon$，$\|f\| \leqq 2\varepsilon$ が出る．ε は任意だったから，$f = 0$ でなければならない．

というわけで，$f \in L^2(-\pi, \pi)$ が区分的になめらかでなくても，その三角関数系によるフーリエ級数展開は L^2 の意味で f に収束する．以上の考察でフーリエの方法は，初期条件についても正当化された．

1.9　リーマン－ルベーグの定理

ベッセルの不等式から，$f \in L^2(-\pi, \pi)$ にたいして，$N\,(\in \mathbb{N}) \to \infty$ のとき

$$\int_{-\pi}^{\pi} f(x) \cos Nx\, dx, \quad \int_{-\pi}^{\pi} f(x) \sin Nx\, dx \to 0$$

であることをしばしば用いたが，これを一般化して特記しておこう．

$f \in L^1(\mathbb{R})$ にたいして，$A\,(\in \mathbb{R}) \to +\infty$ のとき，

$$\int f(x) \cos Ax\, dx, \quad \int f(x) \sin Ax\, dx \to 0$$

である．この事実はリーマン－ルベーグの定理とよばれて利用価値が高い．

$\int f(x) \sin Ax\, dx \to 0$ を証明しておこう．実数直線を長さ π/A の小区間に分割して積分すると，

$$\int f(x) \sin Ax\, dx = \sum_k \left(\int_{\frac{2k\pi}{A}}^{\frac{(2k+1)\pi}{A}} + \int_{\frac{(2k+1)\pi}{A}}^{\frac{(2k+2)\pi}{A}} \right) f(x) \sin Ax\, dx$$

であるが，$x = \dfrac{\pi}{A} + x'$ とおくとき $\sin Ax = -\sin Ax'$ であるから，

$$\left(\int_{\frac{2k\pi}{A}}^{\frac{(2k+1)\pi}{A}} + \int_{\frac{(2k+1)\pi}{A}}^{\frac{(2k+2)\pi}{A}} \right) f(x) \sin Ax\, dx$$

$$= \int_{\frac{2k\pi}{A}}^{\frac{(2k+1)\pi}{A}} \left\{ f(x) - f\left(\frac{\pi}{A} + x \right) \right\} \sin Ax\, dx$$

がなりたつ．ゆえに，f が台 * の有界な連続関数ならば，
$$\left|\int f(x)\sin Ax\,dx\right| \leq \int \left|f(x) - f\left(\frac{\pi}{A} + x\right)\right|dx$$
$$\to 0 \quad (A \to +\infty)$$
である．任意の $f \in L^1(\mathbb{R})$ は台の有界な連続関数で L^1 – 近似できる．

この章のまとめと物理学への応用

　この章の本文にも述べられているように，フーリエ級数展開は，波動方程式ではなく，熱伝導方程式を土台として，理論的に整備されてきたものである．しかしながら，この巻のテーマは波動であるので，純数学的なまとめよりはこの理論の波動方程式の場合への適用を論じることにする．熱伝導方程式も波動方程式も，さらには，力学の運動方程式も，すべて，微分方程式である．本題に入る前に，微分方程式とは何かという問いに答えておこう．

1. 微分方程式の分類

(1) 常微分方程式と偏微分方程式

　　独立変数を x とし，x の未知関数を y としたとき，y とその導関数
$$\frac{dy}{dx}, \frac{d^2y}{dx^2}, \cdots$$
の間の関係式によって与えられた方程式を**常微分方程式**と呼ぶ．単に微分方程式と言う場合は常微分方程式のことである．たとえば，本シリーズ第 1 巻『力学 I』第 III 部 4.2 節で取り上げた調和振動に関するニュートンの運動方程式
$$m\frac{d^2x}{dt^2} = -kx$$
は，粒子の質量 m，弾性定数 k，独立変数は時刻 t，座標 x を t の関数とする 2 階常微分方程式である．

　これに対して，2 つ以上の独立変数 $x, y, \ldots$ とし，それらの関数を u として，u とその導関数
$$\frac{\partial u}{\partial x}, \frac{\partial u}{\partial y}, \cdots, \frac{\partial^2 u}{\partial x^2}, \frac{\partial^2 u}{\partial x \partial y}, \frac{\partial^2 u}{\partial y^2}, \cdots$$
の間の関係式によって与えられた方程式を**偏微分方程式**と呼ぶ．たとえば，熱伝導方程式
$$\frac{\partial \theta}{\partial t} = \frac{K}{\rho c}\triangle \theta$$
は，偏微分方程式である．ただし，ここではラプラシアン $\triangle$ が

---

* 一般に，領域 Ω で定義された関数 $u(x)$ について，それが 0 でない点の閉包 $\Omega \cap \overline{B}$ ($B = \{x \in \Omega \mid u(x) \neq 0\}$) のことを台という．

$$\triangle = \frac{\partial^2}{\partial x^2} + \frac{\partial^2}{\partial y^2} + \frac{\partial^2}{\partial z^2}$$

と表される場合を考える．この式は，物体の密度 ρ, 比熱 c, 熱伝導率 K, 独立変数は時刻 t, 座標 (x, y, z), それらの関数を温度 θ とする 2 階偏微分方程式である $\left(1.1\,節では，u = \theta\, とし，1 変数で \frac{K}{\rho c} = 1 とおいた場合を考えた\right)$. また，電磁波の波動方程式は，ベクトル関数 $\boldsymbol{\Phi}$ について

$$\frac{\partial^2 \boldsymbol{\Phi}}{\partial t^2} - c^2 \triangle \boldsymbol{\Phi} = 0$$

となり（光速 c とする），時刻 t についても 2 階となる，2 階偏微分方程式である．

(2) 斉次と非斉次

微分方程式の中に定数項を含まないものを**斉次**，含むものは**非斉次**と呼ぶ．たとえば，『力学 I』から先にとり上げた調和振動の運動方程式と同じ節に出てくる，動摩擦力 F をともなう調和振動の運動方程式

$$m\frac{d^2 x}{dt^2} = -kx \pm F$$

は 2 階非斉次常微分方程式である．『力学 I』のこの式の次の記述にあるように，独立変数を

$$x_\pm = x \pm \frac{F}{k}$$

と変換すると，

$$m\frac{d^2 x_\pm}{dt^2} = -kx_\pm$$

となって，摩擦が無視できる調和振動の運動方程式と同じ形になる．こうした操作を斉次化すると呼ぶ．

(3) 線型と非線型

方程式の両辺が未知関数，および，その常（偏）導関数のたかだか 1 次式の形に書き表されているものを**線型**常（偏）微分方程式と呼ぶ．本項の (1), (2) で例としてとり上げた式は，いずれも，線型微分方程式である．

非線型微分方程式は，本書の第 III 部 6 章で詳しくとりあげるが，その章に出てくる KdV 方程式

$$\frac{\partial u}{\partial t} + u\frac{\partial u}{\partial x} + \mu\frac{\partial^3 u}{\partial t^3} = 0$$

は $u\dfrac{\partial u}{\partial x}$ という非線型項をもつ 3 階非線型偏微分方程式である．

常微分方程式に限ってであるが，微分方程式の解，特に，線型微分方程式の解については，『力学 I』第 II 部 5 章「この章のまとめと物理学への応用」に解説がある．

2. 波動方程式の定常波解

波動方程式

$$\frac{\partial^2 \boldsymbol{\Phi}}{\partial t^2} - c^2 \triangle \boldsymbol{\Phi} = \boldsymbol{0}$$

の定常波解について考える．

定常波であることから，波動関数 $\boldsymbol{\Phi}(\boldsymbol{r}, t)$ は変数分離形

$$\boldsymbol{\Phi}(\boldsymbol{r}, t) = \sum_{j=1}^{3} \phi_j(\boldsymbol{r}) \boldsymbol{e}_j \psi(t)$$

でなければならない．ただし，$\boldsymbol{e}_j$ $(j = 1, 2, 3)$ は座標 O-xyz ($x = x_1$, $y = x_2$, $z = x_3$ とする) における単位ベクトルである．波動方程式は時間 t についての微分は (˙) で表して，

$$\sum_{j=1}^{3} \phi_j(\boldsymbol{r}) \boldsymbol{e}_j \ddot{\psi}(t) - c^2 \sum_{j=1}^{3} \triangle \phi_j(\boldsymbol{r}) \boldsymbol{e}_j \psi(t) = \boldsymbol{0}$$

すなわち，各成分は

$$\phi_j(\boldsymbol{r}) \ddot{\psi}(t) - c^2 \triangle \phi_j(\boldsymbol{r}) \psi(t) = 0 \quad (j = 1, 2, 3)$$

となり，

$$\frac{\ddot{\psi}(t)}{c^2 \psi(t)} = \frac{\triangle \phi_1(\boldsymbol{r})}{\phi_1(\boldsymbol{r})} = \frac{\triangle \phi_2(\boldsymbol{r})}{\phi_2(\boldsymbol{r})} = \frac{\triangle \phi_3(\boldsymbol{r})}{\phi_3(\boldsymbol{r})}$$

の形から最左辺は $\boldsymbol{r}$ によらないし，それ以外の項は t によらないから，各分数を $\boldsymbol{r}$, t によらない同じ定数 (これを $-\mu$ とする) とおくことができる．したがって，微分方程式

$$\triangle \phi_j(\boldsymbol{r}) + \mu \phi_j(\boldsymbol{r}) = 0 \quad (j = 1, 2, 3)$$
$$\ddot{\psi}(t) + \mu c^2 \psi(t) = 0$$

が得られる．ϕ_j の式は同じ形であるから，これ以降，単なるスカラー波動関数 $\phi(\boldsymbol{r})$ に関する微分方程式

$$\triangle \phi_j(\boldsymbol{r}) + \mu \phi_j(\boldsymbol{r}) = 0$$

を問題にしよう．

もちろん，ベクトル波動関数 $\boldsymbol{\phi}(\boldsymbol{r}) = (\phi_1, \phi_2, \phi_3)$ について適当な境界条件の下で $-\triangle$ の固有値 μ が得られ，また，そのときの解 $\boldsymbol{\phi}$，すなわち，固有値 μ に属するベクトル固有関数のままで，議論していくことも可能である．そしてこのとき，μ が連続的な値をもつ**連続固有値**の場合もあれば，とびとびな値，**離散固有値**の場合もある訳である．しかしながら，ここでは問題を離散的固有値に限り，$\boldsymbol{\phi}$ をさらに変数分離形

$$\phi_j(\boldsymbol{r}) = \xi(x) \eta(y) \zeta(z)$$

のように，それぞれ，x のみの関数 $\xi(x)$，y のみの関数 $\eta(y)$，z のみの関数 $\zeta(z)$ の積に分解して取り扱っていこう．後に明らかになるように，この形の解を求めておけば，一般の解はこれを用いて表すことができるのである．

$\phi = \xi\eta\zeta$ を $\phi(\boldsymbol{r})$ に関する微分方程式に代入すると，x, y, z など空間座標に関する微分は (′) で表して，常微分方程式

$$\xi''\eta\zeta + \xi\eta''\zeta + \xi\eta\zeta'' + \mu\xi\eta\zeta = 0$$

が得られ，これを $\xi\eta\zeta$ で割ると，

$$\frac{\xi''}{\xi} + \frac{\eta''}{\eta} + \frac{\zeta''}{\zeta} + \mu = 0$$

$$\frac{\xi''}{\xi} = -\frac{\eta''}{\eta} - \frac{\zeta''}{\zeta} - \mu = -\mu_x$$

となる．上に述べた議論と同じで，各分数は x, y, z によらない定数だから，これを $-\mu_x$ とおくと，x のみの常微分方程式

$$\xi'' + \mu_x\xi = 0$$

が得られ，さらに

$$\frac{\eta''}{\eta} = -\frac{\zeta''}{\zeta} - \mu - \mu_x = -\mu_y \text{（定数）}$$

より，y のみの常微分方程式

$$\eta'' + \mu_y\eta = 0$$

が，全く同様にして z のみの常微分方程式

$$\zeta'' + \mu_z\zeta = 0$$

が得られる．ただし，$\mu = \mu_x + \mu_y + \mu_z$ である．この関係は μ に物理的な意味を与えたとき，はじめて意味をもつものである．

各 x, y, z の式は同じ形をしているので，問題は，結局，1変数のスカラー波動関数の常微分方程式を解くことにしぼりこむことができた．

3. 固有値と固有関数

ここで独立変数を，x のような長さのディメンションをもつものではなく，ディメンションレスの変数 θ と書き換える．変数 θ の領域 Θ を特定して示すのは，後の複数の節で論じる個別の具体例の場合としよう．したがって，ここでは一般的に $\theta \in \Theta$ としておき，また，有界な Θ の両端に課す境界条件の指定も，それらの節にまわすことにする．

この微分方程式の境界条件から，μ が離散的固有値の場合であれば，μ は整数 n の関数で表されるので，これを

$$\mu = \mu(n)$$

とおくと，**固有値** $\mu(n)$ に属する**固有関数** ϕ_n

$$\frac{d^2\phi_n}{d\theta^2} + \mu(n)\phi_n = 0 \tag{2.1.1}$$

が得られる．

同時に等しい，あるいは，相異なる固有値に属する固有関数の間には

$$\int_\Theta \phi_m^*(\theta)\phi_n(\theta)\,d\theta = \delta_{n,m} \tag{2.1.2}$$

が成り立ち，$\{\phi_n\}$ は **正規直交系** をなしている．ただし，ここで μ は実数であるとする．1.2 節では，複素共役は $\overline{\phi}$ と表したが，ここでは ϕ^* とした．

4. **展開定理**

領域 Θ で定義された任意の関数 $f(\theta)$ は

$$f(\theta) = \sum_n c_n \phi_n, \quad c_n = \int_\Theta \phi^*(\theta) f(\theta)\,d\theta \tag{2.1.3}$$

と，正規直交系 $\{\phi_n\}$ によって展開することが可能であり，固有関数で展開できる．これが **展開定理** である．また，このような直交関数の系列 $\{\phi_n\}$ を **完全系** と呼ぶ．n は固有値の性質によって $n>0$ ととる場合も，すべての整数となる場合もある．また，ある n に関して複数の固有関数が存在する場合もある．同一固有値に l 個の独立な固有関数が属している場合，その固有値は「l 重に **縮退** している」という．

さらに，$f(x)$ は全く任意という訳ではなく，詳しくは級数が収束する場合の条件が必要であるが，これも深入りしない．

5. **フーリエ展開**

波動方程式の完全系をなす固有関数の具体例を見ていこう．

① **フーリエ実級数**：最初に見出された完全系は

$$\phi_{n1} = \frac{1}{\sqrt{\pi}}\cos n\theta, \quad \phi_{n2} = \frac{1}{\sqrt{\pi}}\sin n\theta$$

であり，固有値 $\mu = n^2$ は 2 重に縮退している．これらの関数は，変数領域 Θ を $-\pi \leqq \theta \leqq \pi$ と選んだとき

$$\int_\Theta \phi_{m1}^* \phi_{n1}\,d\theta = \frac{1}{\pi}\int_{-\pi}^{\pi} \cos m\theta \cos n\theta\,d\theta = \delta_{n,m}$$

$$\int_\Theta \phi_{m2}^* \phi_{n2}\,d\theta = \frac{1}{\pi}\int_{-\pi}^{\pi} \sin m\theta \sin n\theta\,d\theta = \delta_{n,m}$$

$$\int_\Theta \phi_{m1}^* \phi_{n2}\,d\theta = \frac{1}{\pi}\int_{-\pi}^{\pi} \cos m\theta \sin n\theta\,d\theta = 0$$

と確かに正規直交系となっている．

同じ領域の任意の周期関数 $f(\theta)$ は，(2.1.3) 式の関係から，

$$f(\theta) = \frac{a_{01}}{2\sqrt{\pi}} + \frac{1}{\sqrt{\pi}}\sum_{n=1}^{\infty}(a_{n1}\cos n\theta + a_{n2}\sin n\theta)$$

$$a_{n1} = \frac{1}{\sqrt{\pi}}\int_{-\pi}^{\pi}\cos n\theta f(\theta)\,d\theta \quad (n1 \leqq 0)$$

$$a_{n2} = \frac{1}{\sqrt{\pi}}\int_{-\pi}^{\pi}\sin n\theta f(\theta)\,d\theta \quad (n2 \leqq 1)$$

と展開できる．

この章のまとめと物理学への応用　97

楽器で同じ高さ（同じ振動数）の音を出しても音色が異なる．それぞれの楽器から出る音は固有の波形をもっているからであり，その波形の違いはフーリエ展開の係数 a_{n1}, a_{n2} によって数値で表される．

② **フーリエ複素級数**：同じ固有値 n^2 に属する，同じ変数領域 $-\pi \leq \theta \leq \pi$ で定義された固有関数として，

$$\phi_n = \frac{1}{\sqrt{2\pi}} e^{-in\theta}$$

を選ぶこともできる．n として，（正負ゼロの）整数を選べば，$n \neq 0$ に関して 2 重に縮退しているが，これは，$m > 0$ として $e^{im\theta}$ と $e^{-im\theta}$ をとることと同等になる．

$$\int_\Theta \phi_m^* \phi_n \, d\theta = \frac{1}{2\pi} \int_{-\pi}^{\pi} e^{im\theta} e^{-in\theta} \, d\theta = \delta_{n,m}$$

が成り立ち，同じ領域の任意の周期関数 $f(\theta)$ は

$$f(\theta) = \frac{1}{\sqrt{2\pi}} \sum_{n=-\infty}^{\infty} a_n e^{-in\theta}, \quad a_n = \frac{1}{\sqrt{2\pi}} \int_{-\pi}^{\pi} e^{in\theta} f(\theta) \, d\theta$$

と展開される．

③ **偶関数のみ，奇関数のみの展開**：$f(x)$ が偶関数 $f(-x) = f(x)$ の場合であれば，$f(x) \sin n\theta$ は奇関数であるから，その $-\pi \leq \theta \leq \pi$ の定積分はゼロとなる．したがって，フーリエ実級数の展開係数 a_{n1} は，$a_{n2} = 0$, a_{n1} は変数領域を $0 \leq \theta \leq \pi$ と半分，係数を 2 倍とし，正領域のみの余弦級数として取り扱うことができる．

$$f(x) = \frac{1}{2\sqrt{\pi}} a_{01} + \frac{1}{\sqrt{\pi}} \sum_{n=1}^{\infty} a_{n1} \cos n\theta, \quad a_{n1} = \frac{2}{\sqrt{\pi}} \int_0^\pi f(\theta) \cos n\theta \, d\theta$$

同様に，$f(x)$ が奇関数 $f(-x) = -f(x)$ の場合であれば，今度は $f(x) \cos n\theta$ が奇関数である．したがって，$a_{n1} = 0$, a_{n2} は変数領域を $0 \leq \theta \leq \pi$ と半分，係数を 2 倍とし，正領域のみでの正弦級数として取り扱うことができる．

$$f(x) = \frac{1}{\sqrt{\pi}} \sum_{n=1}^{\infty} a_{n2} \sin n\theta, \quad a_{n2} = \frac{2}{\sqrt{\pi}} \int_0^\pi f(\theta) \sin n\theta \, d\theta \tag{2.1.4}$$

以上のようにすれば，変数領域を $0 \leq \theta \leq \pi$ としても，それぞれの固有関数の直交性は保たれるのである．

④ **複素級数の場合の注意事項**：注意すべきことは，変数領域 $-\pi \leq \theta \leq \pi$ では成り立っていた固有関数の直交性が，変数領域 $0 \leq \theta \leq \pi$ の場合には，$m - n$ が奇数のとき

$$\int_0^\pi e^{im\theta} e^{-in\theta} \, d\theta = \frac{1}{i(m-n)} (e^{i(m-n)\pi} - 1) = -\frac{2}{i(m-n)}$$

となって成り立たなくなることである．

解決法は 2 通りある．第 1 は a_1 などの定数を適当に選んで，

$$\phi_{n1} = a_1 e^{in\theta} + b_1 e^{-in\theta}$$

$$\phi_{n2} = a_2 e^{in\theta} + b_2 e^{-in\theta}$$

とし，ϕ_{n1} と ϕ_{n2} が互いに直交するようにすることである．

次に，物理的意味があるのはつねにその実数部分だけということから，変数領域 $0 \leqq \theta \leqq \pi$ で複素指数関数を使う場合，$f(x)$ が偶関数の場合には，

$$\phi_n = \frac{2}{\sqrt{\pi}} e^{-in\theta}$$

とおくと，

$$\mathrm{Re}\{\phi_n\} = \frac{2}{\sqrt{\pi}} \cos n\theta$$

となるから，前項のフーリエ余弦級数と同じことになる．同様に，$f(x)$ が奇関数の場合には，

$$\phi_n = \frac{2i}{\sqrt{\pi}} e^{-in\theta}$$

とおくと，

$$\mathrm{Re}\{\phi_n\} = \frac{2}{\sqrt{\pi}} \sin n\theta$$

となるから，前項のフーリエ正弦級数と同じことになる．ただし，ここで係数は $n \geqq 0$ を想定している．そして，直交性も実数部分のみ成立すると考える．

第2章 フーリエ変換

この章のテーマ
フーリエ級数展開の連続版としてフーリエ変換 $\mathcal{F}$ が導入される．

2.1 動　機

いま $f\colon \mathbb{R} \to \mathbb{C}$ がなめらかで，しかも $|x| \geqq L$ にたいして $f(x) = 0$ であるとしよう．すると，$[-L, L]$ でフーリエ級数展開することにより，$|x| \leqq L$ においては，
$$f(x) = \sum_{n=-\infty}^{+\infty} C(n) e^{\frac{in\pi}{L}x}$$
となる．ただし，
$$C(n) = \frac{1}{2L} \int f(x) e^{-\frac{in\pi}{L}x}\, dx$$
である．任意の $0 \leqq \theta < 1$ にたいして，関数 $x \mapsto e^{-\frac{i\theta\pi}{L}x} f(x)$ にこれを適用すると，
$$f(x) = \sum_n C(n+\theta) e^{\frac{i(n+\theta)\pi}{L}x}, \quad C(n+\theta) = \frac{1}{2L} \int f(x) e^{-\frac{i(n+\theta)\pi}{L}x}\, dx$$
である．θ について 0 から 1 まで積分して，
$$f(x) = \frac{L}{\pi} \int C\left(\frac{L}{\pi}\xi\right) e^{i\xi x}\, d\xi$$
が得られる．ということは，変換 $\mathcal{F}$ を
$$\mathcal{F}f(\xi) = \frac{1}{\sqrt{2\pi}} \int f(x) e^{-i\xi x}\, dx$$
と定義すれば，少なくとも $|x| \leqq L$ においては
$$f(x) = \frac{1}{\sqrt{2\pi}} \int \mathcal{F}f(\xi) e^{i\xi x}\, d\xi$$
によって f が復元できるということである．こういう観察から，**フーリエ変換** $\mathcal{F}$ が導入される．すなわち，$f \in L^1(\mathbb{R})$ にたいして，そのフーリエ変換 $\mathcal{F}f$ を前式で定義する．このとき，あきらかに $\mathcal{F}f$ は有界かつ一様連続であるが，また $L^1(\mathbb{R})$ に属すかどうかはなんともいえない．

2.2 反転公式

$f \in L^1(\mathbb{R})$ が区分的になめらかならば，$A \to +\infty$ のとき，

$$\frac{1}{\sqrt{2\pi}} \int_{-A}^{A} \mathcal{F}f(\xi) e^{ix\xi} \, d\xi \to \frac{1}{2}((f(x+0) + f(x-0))$$

となる．これを証明しよう．$x \in \mathbb{R}$ を止め，左辺を I_A と記す．積分順序の交換によって，

$$I_A = \frac{1}{2\pi} \int_{-A}^{A} \int f(y) e^{i\xi(x-y)} \, dy \, d\xi = \frac{1}{\pi} \int_{0}^{A} \int f(y) \cos\xi(x-y) \, dy \, d\xi$$
$$= \frac{1}{\pi} \int_{-\infty}^{\infty} f(y) \frac{\sin A(x-y)}{x-y} \, dy = \frac{1}{\pi} \int_{-\infty}^{\infty} f(x-t) \frac{\sin At}{t} \, dt$$

と変形する．

$$\int_{0}^{\infty} \frac{\sin x}{x} \, dx = \frac{\pi}{2}$$

（第 III 部［計算ノート：(3.4.8) 式］参照）に注意すると，任意の定数 I にたいして，

$$I_A - I = \frac{1}{\pi} \int_{0}^{\infty} F(t) \frac{\sin At}{t} \, dt$$

となる．ただし，

$$F(t) = f(x+t) + f(x-t) - 2I.$$

である．とくに，

$$I = \frac{1}{2}(f(x+0) + f(x-0))$$

ととると，$F(t) = O(t) \ (t \to +0)$ だから，$t \mapsto F(t)/t$ は $L^1(0, +\infty)$ に属す．ゆえに，リーマン－ルベーグの定理（1.9 節）により，$A \to +\infty$ のとき，

$$\int_{0}^{\infty} F(t) \frac{\sin At}{t} \, dt \to 0$$

となり，$I_A \to I$ となって証明が終わる．

とくに $f \in L^1(\mathbb{R}) \cap C^1(\mathbb{R})$ ならば，任意の $x \in \mathbb{R}$ にたいして，

$$f(x) = \lim_{A \to +\infty} \frac{1}{\sqrt{2\pi}} \int_{-A}^{A} \mathcal{F}f(\xi) e^{ix\xi} \, d\xi$$

がなりたつので，これを**フーリエの反転公式**とよぶ．

2.3 パーセヴァルの等式，等長変換としてのフーリエ変換

$f \in L^2(\mathbb{R})$ とする．有限区間の場合と異なり，$f \in L^2(\mathbb{R})$ であるからといって，$f \in L^1(\mathbb{R})$ とは限らないので，さしあたり $\mathcal{F}f$ はまだ定義されていない．しかし，$f \in L^1 \cap L^2$ ならば，パーセヴァルの等式

$$\int |f(x)|^2\, dx = \int |\mathcal{F}f(\xi)|^2\, d\xi$$

がなりたつのである．証明はあとまわしにして，これがわかるとどういうことになるかというと，$f \in L^2(\mathbb{R})$ にたいして，$L^2(\mathbb{R})$ のノルムで $f_n \to f$ となる列 $f_n \in L^2(\mathbb{R}) \cap L^1(\mathbb{R})$ があるから，$\|\mathcal{F}f_m - \mathcal{F}f_n\| = \|f_m - f_n\| \to 0$ となる（ここで

$$\|g\| = \sqrt{\int |g(x)|^2\, dx}$$

は L^2 のノルムである）．すると，$\mathcal{F}f_n$ は L^2 で収束し，その極限は近似列 $(f_n)_n$ のとりかたによらない．それを $\mathcal{F}f$ と定義すれば，フーリエ変換 $\mathcal{F}$ は $L^2(\mathbb{R})$ からそれ自身への等長変換となる．たとえば，$L_n \to +\infty$ として，

$$f_n(x) = \begin{cases} f(x) & (|x| \leqq L_n) \\ 0 & (|x| > L_n) \end{cases}$$

とおけばよいから，L^2 の位相で

$$\mathcal{F}f(\xi) = \lim_{L \to \infty} \frac{1}{\sqrt{2\pi}} \int_{-L}^{L} f(x) e^{-ix\xi}\, dx$$

としてよい．

　そこで，パーセヴァルの等式を証明しよう．$|x| > \pi$ にたいして $f(x) = 0$ となる場合を考えればじゅうぶんである．フーリエ級数展開についてはパーセヴァルの等式は証明済みだから，

$$\frac{1}{2\pi} \int |f(x)|^2\, dx = \sum_n |C(n)|^2$$

である．ただし，

$$C(n) = \frac{1}{\sqrt{2\pi}} \int f(x) e^{-inx}\, dx.$$

である．$0 \leqq \theta < 1$ にたいして関数 $x \mapsto e^{-i\theta x} f(x)$ にこれを適用すれば，n を $n + \theta$ に置き換えてもなりたつ．θ について 0 から 1 まで積分すると，求める等式がえられる．

こうして, $\hat{f} \in L^1 \cap L^2$ にたいして,
$$\bar{\mathcal{F}}\hat{f}(x) = \frac{1}{\sqrt{2\pi}} \int \hat{f}(\xi) e^{ix\xi} \, d\xi$$
と $\bar{\mathcal{F}}$ を定義し, L^2 の等長変換に拡張すると, 反転公式から, $\bar{\mathcal{F}}$ は $\mathcal{F}$ の逆変換となる.

2.4 フーリエ変換のメリット

フーリエ変換が偏微分方程式の解析に威力を発揮するひとつの理由は, 微分が掛け算に変換されるという点にある. すなわち, $f \in L^1 \cap L^2 \cap C^1$ かつ $Df \in L^1 \cap L^2$ であるとすると, 部分積分により,
$$\mathcal{F}Df(\xi) = \frac{1}{\sqrt{2\pi}} \int Df(x) e^{-ix\xi} \, dx = i\xi \frac{1}{\sqrt{2\pi}} \int f(x) e^{-ix\xi} \, dx = i\xi \mathcal{F}f(\xi)$$
がなりたつ.

2.5 熱方程式への応用

上の事実を利用したフーリエ変換の応用例をひとつ紹介しておこう.

熱方程式の全直線上での初期値問題
$$\frac{\partial u}{\partial t} - \frac{\partial^2 u}{\partial x^2} = 0 \quad (t > 0, \ -\infty < x < +\infty),$$
$$u(0, x) = f(x) \quad (-\infty < x < +\infty)$$
を考える. 問題をフーリエ変換すると,
$$\frac{\partial \hat{u}}{\partial t} + \xi^2 \hat{u} = 0, \quad \hat{u}(0, \xi) = \hat{f}(\xi)$$
に帰着する. ここで,
$$\hat{u}(t, \xi) = \mathcal{F}u(t, x)(\xi), \quad \hat{f} = \mathcal{F}f$$
である. これはしかし, ξ をパラメータとする t に関する常微分方程式であるから, ただちに
$$\hat{u}(t, \xi) = \hat{f}(\xi) e^{-\xi^2 t}$$
と解ける. これを反転すると,
$$u(t, x) = \frac{1}{2\sqrt{\pi t}} \int f(y) e^{-\frac{(x-y)^2}{4t}} \, dy$$

という解の公式（いわゆるガウス－ワイエルシュトラス積分）が得られる．

この章のまとめと物理学への応用

前章の「この章のまとめと物理学への応用」では，波動方程式の固有値問題を離散的な固有値に限って論じたが，ここでは，連続的な固有値を考えて，そこからフーリエ変換の議論に入ろう．

1. 連続した固有値の場合の展開定理

　一般に，微分方程式 (2.1.1) には，固有値 $\mu(n)$ に属する解 ϕ_n で n が整数でない解も存在し，そのような解は現実の波動現象にも対応しているので必要となる．しかし，そうした連続的固有値の場合の数学的基礎は本シリーズ第 9 巻『量子力学 I』で詳しく取り扱うので，ここではそのアウトラインのみを以下にまとめる．

　出発点は n, m, N を整数とする次の関係式からである．n は最後に連続固有値 k に，m は連続変数 x に変換されるので，見にくいが積の形で書いておく．

$$\frac{1}{N} \sum_{m=0}^{N-1} \exp\left\{i\left(\frac{2\pi}{N}mn\right)\right\} \exp\left\{-i\left(\frac{2\pi}{N}mn'\right)\right\} = \begin{cases} 1 & (n = n') \\ 0 & (n \neq n') \end{cases}$$

の関係をまず，示す．

■ **証明**　① $n = n'$ のとき：

$$\sum_{m=0}^{N-1} \exp\left\{i\left(\frac{2\pi}{N}mn\right)\right\} \exp\left\{-i\left(\frac{2\pi}{N}mn\right)\right\} = \sum_{m=0}^{N-1} e^0 = N$$

② $n \neq n'$ のとき：

$(2\pi/N)(n-n') = \theta$ とおくと，

$$\sum_{m=0}^{N-1} \exp\left\{i\left(\frac{2\pi}{N}mn\right)\right\} \exp\left\{-i\left(\frac{2\pi}{N}mn'\right)\right\} = \sum_{m=0}^{N-1} e^{im\theta}$$

$$= \frac{e^{iN\theta} - 1}{e^{i\theta} - 1} = e^{i\frac{N-1}{2}\theta} \frac{\dfrac{e^{iN\theta/2} - e^{-iN\theta/2}}{2i}}{\dfrac{e^{i\theta/2} - e^{-i\theta/2}}{2i}} = e^{i\frac{N-1}{2}\theta} \frac{\sin\dfrac{N\theta}{2}}{\sin\dfrac{\theta}{2}}$$

$|n-n'| < N$ だから，$0 < |\theta/2| < \pi$．よって，$\sin(\theta/2) \neq 0$．一方，$N\theta/2 = \pi(n-n')$ だから，$\sin(N\theta/2) = 0$．

$$\therefore \sum_{m=0}^{N-1} \exp\left\{i\left(\frac{2\pi}{N}mn\right)\right\} \exp\left\{-i\left(\frac{2\pi}{N}mn'\right)\right\} = 0$$

（証明終）

　このとき，変換

$$\phi_n = \frac{1}{\sqrt{N}} \sum_{m=0}^{N-1} \psi_m \exp\left\{-i\left(\frac{2\pi}{N}mn\right)\right\}$$

と，逆変換

$$\psi_m = \frac{1}{\sqrt{N}} \sum_{n'=0}^{N-1} \phi_{n'} \exp\left\{i\left(\frac{2\pi}{N}mn'\right)\right\}$$

が成り立つことは，ϕ_n の式の右辺に ψ_m を代入して，直交関係の式を使えばわかる．すなわち，

$$\frac{1}{\sqrt{N}} \sum_{m=0}^{N-1} \psi_m \exp\left\{-i\left(\frac{2\pi}{N}mn\right)\right\}$$

$$= \frac{1}{N} \sum_{m=0}^{N-1} \sum_{n'=0}^{N-1} \phi_{n'} \exp\left\{i\left(\frac{2\pi}{N}mn'\right)\right\} \exp\left\{-i\left(\frac{2\pi}{N}mn\right)\right\}$$

$$= \frac{1}{N} \sum_{n'=0}^{N-1} \phi_{n'} \sum_{m=0}^{N-1} \exp\left\{i\left(\frac{2\pi}{N}mn'\right)\right\} \exp\left\{-i\left(\frac{2\pi}{N}mn\right)\right\} = \phi_n$$

となる．逆変換も同様である．

ここで，和の範囲を $-N \leqq m,\ n \leqq N$ と拡げることにする．和の外の係数は $1/\sqrt{N}$ が $1/\sqrt{2N+1}$ と変わるが，

$$\frac{1}{\sqrt{2N+1}} = \frac{1}{\sqrt{2\pi}} \cdot \sqrt{\frac{2\pi}{2N+1}}$$

と分けると，

$$\phi_n = \frac{1}{\sqrt{2\pi}} \sum_{m=-N}^{N} \psi_m \exp\left\{-i\left(\frac{2\pi}{2N+1}mn\right)\right\} \sqrt{\frac{2\pi}{2N+1}}$$

$$\psi_m = \frac{1}{\sqrt{2\pi}} \sum_{n=-N}^{N} \phi_n \exp\left\{i\left(\frac{2\pi}{2N+1}mn\right)\right\} \sqrt{\frac{2\pi}{2N+1}}$$

となる．$N \to \infty$ の極限をとるとともに，それぞれの和を $\sqrt{\frac{2\pi}{2N+1}}\, m \to x$，$\sqrt{\frac{2\pi}{2N+1}}\, n \to \kappa$ の積分に直す（増分は $\Delta x = \sqrt{\frac{2\pi}{2N+1}}$，$\Delta \kappa = \sqrt{\frac{2\pi}{2N+1}}$ である）．和の範囲 $[-N, N]$ は積分範囲 $[-\infty, \infty]$ に対応させる．ここで，変数の変更にともなって関数記号 ϕ, ψ も変えなければならないのだが，対応がはっきりするようにそのままにしておく．

$N \to \infty$ で

$$\phi_n \to \phi(\kappa) = \lim_{N \to \infty} \frac{1}{\sqrt{2\pi}} \sum_{m=-N}^{N} \psi_m e^{-i\kappa x} \Delta x = \frac{1}{\sqrt{2\pi}} \int_{-\infty}^{\infty} \psi(x) e^{-i\kappa x}\, dx$$

$$\psi_m \to \psi(x) = \lim_{N\to\infty} \frac{1}{\sqrt{2\pi}} \sum_{n=-N}^{N} \phi_n e^{i\kappa x} \Delta\kappa = \frac{1}{\sqrt{2\pi}} \int_{-\infty}^{\infty} \phi(x) e^{i\kappa x} d\kappa$$

となる．厳密には，N の極限をとるとき，リーマン和の 0 でない極値が存在することを保証しなければならないのだが，いまはその準備ができていないので，それは省略する．こうして，展開定理

$$\psi(x) = \frac{1}{\sqrt{2\pi}} \int_{-\infty}^{\infty} \phi(k) e^{ikx} dk$$

$$\phi(k) = \frac{1}{\sqrt{2\pi}} \int_{-\infty}^{\infty} \psi(x) e^{-ikx} dx \qquad (2.2.1)$$

が得られた．

2. フーリエ変換とその例

固有値は k で連続的となる．波動関数 ψ が方程式

$$(\triangle + k^2)\psi = 0$$

を満たすことは，確かめることができる．ψ は完全系 $\left\{\frac{1}{\sqrt{2\pi}} e^{ikx}\right\}$ によって展開され，展開係数は ϕ である．しかし，見方を変えると，ψ と ϕ の役割をあべこべに考えることもでき，ψ を ϕ に移すこと，あるいは，その逆を**フーリエ変換**と呼ぶ．

波動現象にフーリエ解析が適用できるひとつの例としては，パルス波があげられる．また，振動数が一定である非分散性の進行波もその例である．この波は

$$\psi \propto \int \phi(k) e^{ikx} dk\, e^{i\omega t}$$

の形となる．ひとつだけ例を示そう．

【例】箱型パルス：幅 Δx，断面積 1 の $+x$ 向きに速さ c で進行する箱型パルス（図 2.2.1）を考察しよう．

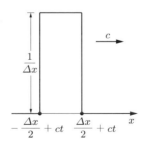

図 **2.2.1** 箱型パルス ψ

関数形は

$$\psi = \begin{cases} \dfrac{1}{\Delta x} & \left(|x - ct| \leqq \dfrac{\Delta x}{2}\right) \\ 0 & \left(|x - ct| > \dfrac{\Delta x}{2}\right) \end{cases}$$

である.

フーリエの展開係数は (2.2.1) 式より,

$$\phi(k) = \frac{1}{\sqrt{2\pi}} \int_{-\infty}^{\infty} \psi(x) e^{-ikx} \, dx = \frac{1}{\sqrt{2\pi}\, \Delta x} \int_{-\frac{\Delta x}{2} + ct}^{\frac{\Delta x}{2} + ct} e^{-ikx} \, dx$$

$$= \frac{1}{\sqrt{2\pi}\, \Delta x} \frac{1}{(-ik)} \left[e^{-ikx} \right]_{-\frac{\Delta x}{2} + ct}^{\frac{\Delta x}{2} + ct}$$

$$= -\frac{1}{i\sqrt{2\pi}\, k\Delta x} \left[\exp\left\{-ik\left(\frac{\Delta x}{2} + ct\right)\right\} - \exp\left\{-ik\left(-\frac{\Delta x}{2} + ct\right)\right\} \right]$$

$$= \sqrt{\frac{2}{\pi}} \frac{1}{k\Delta x} e^{-i\omega t} \sin\left(\frac{k\Delta x}{2}\right) = \frac{1}{\sqrt{2\pi}} \frac{\sin \Theta}{\Theta}$$

ただし, $\Theta = \dfrac{k\Delta x}{2}$ とおく. ϕ の概形は図 2.2.2 のようになる. ϕ が最初に 0 となるのは $k\Delta x = 2\pi$ が成り立つ k の値である.

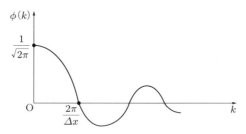

図 **2.2.2** 箱型パルスのフーリエ変換 ϕ

第Ⅲ部
物理編

第1章　波動の表現方法

この章のテーマ

第I部ではかなりいろいろな波動現象を見てきたのであるが、その多様性の中ですべてに共通するところは何であろうか？　この章ではそれがどのような種類の波であるかは、しばらくさておいて、その共通する論理に基づく波の表現法を探ってみよう．

1.1　波の重ね合せの原理と波動方程式

■**波は何を伝えるか**　現象論的な≪波動≫の説明では、それぞれの波にはそれを伝える連続体（真空をも含める）の**媒質**が存在し、振動が隣接する媒質に次々と伝わるものとしているが、その実体はいまひとつはっきりしない．もう一歩踏み込んで、波はエネルギーを伝えるという記述がある場合もあるが、それがどんな種類のエネルギーかまでは、述べられていない．

ばねを伝わる波の例で、考えてみよう．初等的な力学では、（図 3.1.1 のように）左側の物体 A を手で押した力によって、ばねは瞬時に一様に縮み、「ばねの変位 X にともなう弾性力 kX（k：弾性定数）は、右側の物体 B にただちに伝わり、同時に折り返された反作用の弾性力 $-kX$ も物体 A にただちに伝わる」としてきた．

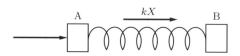

図 **3.1.1**　初等力学における弾性力の伝達

しかしながら、このような近似の範囲では取り扱うことのできない自然現象は、何もミクロな世界まで考察しなくても、日常的に出てくる．このような現象の説明のために、物理学では狭義の力学以外に、物体 A, B 間の情報の伝達を有限時間とする≪波動≫が必要となるのである．図 3.1.2 では、反射波まで含めた周期的な波ではとらえにくいので、一方向にパルスとして伝達される弾性力の例を図示している．

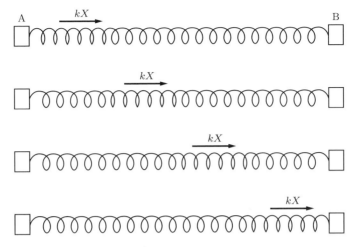

図 **3.1.2** パルスによる弾性力の伝達

この例のように，波の実体は「媒質の変位の伝播」から，「変位をもたらす，あるいは，変位にともなう，力学的諸量の伝播」へとイメージが変革されてきた．たとえば，空気中の音波の場合であれば，気体の密度測定よりも圧力測定の方が容易であろうし，電磁波の場合であれば，より直接的に，力，もしくは，ポテンシャルによって取り扱われるのである．

いずれにせよ，これらの物理量は≪波動関数≫と呼ばれ，位置座標 r と時刻 t を変数とする有限個の点を除いてなめらかなスカラー関数 $\phi = \phi(r,t)$，あるいは，ベクトル関数 $\boldsymbol{\phi} = \boldsymbol{\phi}(r,t)$ で表される（これ以降，ϕ と書いてスカラーの場合も含めることにする）．

■**重ね合せの原理** 古典力学が，粒子の「運動学」にとどまらずに，相互作用を考察するようになってはじめて，「力学」と呼ばれる本格的な物理学となる訳であるが，波では「運動学」に相当する部分が数学的により複雑で，波動の物理学は以下の内容の「重ね合せの原理」からはじまると言ってよいであろう．

c_1, c_2 を定数とする．

$$\phi_1, \phi_2 : 波 \iff \phi = c_1\phi_1 + c_2\phi_2 : 波$$

左辺から右辺を導くのは「波は合成することができる」ということであり，逆に右辺から左辺を導くのは「波は分解することができる」ということである．このことを波の**重ね合せの原理**と呼ぶ．

重ね合せの原理は，自然界は粒子像のみでは記述できないことを如実に示してい

る．つまり，2つの粒子が衝突して消えてしまう現象は存在しないが，重なり合って消滅する現象は自然界に存在する．これは第4章で詳細に論じる波の《干渉》のひとつの例である．さらに，相互作用領域に入った2粒子は質量が有限である限りは，入る直前と全く軌道が変化しないことはありえない．それゆえ，遠方に形を変えず到達するあらゆる種類の信号（音，映像，無線電信等）はこれを粒子の運動と解釈することはできない．この現象は「波の独立進行性」から解釈できる．波が独立に進行することも，重ね合せの原理の一側面である．

【例1】**パルスの重ね合せ**　媒質の変位が局在している波を**パルス**と呼ぶ．綱を張って一端を急激に上下すれば，多少の技術は要するが，パルスを発生させることができる．

① いま，全く同じ形の山がひとつだけの2個のパルスAとBが綱を伝わって互いに同じ速さで反対方向に進み，時刻 $t=0$ のとき，それぞれ，図 3.1.3(a) に示す位置を通過した．このときのAB間の距離を l，パルスの伝わる速さを c とする．

例として，時刻 $t=9l/20c$ のときの合成波形を作図してみよう．

方眼紙の1目盛は $l/10$ の長さであり，ひとつのパルスの幅，高さは，ここではともに $l/5$ となっている．図 3.1.3 の (a) を出発点として (b) を考えると，移動距離は

$$ct = c \times \frac{9l}{20c} = 4.5\frac{l}{10}$$

であるから，左右のパルスは指定の時刻に時刻 $t=0$ での位置からそれぞれ，中央に向かって4.5目盛進み，図 3.1.3(b) の破線で描かれた位置に来ている．その破線の波形を加え合せた太線が時刻 $t=9l/20c$ で観測される合成波形である．この例のように，波の重ね合せの原理は，物理的に重要なものであるが，その現れ方は単純明快なものである．

また，合成波は時刻 $t=l/2c$ で，幅 $l/5$，高さ $2\times(l/5)$ となることは，特に作図を要しないであろう．(c) $t=l/c$ のときは，A，Bは $t=0$ のときと完全に入れ代わった位置に来て，さらに互いに遠ざかる．通り過ぎれば波形はもとの形にもどる．波の独立進行を示しているのである．

② 今度は，$t=0$ のとき，パルスAは図 3.1.3 のパルスAと全く同じ波形であるが，パルスBは谷のみの，山のみのパルスAと綱に対して線対称な波形をもつパルスとする．パルスの進む向き，その速さ c も①と同じとする．

1.1 波の重ね合せの原理と波動方程式　111

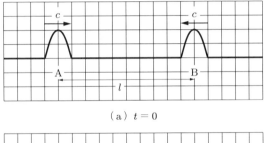

(a) $t = 0$

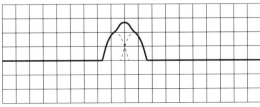

(b) $t = \dfrac{9l}{20c}$

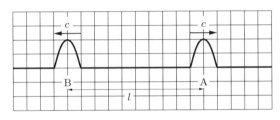

(c) $t = \dfrac{l}{c}$

図 **3.1.3**　パルスの重ね合せ：強め合う場合．2波が重なっている (b) の場合を除いて，(a) と (c) を見れば，A は B の影響を受けずに独立に進行し，B も A の影響を受けずに進行していることがわかる．

　図 3.1.4 (a) は $t = 0$ のときの，(b) は $t = l/2c$ のときの，(c) は $t = l/c$ のときの，それぞれの合成波が描かれているが，(b) では波が完全に打ち消し合っている場合を，(c) では波の独立進行性を示しているのである．
　注意すべき点は，(b) では合成波のエネルギーまで消滅してしまっているのではないということである．パルスという"かたまり"のエネルギーはつねに保存されている．時刻 $t = l/2c$ では，その"かたまり"の振動のポテンシャルが 0 となり，運動エネルギーのみとなっているのである．

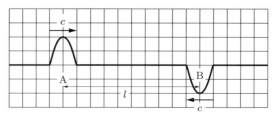

(a) $t = 0$

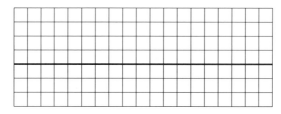

(b) $t = \dfrac{l}{2c}$

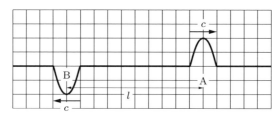

(c) $t = \dfrac{l}{c}$

図 3.1.4　パルスの重ね合せ：弱め合う場合．図 3.1.3 と同様に，2 波が打ち消し合っている (b) の場合を除いて，(a) と (c) を見れば，A は B の影響を受けずに独立に進行し，B も A の影響を受けずに進行していることがわかる．

■**波動方程式**　一般に，斉次の線型偏微分方程式に対しては重ね合せの原理が成り立つ．なぜならば，D が 1 階とは限らない微分演算子の線型結合を表すとし，方程式

$$D\phi(\boldsymbol{r}, t) = \boldsymbol{0}$$

に従う 2 つの解を ϕ_1，ϕ_2 とすると，

$$D\phi_1(\boldsymbol{r}, t) = \boldsymbol{0} \quad \text{or} \quad D\phi_2(\boldsymbol{r}, t) = \boldsymbol{0}$$

ならば，c_1，c_2 を定数として，

$$D\{c_1\phi_1(\boldsymbol{r}, t) + c_2\phi_2(\boldsymbol{r}, t)\} = \boldsymbol{0}$$

が成り立つからである．

非斉次の線型偏微分方程式

$$D\phi(\boldsymbol{r},t) = \boldsymbol{f}(\boldsymbol{r},t)$$

の場合には,「超関数*」を用いた広義解(これに対して,これまでの解を古典解と呼ぶ)を用いれば,

$$D\phi(\boldsymbol{r},t) = \boldsymbol{0}$$

のように斉次化できるので,その意味では ϕ は重ね合せの原理を満たすとしてよい.

ところが,波動と呼ばれるものに非線型の偏微分方程式に従うものもあり,その場合は重ね合せの原理にも従わない.この種の波動は最終章の第 6 章で簡単に触れることにする.

狭義の波動は,第 II 部 1 章の「この章のまとめと物理学への応用」で取り上げたように,c を定数として

$$\frac{\partial^2 \phi}{\partial t^2} - c^2 \triangle \phi = \boldsymbol{0} \tag{3.1.1}$$

を満たすものである.この方程式を**波動方程式**と呼ぶ(ここではスカラー関数も含めて考えている).この節のはじめに述べたように,ϕ を**波動関数**と呼ぶ.非斉次の波動方程式は波源の影響を考えるときに現れるが,ここでは波源がじゅうぶん遠方にあるとして,近似的に (3.1.1) 式の場合を考えることとする.そうでなければ古典解の範囲を超えて取り扱わなければならない.

1.2 波動関数とそこに含まれる物理定数の意味

話を簡単にするために,しばらく,空間 1 次元のスカラー波 $\phi(x,t)$ についての波動方程式

$$\frac{\partial^2 \phi}{\partial t^2} - c^2 \frac{\partial^2 \phi}{\partial x^2} = 0 \tag{3.1.2}$$

を考える.

■**斉次波動方程式の一般解** (3.1.2) 式の一般解は,次の [計算ノート:(3.1.3) 式] に示すように,2 回連続微分可能な任意関数 g, h を用いて,

---

* 狭義の関数としては意味をもたないが,$\boldsymbol{f}$ との積の積分としてはじめて意味をもつ広義の関数.本シリーズ第 9 巻『量子力学 I』の「第 II 部のまとめと物理学への応用」**B.7** のデルタ関数,および,**C** のグリーン関数もその例である.

$$\phi(x,t) = g\bigl(k(x-ct)\bigr) + h\bigl(k(x+ct)\bigr) \tag{3.1.3}$$

と表せる．ただし，k はディメンションが $[\mathrm{L}^{-1}]$ の定数とする．単に微分方程式の解の形を定めるためだけだったなら，必要のないものであるが，ここでは関数 g, h の変数を無次元とするために導入する．k の物理的な意味は後に説明する．

■ 計算ノート：(3.1.3) 式

独立変数を $u = k(x-ct)$, $v = k(x+ct)$ とおくと，

$$\phi(x,t) = \phi\left(\frac{1}{2k}(u+v), \frac{1}{2kc}(v-u)\right)$$

となる．右辺は u, v の関数であるから，これを $f(u,v)$ とおくと，

$$\phi(x,t) = f\bigl(k(x-ct), k(x+ct)\bigr)$$

$$\frac{\partial \phi}{\partial x} = \frac{\partial f}{\partial u}\frac{\partial u}{\partial x} + \frac{\partial f}{\partial v}\frac{\partial v}{\partial x} = k\left(\frac{\partial f}{\partial u} + \frac{\partial f}{\partial v}\right)$$

$$\frac{\partial^2 \phi}{\partial x^2} = k^2\left(\frac{\partial}{\partial u} + \frac{\partial}{\partial v}\right)\left(\frac{\partial f}{\partial u} + \frac{\partial f}{\partial v}\right) = k^2\left(\frac{\partial^2 f}{\partial u^2} + 2\frac{\partial^2 f}{\partial u \partial v} + \frac{\partial^2 f}{\partial v^2}\right)$$

$$\frac{\partial \phi}{\partial t} = \frac{\partial f}{\partial u}\frac{\partial u}{\partial t} + \frac{\partial f}{\partial v}\frac{\partial v}{\partial t} = kc\left(-\frac{\partial f}{\partial u} + \frac{\partial f}{\partial v}\right)$$

$$\frac{\partial^2 \phi}{\partial t^2} = k^2 c^2\left(\frac{\partial^2 f}{\partial u^2} - 2\frac{\partial^2 f}{\partial u \partial v} + \frac{\partial^2 f}{\partial v^2}\right)$$

となる．したがって，

$$\frac{\partial^2 \phi}{\partial t^2} - c^2 \frac{\partial^2 \phi}{\partial x^2} + 4k^2 c^2 \frac{\partial^2 f}{\partial u \partial v} = 0$$

となり，(3.1.2) 式を用いると，次の式が得られる．

$$\frac{\partial^2 f}{\partial u \partial v} = 0$$

ここで，関数 $F(u,v)$ について，v についての 1 階の偏微分方程式

$$\frac{\partial F}{\partial v} = 0$$

が成り立つとする．この式の意味するところは，F は v に関しては定数であるということだから，u のみの関数であり，これを $G(u)$ で表し，

$$F(u,v) = G(u)$$

と書けるということである．

さて，$\dfrac{\partial^2 f}{\partial u \partial v} = 0$ は

$$\frac{\partial}{\partial v}\left(\frac{\partial f}{\partial u}\right) = 0$$

と表せるから，$F = \dfrac{\partial f}{\partial u}$ とおくと，

$$\dfrac{\partial f}{\partial u} = G(u)$$

と表せる．G の積分の原始関数のひとつを $g(u)$ とおくと，$G = \dfrac{\partial g(u)}{\partial u}$ であるので

$$\dfrac{\partial}{\partial u}\bigl(f(u,v) - g(u)\bigr) = 0$$

が成り立つ．ふたたび同じ論法を使う．$F = f - g$ とみなせば，今度は u に関して定数となるから，v の関数 h を考えて，

$$f(u,v) - g(u) = h(v) \quad \therefore \quad f(u,v) = g(u) + h(v)$$

となる．$u = k(x-ct)$, $v = k(x+ct)$ にもどせば，結局，(3.1.2) 式の一般解は，任意関数 g, h を用いて

$$\phi(x,t) = g\bigl(k(x-ct)\bigr) + h\bigl(k(x+ct)\bigr)$$

となることが示された．そして，以上の議論は定数 k に依存しないことも明らかになった．

■ **斉次波動方程式の特殊解** 波動方程式の一般解には，未定な関数が 2 個含まれている．

この解を物理学の具体的な問題に適用するには，関数を定めて特殊解を取り扱わねばならない．特殊解を求めるには，波動方程式とは独立に ϕ についての 2 式を与えなければならないが，粒子の運動の決定に際して，初位置と初速度を与えるのに対比して，波動の場合にも**初期条件**と呼ばれる次の 2 式を与える場合が多い．

$$\phi(x,0) = \phi_0(x) \tag{3.1.4}$$

$$\left[\dfrac{\partial \phi}{\partial t}\right]_{t=0} = \psi_0(x) \tag{3.1.5}$$

ここで，ϕ_0, ψ_0 は与えられた関数とする．

この初期条件を先に求めた波動方程式の一般解 (3.1.3)（以下では $ck = \omega$ と書き換えた式を用いる）に適用すると，次の［計算ノート：(3.1.6) 式］に示すように，

$$\phi(x,t) = \dfrac{1}{2}\left\{\phi_0(kx-\omega t) + \phi_0(kx+\omega t) + \dfrac{1}{\omega}\int_{kx-\omega t}^{kx+\omega t} \psi_0(\theta)\,d\theta\right\} \tag{3.1.6}$$

となる．この式を**ダランベールの公式**と呼ぶ．

以上のように，$\phi(x,t)$ は初期条件を与えれば関数形が決まってしまう．ただし，

この解は，時間がたつと減衰する波動現象などには使えない．

計算ノート：(3.1.6) 式

$$\phi(x,t) = g(kx - \omega t) + h(kx + \omega t)$$

を (3.1.4) 式に代入すると，

$$g(kx) + h(kx) = \phi_0(kx) \tag{3.1.7}$$

となる．関数 $f(\theta)$ に対して

$$\frac{d}{dt} f(\theta) = \dot{\theta} f'(\theta)$$

だから，(3.1.5) 式に代入すると，

$$-\omega g'(kx) + \omega h'(kx) = \psi_0(kx)$$

となる．両辺を $\theta (= kx)$ について積分して整理すると，

$$g(kx) - h(kx) - C = -\frac{1}{\omega} \int_0^{kx} \psi_0(\theta)\, d\theta, \quad \text{ただし，} C = g(0) - h(0) \tag{3.1.8}$$

となる．(3.1.7) 式と (3.1.8) 式より，次の式が得られる．

$$2g(kx) = \phi_0(kx) - \frac{1}{\omega} \int_0^{kx} \psi_0(\theta)\, d\theta + C$$

$$2h(kx) = \phi_0(kx) + \frac{1}{\omega} \int_0^{kx} \psi_0(\theta)\, d\theta - C$$

$$2\phi(x,t) = \phi_0(kx - \omega t) + \phi_0(kx + \omega t)$$
$$+ \frac{1}{\omega} \int_0^{kx + \omega t} \psi_0(\theta)\, d\theta - \frac{1}{\omega} \int_0^{kx - \omega t} \psi_0(\theta)\, d\theta$$
$$= \phi_0(kx - \omega t) + \phi_0(kx + \omega t) + \frac{1}{\omega} \int_{kx - \omega t}^{kx + \omega t} \psi_0(\theta)\, d\theta$$

$$\therefore \quad \phi(x,t) = \frac{1}{2} \left\{ \phi_0(kx - \omega t) + \phi_0(kx + \omega t) + \frac{1}{\omega} \int_{kx - \omega t}^{kx + \omega t} \psi_0(\theta)\, d\theta \right\}$$

問題 12

(1) 初期条件 (3.1.4), (3.1.5) 式で与えられた関数が，それぞれ，

$$\phi_0(\theta) = \sin\theta, \quad \psi_0(\theta) = -\omega \cos\theta$$

であるとき，(3.1.6) 式より $\phi(x,t)$ を求めよ．また，表 3.1.1 を完成させ，時刻 $t = 0,\ \pi/6\omega,\ \pi/3\omega,\ \pi/2\omega$ の波形を同じ ϕ–x グラフ上に $0 \leqq x \leqq 4\pi/k$ の範

囲で描け.
(2) 初期条件で与えられた関数が

$$\phi_0(\theta) = \sin\theta, \quad \psi_0(\theta) = 0$$

のとき, (3.1.6) 式より $\phi(x,t)$ を求めよ. また, 表 3.1.2 を完成させ, 時刻 $t=0$, $\pi/4\omega$, $\pi/2\omega$, $3\pi/4\omega$, π/ω の波形を同じ ϕ–x グラフ上に $0 \leqq x \leqq 4\pi/k$ の範囲で描け.

(3) 初期条件で与えられた関数が

$$\phi_0(\theta) = 2\cos\theta P(\theta), \quad \psi_0(\theta) = 0$$

であるとする. ただし, P は次のように定義されたパルス関数

$$P(\theta) = \begin{cases} 1 & \left(|\theta| \leqq \dfrac{\pi}{2} \text{ のとき}\right) \\ 0 & \left(|\theta| > \dfrac{\pi}{2} \text{ のとき}\right) \end{cases}$$

とする. このとき, (3.1.6) 式より $\phi(x,t)$ を求めよ. また, 表 3.1.3 を完成させ, 時刻 $t=0$, $3\pi/8\omega$, $\pi/2\omega$, $5\pi/8\omega$ の波形を $-\pi/k \leqq x \leqq \pi/k$ の範囲で, それぞれ, 別々の ϕ–x グラフ上に描け.

表 3.1.1 設問 (1) の各時刻の関数形

t	$\phi(x,t)$
0	$\sin kx$
$\dfrac{\pi}{6\omega}$	
$\dfrac{\pi}{3\omega}$	
$\dfrac{\pi}{2\omega}$	

表 3.1.2 設問 (2) の各時刻の関数形

t	$\phi(x,t)$
0	$\sin kx$
$\dfrac{\pi}{4\omega}$	
$\dfrac{\pi}{2\omega}$	
$\dfrac{3\pi}{4\omega}$	
$\dfrac{\pi}{\omega}$	

表 3.1.3 設問 (3) の各時刻の関数は, それぞれ, 第 3 列と第 5 列の和になる

t	$P(kx+\omega t)=1$ の範囲	関数形	$P(kx-\omega t)=1$ の範囲	関数形
0	$\left[-\dfrac{\pi}{2k}, \dfrac{\pi}{2k}\right]$	$\cos kx$		
$\dfrac{3\pi}{8\omega}$				
$\dfrac{\pi}{2\omega}$				
$\dfrac{5\pi}{8\omega}$				

[[**解 答**]]　(1) $\phi_0(kx) = \sin kx$ だから，(3.1.6) 式の右辺の第 1 項は $\dfrac{1}{2}\sin(kx - \omega t)$，第 2 項は $\dfrac{1}{2}\sin(kx + \omega t)$ となる．第 3 項の積分の計算は

$$-\frac{1}{2}\int_{kx-\omega t}^{kx+\omega t} \cos\theta\, d\theta = \frac{1}{2}\sin(kx-\omega t) - \frac{1}{2}\sin(kx+\omega t)$$

となる．

∴　$\phi(x,t) = \sin(kx - \omega t)$

これに指定の t の値を代入して表を作ると，表 3.1.4 のようになる．

表 **3.1.4**　設問 (1) の各時刻の関数形

t	$\phi(x,t)$
0	$\sin kx$
$\dfrac{\pi}{6\omega}$	$\sin\left(kx - \dfrac{\pi}{6}\right)$
$\dfrac{\pi}{3\omega}$	$\sin\left(kx - \dfrac{\pi}{3}\right)$
$\dfrac{\pi}{2\omega}$	$\sin\left(kx - \dfrac{\pi}{2}\right)$

これに基づきグラフを描けば，図 3.1.5 のようになる．これは $+x$ 方向に進む正弦進行波を表す．

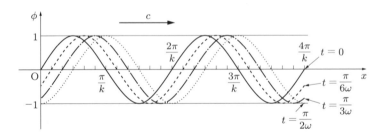

図 **3.1.5**　進行波の例

(2) (3.1.6) 式に指定の条件を代入すると，

$$\phi(x,t) = \frac{1}{2}\bigl\{\sin(kx-\omega t) + \sin(kx+\omega t)\bigr\} = \sin kx \cos\omega t$$

となる．この式の最右辺に指定の t の値を代入すると，表 3.1.5 のようになる．

これに基づきグラフを描けば，図 3.1.6 のようになる．これは $x = 0$ と $\dfrac{n\pi}{k}$ で変位 0 となる定常波を表す．

1.2 波動関数とそこに含まれる物理定数の意味

表 3.1.5 設問 (2) の各時刻の関数形

t	$\phi(x, t)$
0	$\sin kx$
$\dfrac{\pi}{4\omega}$	$\dfrac{1}{\sqrt{2}} \sin kx$
$\dfrac{\pi}{2\omega}$	0
$\dfrac{3\pi}{4\omega}$	$-\dfrac{1}{\sqrt{2}} \sin kx$
$\dfrac{\pi}{\omega}$	$-\sin kx$

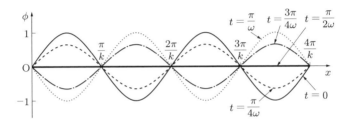

図 3.1.6 定常波の例

(3) 解は,次のような $+x$ 方向へ進行するパルスと $-x$ 方向へ進行するパルスの和になっている.

$$\phi(x, t) = \cos(kx - \omega t)P(kx - \omega t) + \cos(kx + \omega t)P(kx + \omega t)$$

これに指定の t の値を代入して表を作ると,表 3.1.6 のようになる.

表 3.1.6 設問 (3) の各時刻の関数は,それぞれ,第 3 列と第 5 列の和になる

t	$P(kx+\omega t)=1$ の範囲	関数形	$P(kx-\omega t)=1$ の範囲	関数形
0	$\left[-\dfrac{\pi}{2k}, \dfrac{\pi}{2k}\right]$	$\cos kx$	$\left[-\dfrac{\pi}{2k}, \dfrac{\pi}{2k}\right]$	$\cos kx$
$\dfrac{3\pi}{8\omega}$	$\left[-\dfrac{7\pi}{8k}, \dfrac{\pi}{8k}\right]$	$\cos\left(kx + \dfrac{3\pi}{8}\right)$	$\left[-\dfrac{\pi}{8k}, \dfrac{7\pi}{8k}\right]$	$\cos\left(kx - \dfrac{3\pi}{8}\right)$
$\dfrac{\pi}{2\omega}$	$\left[-\dfrac{\pi}{k}, 0\right]$	$\cos\left(kx + \dfrac{\pi}{2}\right)$	$\left[0, \dfrac{\pi}{k}\right]$	$\cos\left(kx - \dfrac{\pi}{2}\right)$
$\dfrac{5\pi}{8\omega}$	$\left[-\dfrac{9\pi}{8k}, -\dfrac{\pi}{8k}\right]$	$\cos\left(kx + \dfrac{5\pi}{8}\right)$	$\left[\dfrac{\pi}{8k}, \dfrac{9\pi}{8k}\right]$	$\cos\left(kx - \dfrac{5\pi}{8}\right)$

表 3.1.6 に基づきグラフを描けば,図 3.1.7 のようになる.

(a) $t = 0$

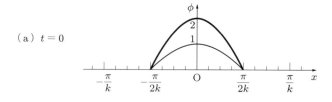

(b) $t = \dfrac{3\pi}{8\omega}$

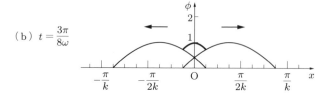

(c) $t = \dfrac{\pi}{2\omega}$

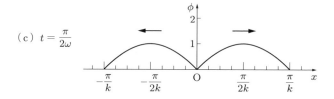

(d) $t = \dfrac{5\pi}{8\omega}$

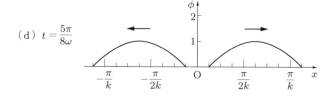

図 3.1.7　パルスの重ね合せ

分析

〚**問題 12**〛の答は，(1) は図 3.1.5 のように，$+x$ 方向に進行するサイン波である．$t = 0$ で $\sin kx$ の波形が存在した．この波形を定まった位置，例えば $x = 0$ で観測すれば，$t = 0$ から $t = \pi/2\omega$ の間に $\phi = 0$ から $\phi = -1$ まで振動している．$t = 0$ のときのある位置の波の高さを追っていけば，例えば，$x = \pi/2k$ にあった波の山 $\phi = 1$ は時刻 $t = \pi/2\omega$ のとき $x = \pi/k$ に進んでいる．(3.1.6) 式のところで $kc = \omega$ とおいたが，波の伝わる速さは

$$\frac{(\pi/k) - (\pi/2k)}{\pi/2\omega} = \frac{\omega}{k} = c$$

であると確かめられる．

　自然界には他の形のいろいろな波形の波が存在するから，それに応じていろいろな

関数形の ϕ が存在するであろう．まず，(3.1.3) 式で $h=0$ の場合を考え，例えば，その波の山の部分が $t=0$ で $x=a$ に存在したとする．すると，$kx-\omega t = ka$ が一定となるから，ϕ も一定となる．すなわち，$g(a)$ の山の波形がある部分は同じく

$$x = a + \frac{\omega}{k}t = a + ct$$

のように，速さ c で $+x$ 向きに進行する．次に，$g=0$ の波であるとすると，$h(a)$ で山の波形のある部分は

$$x = a - ct$$

のように，速さ c で $-x$ 向きに進行する．同様なことは，波の山以外の個所についても言える．ここで速さ c で移動しているものは，明らかに物体ではない．「波の山の波形がある部分」などと表現したのはあくまでも目に見える水面波にたとえていたのである．関数 $g(k(x-ct))$，$h(k(x+ct))$ の引数 $(k(x-ct)$ あるいは $k(x+ct)$．一般には，これらの式に定数を加えたもの) を**位相**と呼ぶ[†]．この無次元の位相が一定値 φ_0 をとる位置 x は，時刻 t とともに $x = ct + \varphi_0/k$ あるいは $x = -ct + \varphi_0/k$ と変化するので，$g(k(x-ct))$ は $+x$ 方向への**進行波**，$h(k(x+ct))$ は $-x$ 方向への進行波を表す．以上の考察から，定数 c は波の**位相速度**と呼ばれるものであることがわかった．1 次元のスカラー波 $\phi(x,t)$ のみでなく，方程式の中の c は一般に同じ意味をもつ．

さらに，再び図 3.1.5 を見れば，$t=0$ のとき $x = (2m+1/2)\pi/k$（m：整数）に等しい間隔 $2\pi/k$ で並ぶ波の山は，間隔を変えずに移動する，一般に同じ位相の位置は等間隔で並び，波形を変えずに移動していく．この空間的な周期性を**波長**と呼び，通常 λ で表す．すなわち，

$$\lambda = \frac{2\pi}{k} \tag{3.1.9}$$

である．そして，

$$k = \frac{2\pi}{\lambda}$$

は，例えば，$\sin\theta$ の 1 周期 2π にいくつの山があるかを示し，**波数**と呼ばれる．

一方，時間的な周期 T は，例えば，図 3.1.5 で $x=0$ の点の変位 ϕ を見れば，$\phi=0$ が，$t = \pi/2\omega$ には $\phi = -1$ まで変化するので，

$$T = 4 \times \frac{\pi}{2\omega} = \frac{2\pi}{\omega}$$

[†] 数学においても，統計力学においても「位相」という用語が出て来るが，それぞれ，波動関数の「位相」とは異なる意味をもつので注意を要する．

である．その逆数の振動数 f は単位時間に，例えば波の山がいくつやってくるかを意味し，

$$f = \frac{1}{T} = \frac{\omega}{2\pi} \tag{3.1.10}$$

と表すことができる．振動数の単位は Hz（ヘルツ）であり，ディメンションは $[\mathrm{T}^{-1}]$ である．そして，ω は f を 2π 倍で測っているので，**角振動数**と呼ぶ．

λ と T，あるいは，λ と f とで c を表せば，

$$c = \frac{\omega}{k} = \frac{2\pi f}{2\pi/\lambda} = f\lambda = \frac{\lambda}{T} \tag{3.1.11}$$

の関係となる．

以上の波動に関する物理量の定義は，もっと複雑な波形の波にも適用できるかという疑問をもつかもしれないが，その疑問は第 3 章で解決する．

(2) の波動関数は，$+x$ 向き進行波でも $-x$ 向き進行波（退行波）でもない．このような波を**定常波**（あるいは，**定在波**）と呼ぶ．この波は，この例では，$x = m\pi/k$（m：整数）では常に変位が 0 である．このような点を定常波の**節**と呼ぶ．節と節の中点 $x = (2m+1)\pi/2k$（m：整数）で ϕ の振幅 A は，その場で各時刻を通して他の位置と比較してつねに最も大きな値である（全時刻を通しての振幅の最大値は，この例では $A=1$ である）．このような点を定常波の**腹**と呼ぶ．節，腹以外の各点も，腹の振幅より小さい振幅で振動している．進行しないということで他の波とイメージが異なるが，波動方程式の解である以上は波動である．さらに，重ね合せの原理に戻って言うならば，この例では，同じ形のサイン波の波面が同じ速さ c で互いに逆向きに進行し重なり合った結果と見ることができる．定常波は実際，ある点から波を送りその波の反射波と重なり合って生じる場合が多い．

(3) は 1.1 節で取り上げた 2 つのパルスの重ね合せの最初の例を時間的に逆転させたものである，$+x$ 方向へ進行するパルスは $t=0$ から $t=\pi/2\omega$ までに距離 $\pi/2k$ 進む．したがって，その速度は

$$v = \frac{\pi/2k}{\pi/2\omega} = \frac{\omega}{k}$$

である．同様に計算して，$-x$ 方向へ進行するパルスの速度は

$$v = -\frac{\omega}{k}$$

となる．これらの速度は波のかたまりの移動速度であるから，粒子の速度のイメージに近いが，

$$|v| = \frac{\omega}{k} = c$$

であるから，上に述べた位相速度にも一致している．このことに関連した問題は次のパラグラフで論じよう．

■**分散と群速度** ここで，別の例として，2つのパルスが同じ向きに動くが，波数と角振動数は異なる場合を考えよう．

関数 $P(\theta)$ を，

$$P(\theta) = \begin{cases} 1 & \left(|\theta| \leqq \dfrac{5\pi}{2} \text{ のとき}\right) \\ 0 & \left(|\theta| > \dfrac{5\pi}{2} \text{ のとき}\right) \end{cases}$$

とし，波動関数を

$$\phi(x,t) = \{\cos(k_1 x - \omega_1 t) + \cos(k_2 x - \omega_2 t)\} P(\Delta k x - \Delta \omega t)$$

の例としよう．ただし，ここで

$$\Delta k = \frac{1}{2}(k_1 - k_2), \quad \Delta \omega = \frac{1}{2}(\omega_1 - \omega_2)$$

とおく．また，

$$k = \frac{1}{2}(k_1 + k_2), \quad \omega = \frac{1}{2}(\omega_1 + \omega_2)$$

と書くことにすると，

$$k_1 = k + \Delta k, \quad k_2 = k - \Delta k$$
$$\omega_1 = \omega + \Delta \omega, \quad \omega_2 = \omega - \Delta \omega$$

となり，

$$\begin{aligned}
&\cos(k_1 x - \omega_1 t) + \cos(k_2 x - \omega_2 t) \\
&= \cos\{(kx - \omega t) + (\Delta k x - \Delta \omega t)\} + \cos\{(kx - \omega t) - (\Delta k x - \Delta \omega t)\} \\
&= 2\cos(\Delta k x - \Delta \omega t)\cos(kx - \omega t)
\end{aligned}$$

だから，

$$\phi(x,t) = 2\cos(\Delta k x - \Delta \omega t)\cos(kx - \omega t)P(\Delta k x - \Delta \omega t)$$

と書き換えられる．この波動の $t = 0$ のときの波形は，k_1, k_2, ω_1, ω_2 に適当な数値を選べば，図 3.1.8 のようになる．

振幅部分 $\cos(\Delta k x - \Delta \omega t)$ は，より長い波長

$$\Lambda = \frac{2\pi}{\Delta k}$$

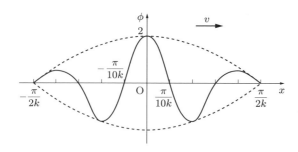

図 3.1.8　2つの異なるパルスの重ね合せの例

をもって伝播するから，時間がたてばこの図の破線部分の形は変わるが，合成パルス全体は，速度

$$v = \frac{\Delta\omega}{\Delta k}$$

で移動する．この速度を先に述べた位相速度と区別して**群速度**と呼ぶ．連続関数の場合の群速度は

$$v = \frac{d\omega}{dk}$$

である．一方，図の実線で描かれた実際の波は，より短い波長

$$\lambda = \frac{2\pi}{k}$$

で振動する．位相速度は

$$c = \frac{\omega}{k}$$

となるが，c はもとの2つの位相速度

$$c_1 = \frac{\omega_1}{k_1}, \quad c_2 = \frac{\omega_2}{k_2}$$

とどのような関係があるであろうか．

前パラグラフの**問題12**の設問 (3) は，位相速度と群速度が一致した例である．この例でも，もし，$c_1 = c_2$ が成り立っていて，

$$\frac{\omega_1}{k_1} = \frac{\omega_2}{k_2} = c$$

とおけば，

$$v = \frac{\Delta\omega}{\Delta k} = \frac{\omega_1 - \omega_2}{k_1 - k_2} = \frac{c(k_1 - k_2)}{k_1 - k_2} = c$$

となって，位相速度と群速度は一致する．

したがって，この例では，$c \neq v$ となるのは $c_1 \neq c_2$ の場合である．一般の波動の場合でも，波数，角振動数（あるいは，波長，振動数といってもよいが）の違いに

よって位相速度が異なる波を**分散性**の波と呼び，そうでないときの波を**非分散性**の波と呼ぶ．

音波は非分散性の波である．楽器でいろいろな高さ（振動数）の音を同時に出せば，振動数によらず同時に伝わる．一方，プリズムで屈折された光は波長によって異なる位相速度をもつ分散性の波である．電磁波によって送られる各種の情報も，一定振動数では波形が変わらず信号にならない．空気など媒質中を伝わる電磁波は分散性であり，振幅や振動数を変調させる必要がある[‡]．

これに対して，真空中を伝わる電磁波は，光速（ここでは c_0 とおく）

$$c_0 \fallingdotseq 3.0 \times 10^8 \,\text{m/s}$$

が波長によらないので非分散性の波である．

電離層における電磁波の群速度はつねに c_0 より小さく，情報は真空中の光速より速くは伝わらない．

1.3 平面波と球面波

■**平面波** ここでは，$\boldsymbol{k}$ が一定な場合のベクトル進行波をみていくことにしよう．斉次波動方程式 (3.1.1) の進行波の解は，次のパラグラフで示すように，

$$\boldsymbol{\phi}(\boldsymbol{r},t) = \boldsymbol{A}\cos(\boldsymbol{k}\cdot\boldsymbol{r} - \omega t + \alpha) \tag{3.1.12}$$

となる．先に空間 1 次元で取り扱ってきたが，一般の位相は 3 次元座標 $\boldsymbol{r}$ と時刻 t の関数である．位相自体はスカラーなので，波数 $\boldsymbol{k}$ とし（ベクトルであることを強調したいときには**波数ベクトル**という），$\boldsymbol{k}$ と $\boldsymbol{r}$ の内積をとらなければならない．一方，角振動数 ω，時刻 t はスカラーである．したがって，時刻 t における座標 $\boldsymbol{r}$ の点の位相は

$$\theta(\boldsymbol{r},t) = \boldsymbol{k}\cdot\boldsymbol{r} - \omega t + \alpha$$

となる．ただし，ここで，α は座標原点における初期位相であり，振幅 $\boldsymbol{A}$ とともに初期条件によってその値が決定されるものである．

2 つの点の位相が互いに**同位相**とは，位相差 $\Delta\theta$ について

$$\Delta\theta = 2m\pi \quad (m = 0, \pm 1, \pm 2, \ldots)$$

[‡] ただし，ここで考えられている電磁波にせよ，もっと波長の小さい可視光にせよ，分散の原因については古典物理学の範囲内で解決できる問題ではないので，この巻ではこれ以上は取り上げないことにする．

が成り立つ場合であり，2 つの点の位相が互いに**逆位相**とは，

$$\Delta\theta = (2m+1)\pi \quad (m = 0, \pm 1, \pm 2, \ldots)$$

が成り立つ場合である．

一定な位相の点が連続的に拡がった集合が**波面**である．波面上で距離 Δr 離れた点は

$$\Delta\theta = 0 = \boldsymbol{k} \cdot \Delta \boldsymbol{r}$$

を満たす．したがって，波面上の点は

$$\boldsymbol{k} \cdot \boldsymbol{r} = （一定）$$

の条件を満たし，それぞれを成分で $\boldsymbol{k} = (k_x, k_y, k_z)$，$\boldsymbol{r} = (x, y, z)$ と表すならば，

$$k_x x + k_y y + k_z z = （一定）$$

となる．これは，図 3.1.9 のように $\boldsymbol{k}$ に垂直な平面であり，(3.1.12) 式は**平面波**と呼ばれる波である．各位相の中の $\boldsymbol{k}$ は一定だから，各波面すべてが $\boldsymbol{k}$ に垂直，すなわち，波面は互いに平行に並ぶ．隣り合った波面間の位相差は 2π だから，波面間の距離を Δl で表し，$\boldsymbol{k}$ の大きさを k とおけば，

$$\Delta\theta = k\Delta l = 2\pi, \quad \Delta l = \frac{2\pi}{k}$$

となる．この関係を (3.1.9) 式と比べると，

$$\Delta l = \lambda$$

つまり，波長に等しい．これは物理的な意味から考えて当然の結果である．

ここで，ベクトル $\boldsymbol{k}$ を (k_x, k_y, k_z) のように表せば，波長も成分 $(\lambda_x, \lambda_y, \lambda_z)$ をもつとして，

$$k_x = \frac{2\pi}{\lambda_x}, \quad k_y = \frac{2\pi}{\lambda_y}, \quad k_z = \frac{2\pi}{\lambda_z} \tag{3.1.13}$$

図 **3.1.9** 平面波の波面

の関係が考えられるだろう．波数ベクトルについては，xy 平面にあるときの場合として，図 3.1.10 に見るように，

$$\lambda_x \cos\theta = \lambda, \quad \lambda_x = \frac{\lambda}{\cos\theta}$$

ゆえに，

$$k_x = \frac{2\pi}{\lambda_x} = \frac{2\pi}{\lambda}\cos\theta = k\cos\theta$$

同様に，

$$k_y = k\sin\theta$$

と表されるが，波長において，λ_x, λ_y, λ_z と記したものはベクトル成分ではないことに注意したい．同様に，位相速度 c も，振動数を f として 1.2 節の (3.1.11) 式を成分に分けて考えれば，

$$c_x = f\lambda_x, \quad c_y = f\lambda_y, \quad c_z = f\lambda_z$$

となるから，ベクトルではない．粒子の速度ベクトルや群速度ベクトルのように，取り扱う間違いを起こさないような注意が必要である．

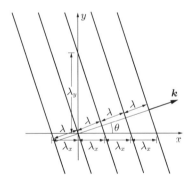

図 **3.1.10** xy 座標における波面と波長の関係

■**波の複素数表示** 以上，コサインの波動を見てきたが，複素指数関数

$$e^{i\theta} = \cos\theta + i\sin\theta$$

の関係を用いて，平面波の波動関数を

$$\phi(\bm{r}, t) = \bm{A} e^{i(\bm{k}\cdot\bm{r} - \omega t + \alpha)} \tag{3.1.14}$$

と書いておいて，計算の結果の実数部をとる方が取り扱いやすい．この形で表しておけば，$\bm{A}e^{i\alpha} = \bm{C}$ とおいて，

$$\phi(\boldsymbol{r},t) = \boldsymbol{C} e^{i\boldsymbol{k}\cdot\boldsymbol{r}} e^{-i\omega t}$$

のように，変数分離できる．さらに一般化した波動関数

$$\phi(\boldsymbol{r},t) = \boldsymbol{C}\psi(\boldsymbol{r}) e^{-i\omega t}$$

の空間部分が満たす微分方程式は，次の［計算ノート：(3.1.15) 式］に示すように，

$$(\triangle + k^2)\psi(\boldsymbol{r}) = 0 \tag{3.1.15}$$

と表される．$\psi(\boldsymbol{r}) = e^{i\boldsymbol{k}\cdot\boldsymbol{r}}$ はその特別な場合であるから，(3.1.14) 式が斉次波動方程式 (3.1.1) の進行波の解であることが，示されたことになる．

計算ノート：(3.1.15) 式

波動関数

$$\phi(\boldsymbol{r},t) = \boldsymbol{C}\psi(\boldsymbol{r}) e^{-i\omega t}$$

が，波動方程式 (3.1.1)

$$\frac{\partial^2 \phi}{\partial t^2} - c^2 \triangle \phi = \boldsymbol{0}$$

を満たすためには，$\phi(\boldsymbol{r},t)$ を左辺に代入して，

$$-\omega^2 \boldsymbol{C}\psi(\boldsymbol{r})e^{-i\omega t} - c^2 \boldsymbol{C}\triangle\psi(\boldsymbol{r})e^{-i\omega t} = \boldsymbol{0}$$

が成り立たなくてはならない．この式は複素振幅 $\boldsymbol{C}$ を約せば，スカラーの方程式となる．また，両辺に $-\dfrac{1}{c^2}e^{i\omega t}$ を掛ければ，

$$\frac{\omega^2}{c^2}\psi(\boldsymbol{r}) + \triangle\psi(\boldsymbol{r}) = 0$$

$c = \omega/k$ の関係から，

$$\frac{\omega^2}{c^2} = \frac{\omega^2}{\omega^2/k^2} = k^2$$

だから，(3.1.15) 式

$$(\triangle + k^2)\psi(\boldsymbol{r}) = 0$$

が示された．

また，

$$\psi(\boldsymbol{r}) = e^{i\boldsymbol{k}\cdot\boldsymbol{r}} = e^{i(k_x x + k_y y + k_z z)}$$

だから，この式を (3.1.15) 式の左辺に代入すると，

$$\{-(k_x{}^2 + k_y{}^2 + k_z{}^2) + k^2\}e^{i\boldsymbol{k}\cdot\boldsymbol{r}} = 0$$

となって，$k^2 = k_x{}^2 + k_y{}^2 + k_z{}^2$ より，(3.1.15) 式を満たすことがわかる．

複素指数関数解が波動方程式を満たすことを示せば，コサイン解はその実数部であるので，同じことである．

■ **球面波**　今度は，波面が球面である場合，すなわち，**球面波**を考える．波動関数
$$\phi(r, t) = \psi(r)e^{-i\omega t}$$
を考える．座標変数は，原点 O からの距離
$$r = \sqrt{x^2 + y^2 + z^2}$$
のみで与えられ，原点を中心とする球面上では ψ の値がすべて等しい場合なので，スカラー関数で表される．この形の波動関数の空間部分の解が，時間によらない方程式
$$(\triangle + k^2)\psi(r) = 0 \tag{3.1.16}$$
を満たさなければならないことは，すでに前パラグラフで示した．

この波動関数 ψ が r のみの関数である場合には，次の［計算ノート：(3.1.17) 式］に示すように，
$$\triangle = \frac{\partial^2}{\partial r^2} + \frac{2}{r}\frac{\partial}{\partial r} \tag{3.1.17}$$
となる．

■ **計算ノート：(3.1.17) 式**

$$r^2 = x^2 + y^2 + z^2$$

の両辺を x で偏微分すると，
$$2r\frac{\partial r}{\partial x} = 2x$$
であり，$\partial\psi/\partial\varphi = 0$, $\partial\psi/\partial\theta = 0$ であるから，
$$\frac{\partial}{\partial x} = \frac{\partial r}{\partial x}\frac{\partial}{\partial r} = \frac{x}{r}\frac{\partial}{\partial r}$$
$$\frac{\partial^2}{\partial x^2} = x\frac{\partial}{\partial x}\frac{1}{r}\frac{\partial}{\partial r} + \frac{1}{r}\frac{\partial}{\partial r} = x\frac{\partial r}{\partial x}\frac{\partial}{\partial r}\left(\frac{1}{r}\frac{\partial}{\partial r}\right) + \frac{1}{r}\frac{\partial}{\partial r}$$
$$= \frac{x^2}{r}\left(-\frac{1}{r^2}\frac{\partial}{\partial r} + \frac{1}{r}\frac{\partial^2}{\partial r^2}\right) + \frac{1}{r}\frac{\partial}{\partial r} = \frac{x^2}{r^2}\frac{\partial^2}{\partial r^2} + \frac{r^2 - x^2}{r^3}\frac{\partial}{\partial r}$$

同様に，

$$\frac{\partial^2}{\partial y^2} = \frac{y^2}{r^2}\frac{\partial^2}{\partial r^2} + \frac{r^2-y^2}{r^3}\frac{\partial}{\partial r}$$

$$\frac{\partial^2}{\partial z^2} = \frac{z^2}{r^2}\frac{\partial^2}{\partial r^2} + \frac{r^2-z^2}{r^3}\frac{\partial}{\partial r}$$

となるから,

$$\triangle = \frac{\partial^2}{\partial x^2} + \frac{\partial^2}{\partial y^2} + \frac{\partial^2}{\partial z^2}$$

$$= \frac{x^2+y^2+z^2}{r^2}\frac{\partial^2}{\partial r^2} + \frac{3r^2-(x^2+y^2+z^2)}{r^3}\frac{\partial}{\partial r}$$

$$= \frac{\partial^2}{\partial r^2} + \frac{2}{r}\frac{\partial}{\partial r}$$

が成り立つ.

(3.1.16) 式に (3.1.17) 式を適用すると,

$$\frac{\partial^2 \psi}{\partial r^2} + \frac{2}{r}\frac{\partial \psi}{\partial r} + k^2 \psi = 0$$

であるが, 左辺の第1項と第2項はまとめて

$$\frac{1}{r}\frac{\partial^2(r\psi)}{\partial r^2} + k^2 \psi = 0$$

と書けるので, 球面波の ψ 部分が満たすべき方程式は,

$$\frac{\partial^2(r\psi)}{\partial r^2} + k^2(r\psi) = 0 \tag{3.1.18}$$

と表される. この方程式の指数関数解は A を定数として,

$$r\psi(r) = Ae^{ikr}$$

となるから, 球面波の波動関数は

$$\phi(r,t) = \frac{A}{r}e^{i(kr-\omega t)} \tag{3.1.19}$$

と表される.

1.4 波動方程式を満たす波動, 満たさない "波動"

波動方程式 (3.1.1) 式を満たさない「広義の」"波動" も存在する. そして, その波動関数の解をもつ別の形の "波動方程式" も存在する.

別の形の波動方程式の代表的な例は, 本シリーズの第9巻『量子力学I』に論じる

《シュレーディンガー方程式》である．量子力学では，おもに，この波動方程式を原理的出発点において，各量子現象を説明する体系となっている．ところが，古典物理学では，波動方程式 (3.1.1) は，見方によっては，それほど確固たる原理とは言えないのである．

この節では，いろいろな物理現象において (3.1.1) 式型の波動方程式が導かれる場合と，それを超えて取り扱わなければならない場合とに分けて論じることにする．ただし，それらの内容について詳細に説明すれば，本シリーズの他の巻で展開する分野に触れざるを得ないが，ここでは，あえて深入りしないスタイルで話を進めていくことにする．

以下では，マクロな世界の波を電磁波（光波など）と弾性波とに分けて，別々に論じることにする．後者の波には，空気などを媒質とする音波も含めて考えることにする．2つに分けた理由は，古典物理学では光と物体とは全く同じ論理の下に論じることはできないからであり，また，それぞれの原理から波動方程式 (3.1.1) を導く過程にこの「狭義の」波動方程式の適用限界が存在するからである．

1.4.1 電磁波

電場，磁場，および，両者の関係についての法則は複数あり，電場のみ，あるいは，磁場のみの波動方程式は，これらの式（マクスウェルの電磁場の基礎方程式，4式．本シリーズ第6巻『電磁気学II』第III部1章参照）を連立させて導く．したがって，その経過についてはここでは述べない．

■電磁場の波動方程式

真空中の電磁場は，（斉次）波動方程式 (3.1.1) を満たす．

以下，説明を簡単にするために，真空中 x 方向に進む平面波を考えることにする．また，電場の向きを y 方向とすると，基礎方程式から磁束密度の向きは z 方向となる．そこで，電場を E, 磁束密度を B とすると，それぞれ，

$$\frac{\partial^2 E}{\partial t^2} - \frac{1}{\varepsilon_0 \mu_0} \frac{\partial^2 E}{\partial x^2} = 0 \tag{3.1.20}$$

$$\frac{\partial^2 B}{\partial t^2} - \frac{1}{\varepsilon_0 \mu_0} \frac{\partial^2 B}{\partial x^2} = 0 \tag{3.1.21}$$

を満たす．ここで，ε_0 は真空の誘電率，μ_0 は真空の透磁率である．

■電磁波の基礎的性質　ここで，電場 $\boldsymbol{E}$, 磁束密度 $\boldsymbol{B}$ とベクトルに戻して，より一般的なベクトル波についての波動方程式からわかる真空中の電磁波の性質をまとめておく．

電磁波とは，電場 E と磁束密度 B の波であり，媒質が真空のとき以下のような基本的性質をもつ．

① 電磁波の位相速度と群速度は等しい．すなわち，非分散性の波である．その速度は**真空中の光速**と呼ばれ，c で表記し，(3.1.20), (3.1.21) 式と一般的波動方程式 (3.1.1) とを比べると，

$$c = \frac{1}{\sqrt{\varepsilon_0 \mu_0}} \tag{3.1.22}$$

で表される．すなわち，真空媒質の電気的性質を表す真空の誘電率 ε_0，磁気的な性質を表す真空の透磁率 μ_0 は，c があらかじめ定義値を与えられた普遍定数とする現代物理学の立場に立つと，互いに独立な物理定数ではないのである．

c はかつては実験によって測定された値をもっていたが，現在では，実測値をもとにして確定された定義値 $299792458 \, \text{m/s}$ をもつ普遍定数となっている．しかし，ここではそれほど詳しい数値は必要ないので，近似値で，

$$c = 2.998 \times 10^8 \, \text{m/s}$$

と表しておく．

② 電場ベクトルの方向と磁束密度ベクトルの方向は互いに垂直である．すなわち，ゼロベクトルでない E と B の間につねに

$$\boldsymbol{E} \cdot \boldsymbol{B} = 0 \tag{3.1.23}$$

が成り立つ．

③ 電磁場の進行方向は，電場ベクトルおよび磁束密度ベクトルに垂直である．進行の向きが定まっている，すなわち，角振動数 ω，波数ベクトル $\boldsymbol{k}$ の単色平面進行波 $\boldsymbol{E} \propto \exp\{i(\boldsymbol{k} \cdot \boldsymbol{r} - \omega t + \alpha)\}$，$\boldsymbol{B} \propto \exp\{i(\boldsymbol{k} \cdot \boldsymbol{r} - \omega t + \beta)\}$（ただし，$\alpha$, β はそれぞれ座標原点における初期位相）の場合は，

$$\boldsymbol{k} \cdot \boldsymbol{E} = 0, \quad \boldsymbol{k} \cdot \boldsymbol{B} = 0 \tag{3.1.24}$$

が成り立つ．これは電磁波が横波であるという意味である．

④ 時間変化する電場と磁束密度とは互いに独立に存在せず，空間に電流密度が存在しない場合の $\boldsymbol{B}$ と $\boldsymbol{E}$ の関係は，磁束密度 $\boldsymbol{B}$ が角振動数 ω で変化するとき，

$$\boldsymbol{B} = -\frac{i}{\omega} \nabla \times \boldsymbol{E} \tag{3.1.25}$$

であるが，③の場合のような平面波では，

$$\boldsymbol{B} = \frac{1}{\omega} \boldsymbol{k} \times \boldsymbol{E} \tag{3.1.26}$$

の関係となる．すなわち 3 つのベクトルの間には右ねじの法則が成り立っている．

1.4 波動方程式を満たす波動，満たさない"波動"

ベクトル積の関係から，$\boldsymbol{E} \perp \boldsymbol{B}$，かつ，$\boldsymbol{k} \perp \boldsymbol{B}$ がわかっていて，(3.1.23) 式と (3.1.24) 式の第 2 式は出てきてしまうから，これらの式は独立な要求ではない．

波動方程式を満たさない場合

■ **媒質が金属である場合** 媒質が物質となると事情が異なる．物質中の基礎方程式は，波源としての電荷や電流を含むので，まずもって，非斉次波動方程式となる．さらに，媒質が金属である場合，この式の中の電流は「オームの法則」（電流密度の場合には電場と比例するという形になる）によって処理できて，例えば電場のみの式は，適当な定数を $2a$ とおくと

$$\frac{\partial^2 E}{\partial t^2} + 2a\frac{\partial E}{\partial t} - c^2 \frac{\partial^2 E}{\partial x^2} = 0 \tag{3.1.27}$$

となる．つまり，線型を保つ 1 階時間微分を含む波動方程式となる．もしオームの法則が成立しなければ，一般に非線型波動方程式となる．

(3.1.27) 式は 2 階線型偏微分方程式であるから，解を求めることができる．以下では特定角振動数 ω（すなわち，特定波数 k）についてのみ議論しておく．簡単のため，振幅 1 の複素進行波とする．この方程式のひとつの解は，[計算ノート：(3.1.28) 式] より，$\hat{k}$ を金属中における電磁波の波数として，

$$E = \phi(x)\psi(t) = e^{-at} \exp\left\{i\left(\hat{k}x - \sqrt{(\hat{k}c)^2 - a^2}\, t\right)\right\} \tag{3.1.28}$$

となる．

■ 計算ノート：(3.1.28) 式

計算の手順は，第 II 部 1 章の「この章のまとめと物理学への応用」2．波動方程式の定常波解でみた方針と同様である．波動関数である電場 E を変数分離形

$$E = \phi(x)\psi(t)$$

と考えて，(3.1.27) 式に代入すると，

$$\phi\ddot{\psi} + 2a\phi\dot{\psi} - c^2\phi''\psi = 0$$

となり，両辺を $c^2\phi\psi$ でわって移項すると，

$$\frac{\ddot{\psi} + 2a\dot{\psi}}{c^2\psi} = \frac{\phi''}{\phi} = -\hat{k}^2$$

となる．ここで，各分数項は x にも，t にもよらないから，定数 $-\hat{k}^2$ とおいた．したがって，問題は，2 つの常微分方程式

$$\phi'' + \hat{k}^2\phi = 0$$

$$\ddot{\psi} + 2a\dot{\psi} + (\hat{k}c)^2\psi(t) = 0$$

を解くことに帰着される．まず，第1式のひとつの解は
$$\phi = e^{i\hat{k}x}$$
となる．すなわち，$\hat{k}$ は金属内の電磁波の波数なのである．第2式は2階定係数線型常微分方程式であるが，一般に，微分方程式
$$\ddot{\psi} - (\alpha + \beta)\dot{\psi} + \alpha\beta\psi = 0$$
の一般解は，任意定数を A, B とおいて
$$\psi = Ae^{\alpha t} + Be^{\beta t}$$
である．ただし，α, β は D の2次方程式
$$D^2 - (\alpha + \beta)D + \alpha\beta = 0$$
の解である．

ここでは $A = 1, B = 0$ の解をとり上げよう．この問題での2次方程式は
$$D^2 + 2aD + (\hat{k}c)^2 = 0$$
となる．ここで，いま取り扱っている問題は，物理的に考えて，解が正規の $(a = 0)$ の波動関数から少しだけ，ずれだしている場合である．この場合には a はじゅうぶん小さく，
$$a^2 - (\hat{k}c)^2 < 0$$
となっているから，2次方程式の2解，α, β は複素数となる．ここでは，
$$\alpha = -a - i\sqrt{(\hat{k}c)^2 - a^2}$$
の解のみをとり上げると，ψ についての微分方程式の解は
$$\psi = e^{\alpha t} = \exp\left\{\left(-a - i\sqrt{(\hat{k}c)^2 - a^2}\right)t\right\}$$
である．

以上の $\phi\psi$ の解を合せると，
$$E = \phi\psi = e^{i\hat{k}x}e^{\{-a-i\sqrt{(\hat{k}c)^2-a^2}\}t} = e^{-at}\exp\left\{i\left(\hat{k}x - \sqrt{(\hat{k}c)^2-a^2}\,t\right)\right\}$$
となり，(3.1.27) 式のひとつの解であることが導かれた．

この解 (3.1.28) は，関数 e^{-at} $(a > 0)$ という減衰項が乗じられている．この項は金属中にはごく小さいミクロな電流が流れ，ジュール熱によって系のエネルギーが減少することを示している．また，これを除いた波の位相は，
$$\theta = \hat{k}x - \sqrt{(\hat{k}c)^2 - a^2}\,t$$

で示され，ここでとり上げた例では，$+x$軸向きの進行波である．実は，ここで，tの係数は角振動数に相当する部分であるが，真空中から金属に入射する（あるいは，金属から真空中に出る）電磁波の振動数（角振動数）は変化しないことが知られている．この角振動数をωとすると，

$$\omega = \sqrt{(\hat{k}c)^2 - a^2} \tag{3.1.29}$$

の関係が成り立つ．さらに，真空中では$\omega = kc$であるから，電磁波の金属中の波数$\hat{k}$と真空中の波数kの間には，上の式の左辺にkcを代入して整理すると，

$$(\hat{k})^2 = k^2 + \left(\frac{a}{c}\right)^2$$

の関係があり，金属中の位相速度$\hat{c}$と真空中の位相速度cの逆比は，

$$\left(\frac{c}{\hat{c}}\right) = \left(\frac{\hat{k}}{k}\right) = \sqrt{1 + \left(\frac{a}{\omega}\right)^2} = \sqrt{\left(1 + i\frac{a}{\omega}\right)\left(1 - i\frac{a}{\omega}\right)}$$

と表される．最右辺を複素数で表したのには訳がある．$\hat{c}$は屈折率nが実数であれば

$$\hat{c} = \frac{c}{n}$$

と表されるが，実は金属に入射した電磁波は吸収を伴うので，nは複素屈折率で表され，その虚数部は吸収係数を表す（本シリーズ第6巻『電磁気学II』第III部5.3節参照．上式のnは同書の$\hat{n}$である）．したがって，

$$\hat{c} = \frac{c}{|n|}$$

と表され，

$$n = 1 + i\frac{a}{\omega} \tag{3.1.30}$$

そして，nの共役は

$$n^* = 1 - i\frac{a}{\omega}$$

である．

■ **媒質が誘電体である場合** 誘電体内の電子は，それぞれがごく狭い範囲で振動しているというモデルを採用しよう．j番目の電子の振動の角振動数はω_jとする．ここで，物質内には波長が原子間の間隔よりじゅうぶん長い，角振動数ω（振幅E_0とする）の電磁波が外部から加わったとする．

この問題は，古典力学的な強制振動の問題として考察できる．そして，本シリーズ第1巻『力学I』第III部4.2節で論じたように，調和振動をする電子の系に「強制力」f（この場合には，電子の電荷の大きさをe，質量mとして電気力$f = eE = eE_0 e^{-i\omega t}$）

が働いたとき，誘電体内の j 番目の電子の各時刻における分極によるずれは，

$$x_j = -\frac{e/m}{\omega_j{}^2 - \omega^2} E = -\frac{e/m}{\omega_j{}^2 - \omega^2} E_0 e^{-i\omega t}$$

と表すことができる．また，ここから速度は

$$\dot{x}_j = i\frac{\omega e/m}{\omega_j{}^2 - \omega^2} E_0 e^{-i\omega t} = i\frac{\omega e/m}{\omega_j{}^2 - \omega^2} E$$

となり，これによって作られる"分極電流"（電流密度）j は，電子数を N として，$j = -Ne \sum_j \dot{x}_j$ であるから

$$j \propto 2ibE, \quad b = -\frac{Ne^2}{2m} \sum_j \frac{\omega}{\omega_j{}^2 - \omega^2}$$

の関係がある．さらに，電流が E に比例することから，電磁場の基本方程式から導かれる，媒質が誘電体の場合に成り立つ電場の波動方程式も，(3.1.27) 式の $2a$ を $2ib$ と置き換えるだけで簡単に求められる．すなわち，

$$\frac{\partial^2 E}{\partial t^2} + 2ib\frac{\partial E}{\partial t} - c^2 \frac{\partial^2 E}{\partial x^2} = 0 \tag{3.1.31}$$

となる．この方程式のひとつの解は，［計算ノート：(3.1.32) 式］より，

$$E = \phi\psi = \exp\left[i\left\{\hat{k}x - \left(b + \sqrt{b^2 + (\hat{k}c)^2}\right)t\right\}\right] \tag{3.1.32}$$

となる．

計算ノート：(3.1.32) 式

(3.1.28) 式の解法と異なってくるのは，D の 2 次方程式が

$$D^2 + 2ibD + (\hat{k}c)^2 = 0$$

となることである．解 α, β は

$$\alpha = -ib - i\sqrt{b^2 + (\hat{k}c)^2}, \quad \beta = -ib + i\sqrt{b^2 + (\hat{k}c)^2}$$

となる．ここで α の方を用いると，波動関数の時間部分は

$$\psi = e^{\alpha t} = \exp\left\{-i\left(b + \sqrt{b^2 + (\hat{k}c)^2}\right)t\right\}$$

であり，空間部分の解と合せると，(3.1.28) 式のひとつの解は

$$E = \phi\psi = \exp\left[i\left\{\hat{k}x - \left(b + \sqrt{b^2 + (\hat{k}c)^2}\right)t\right\}\right]$$

である．この波は

$$b + \sqrt{b^2 + (\hat{k}c)^2} > 0$$

> となっているから，$+x$ 方向への進行波を表す．解 β を採用すると
> $$b - \sqrt{b^2 + (\hat{k}c)^2} < 0$$
> となるから，退行波（$-x$ 軸方向に進行する波）となる．とりあえず，角振動数のより大きい進行波を選んだわけである．

ここで t の係数は角振動数に相当する部分であるが，媒質が誘電体の場合でも，電磁波の振動数（角振動数）は真空中の値と変わらない．この角振動数を ω とすると，
$$\omega = b + \sqrt{b^2 + (\hat{k}c)^2}$$
の関係が成り立つ．上の式の左辺の ω を kc とおいて式を整理すると，
$$(\hat{k})^2 = k^2 - \frac{2bk}{c}$$
$$\therefore \quad \left(\frac{\hat{k}}{k}\right)^2 = 1 - \frac{2b}{kc} = 1 - \frac{2b}{\omega}$$
したがって，誘電体中の位相速度 $\hat{c}$ と真空中の位相速度 c の逆比は，
$$\frac{c}{\hat{c}} = \frac{\hat{k}}{k} = \sqrt{1 - \frac{2b}{\omega}} \quad (= n)$$
となり，b の具体的な値を代入すると，
$$n^2 = 1 + \frac{Ne^2}{2m} \sum_j \frac{1}{\omega_j^2 - \omega^2} \tag{3.1.33}$$
となる．屈折率を振動数（角振動数）で与える式を**分散公式**という．通常は分極から求めるのであるが，ここでは波動方程式を解いて電磁波の吸収がない場合の分散公式が得られた．分散公式 (3.1.33) において，ω が ω_j のどの値よりも小さい場合には，$\omega \ll \omega_j$ の近似の下に n は 1 よりも大きい一定値となる．この場合，媒質中の位相速度は
$$\hat{c} = \frac{c}{n} < c$$
の一定値となって，真空中の光速よりも遅くなる．ω が ω_j とそれほど違わなければ，n は ω の関数，したがって，位相速度も ω，つまり，波長によって異なり，分散が生じる．可視光線が分散を起こすのは，その振動数と誘電体内の電子の振動数が接近するからである．また，ω がある ω_j に極めて近ければ，共鳴現象が起こるのである．

電子の運動は，本来，量子力学を用いて解かなければならない．その意味で，こ

こで与えた分散公式は，あくまでも暫定的なものである．特に，ω_j がどのような値をとるかは，古典力学ではわからないのである．

1.4.2 弾性体と流体の波動

運動方程式からの波動方程式の導出

弾性波についての波動方程式は，弾性体についての運動方程式から導かれる．

■**音 波** 簡単のため，1次元の取り扱いとなる，長さ Δx，断面積 A の円筒中の気体の振動を考える．

音波が存在しないときの気体の圧力を P_0 とし，ある地点に到達したときの気体の圧力を P とするとき，

$$p = P - P_0$$

を**音圧**と呼ぶ．私たちが通常聞く音では p はかなり小さい．音波はこの音圧 p の変化が伝わるという現象であり，気体の体積弾性率を K とおくと，体積 V の変化 ΔV に対して，

$$p = -K \frac{\Delta V}{V}$$

の関係がある．図 3.1.11 のように断面積 A を一定として，長さ Δx の部分の x 方向の運動のみ考える．気体が左右の断面の音圧差 Δp によって，左側で l，右側で $l + \frac{\partial l}{\partial x} \Delta x$ 変位したとする．

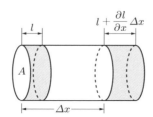

図 **3.1.11** 気体の体積変化（1 次元）

$V = A\Delta x$ であるから，

$$\Delta V = A\left(l + \frac{\partial l}{\partial x} \Delta x\right) - Al = V \frac{\partial l}{\partial x}$$

$$\therefore \quad p = -K \frac{\partial l}{\partial x}$$

この式を t で 2 階偏微分すると，

$$\frac{\partial^2 p}{\partial t^2} = -K\frac{\partial^2}{\partial t^2}\frac{\partial l}{\partial x} \tag{3.1.34}$$

一方,気体の密度を ρ とすると,注目する気体の部分の質量は $\rho A \Delta x$, 加速度は $\frac{\partial^2 l}{\partial t^2}$ で,その部分に働く外力の合力は $-\Delta p \cdot A$ であるから,運動方程式は,

$$\rho A \Delta x \frac{\partial^2 l}{\partial t^2} = -\Delta p A$$

となる.ここで,$\frac{\Delta p}{\Delta x}$ が $\frac{\partial p}{\partial x}$ に置き換えられるとして,

$$\frac{\partial^2 l}{\partial t^2} = -\frac{1}{\rho}\frac{\partial p}{\partial x} \tag{3.1.35}$$

を得る.(3.1.34) 式と (3.1.35) 式から,$\frac{\partial^2 l}{\partial t^2}$ を消去すると,

$$\frac{\partial^2 p}{\partial t^2} - \frac{K}{\rho}\frac{\partial^2 p}{\partial x^2} = 0 \tag{3.1.36}$$

となり,この式と一般的波動方程式 (3.1.1) とを比べると,音波の位相速度は

$$c = \sqrt{\frac{K}{\rho}} \tag{3.1.37}$$

で与えられる.

空気では密度 $\rho = 1.3\,\mathrm{kg/m^3}$, 体積弾性率 $K = 1.4 \times 10^5\,\mathrm{Pa}$ であるから,

$$c = \sqrt{\frac{1.4 \times 10^5\,\mathrm{Pa}}{1.3\,\mathrm{kg/m^3}}} \fallingdotseq 330\,\mathrm{m/s}$$

程度となる.位相速度 c が一定であるから,音波は非分散性の波である.

■**弦を伝わる横波** 第 I 部 4.1 節で,弦を伝わる波の速さ c が,張力 S, 線密度 ρ として

$$c = \sqrt{\frac{S}{\rho}} \tag{3.1.38}$$

となることを実験的に確かめたが,その根拠はどうやって導かれるであろうか.

図 3.1.12 のように,長さ Δ_u の部分に働く張力 $\boldsymbol{S}$ (大きさ S) を考えると,張力 $\boldsymbol{S}$ の x 成分の合力は 0 となり,y 成分は $S\sin\theta$, $S\sin\theta'$ が対となって作用する.ここで,θ, θ' は小さいので

$$S\sin\theta \approx S\theta \approx S\tan\theta = S\frac{dy}{dx}$$

としてよい.θ' についても同様である.

弦の線密度(単位の長さあたりの質量)を ρ とすると,この部分の質量 m は

であり，y は x の関数であるから，弦の微小部分に働く力は

$$S\frac{d}{dx}y\left(x+\frac{\Delta x}{2}\right) - S\frac{d}{dx}y\left(x-\frac{\Delta x}{2}\right)$$
$$= S\frac{d}{dx}\left\{y\left(x+\frac{\Delta x}{2}\right) - y\left(x-\frac{\Delta x}{2}\right)\right\}$$
$$\approx S\frac{d^2y(x)}{dx^2}\Delta x$$

となる．

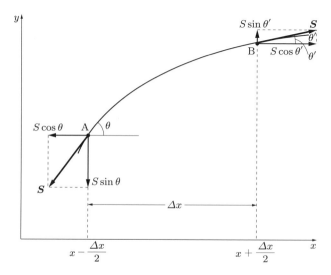

図 **3.1.12** 弦の長さ Δx の部分に働く張力 S．張力の x 成分は，θ, θ' の値が小さいので，左側で $-S\cos\theta \approx -S$，右側で $+S\cos\theta \approx +S$ となって，合力は 0 となる．一方，x 軸と垂直な y 軸方向に働く張力の成分は，左側で $-S\sin\theta \approx -S\theta$，右側で $+S\sin\theta' \approx S\theta'$ である．

したがって，運動方程式は

$$\rho\Delta x\frac{d^2y(x)}{dt^2} = S\frac{d^2y(x)}{dx^2}\Delta x$$

となる．ここで，左辺は x を固定し，右辺は t を固定して考えている．

ここまでは，微小部分を考えたが，全体として，波動方程式の型

$$\frac{\partial^2 y(x,t)}{\partial t^2} - \frac{S}{\rho}\frac{\partial^2 y(x,t)}{\partial x^2} = 0$$

が導き出される．この式と一般的波動方程式 (3.1.1) と比べると，弦の波の位相速度は，このパラグラフの最初に示した (3.1.38) 式に一致する．

■ **地震波**　第 I 部 4.2 節で主に取り上げたのが，地殻が弾性体としてふるまう実体波（P 波と S 波）であった．その際，大森公式の成立の基礎となる P 波の速さ c_P と S 波の速さ c_S の値の理論的な根拠までは踏み込めなかった．ここでは，連続体の変形から波動方程式を求めて，この点について論じることにする．

弾性体の変形に関しては，変形があまり大きくない場合には，**フックの法則**が成り立つ．変形の仕方はさまざまあるが，まず，はじめに，代表的な変形，弾性体の両端に同じ大きさの力を加えて引っ張る場合について，示しておこう．長さ l，断面積 A，両端に加える引っ張る力を F とし，長さの伸び Δl とするとき，F/A を**応力**，$\Delta l/l$ を**ひずみ**と呼ぶ．この例では長さのひずみであるが，後に，必要に応じて，それ以外のひずみも問題にする．フックの法則は

「弾性体のひずみは加えられる応力に比例する」

と表される．長さについては

$$\frac{F}{A} = E\frac{\Delta l}{l}$$

となり，比例定数 E を**ヤング率**と呼ぶ．この式は弾性体の圧縮のときも成り立つ（$\Delta l < 0$，$F < 0$ と考えればよい）．

弾性体を引っ張って縦方向に伸ばすと，横方向は縮む．幅 d の横のひずみを $\Delta d/d$ として，

$$\sigma = -\frac{\Delta d/d}{\Delta l/l}$$

を**ポアソン比**と呼ぶ．

① S 波：S 波は図 3.1.13 のようなねじれが弾性体を伝っていく横波である．

図 **3.1.13**　S 波による地殻の動き

各部分には図 3.1.14 のようなずれの応力（単位断面積あたりの対の弾性力）F/A が働き，弾性体が図のように角度 θ だけ変形すると，この応力は θ に比例する．すなわち，この場合のフックの法則は

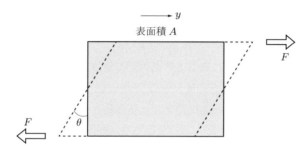

図 3.1.14 x 軸と垂直な $\pm y$ 軸向きにずれの弾性力が加わる

$$\frac{F}{A} = \mu\theta \tag{3.1.39}$$

と表される．ここで，比例定数 μ は**剛性率**と呼ばれている．

波動方程式の導出は，弦の場合に対応させれば得られる．置き換えは張力の x 成分 $S\theta$ の代わりに，ずれの弾性力 F はそのまま y 成分の大きさとなることに注意して，(3.1.39) 式の関係を用いると，

$$S\theta \longrightarrow F = \mu A\theta$$

となり，やはり，θ の関数となるのである．

微小部分の質量は，今度は密度を ρ として，

$$m = \rho A \Delta x$$

となるから，$S\theta \to F = \mu A \dfrac{dy}{dx}$ とおいて弦のときと同様に，運動方程式は

$$\rho A \Delta x \frac{d^2 y}{dt^2} = \mu A \frac{d^2 y}{dx^2} \Delta x$$

となる．したがって，波動方程式は

$$\left(\frac{\partial^2}{\partial t^2} - \frac{\mu}{\rho} \frac{\partial^2}{\partial x^2} \right) y(x, t) = 0 \tag{3.1.40}$$

と導かれる．S 波の速さは

$$c_S = \sqrt{\frac{\mu}{\rho}} \tag{3.1.41}$$

となる．

通常，地殻の密度は

$$\rho \fallingdotseq 3 \times 10^3 \,\mathrm{kg/m^3}$$

であり，剛性率は

$$\mu \fallingdotseq 3 \times 10^{10} \,\mathrm{Pa}$$

程度であるから，S 波の速さは

$$c_\mathrm{S} \fallingdotseq \sqrt{\frac{3\times 10^{10}\,\mathrm{Pa}}{3\times 10^{3}\,\mathrm{kg/m^3}}} \fallingdotseq 3\,\mathrm{km/s}$$

となる．

② P 波：P 波は図 3.1.15 のように，膨らんだり縮んだりという体積変化が弾性体を伝っていく縦波である．

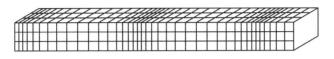

図 **3.1.15** P 波による地殻の動き

縦波の代表例としては音波があり，空気中の音波の速さは空気の密度を ρ，体積弾性率を K として，(3.1.37) 式

$$c = \sqrt{\frac{K}{\rho}}$$

であった．ここでは K のところをヤング率 E に置き換えればいいかというと，そう簡単ではない．音波はいろいろな方向に縦波が伝わっていく．3 次元の弾性体はもし均一な圧力をかければ，変形にともないいろいろな方向への縦波が発生してしまう．P 波は一方向のみに進む縦波であるから，図 3.1.16 のように，進行方向に圧縮する力以外に他の方向の圧縮を抑える力も働くので，弾性率は E とずれ弾性率 μ 双方に関係するようになる．ここでは，このことに深入りせずに，K と置き換える弾性率を**一面弾性率**と呼び，これを ν とおくと，P 波の速度は

$$c_\mathrm{P} = \sqrt{\frac{\nu}{\rho}} \tag{3.1.42}$$

となることだけを記しておこう．

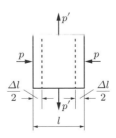

図 **3.1.16** 変形左右方向の応力（ここでは圧力になるので）p，上下方向の応力（圧力）p' と表す．図では省略されているが，紙面に垂直な方向にも圧力 p' が加わる．

地殻の一面弾性率は

$$\nu \fallingdotseq 8 \times 10^{10}\,\text{Pa}$$

程度であるから，P波の速さは

$$c_\text{P} \fallingdotseq \sqrt{\frac{8 \times 10^{10}\,\text{Pa}}{3 \times 10^3\,\text{kg/m}^3}} \fallingdotseq 5\,\text{km/s}$$

となる．

地震波は c_P と c_S，そしてその他にも表面波のさまざまな速さをもつ．このように複数の位相速度をもつので，地震波は分散性の波である．

■**水面の波：浅い水の場合**　水深よりかなり大きな波長をもつ波の場合である．
(1) **静水圧**：重力と水圧との関係を見ておこう．話を簡単にするため，気圧は無視することにする．水が流れていない場合，水中のある水の微小な塊に着目すれば，その周囲から働く圧力 p は，図 3.1.17 のように面に垂直で全体としてつりあっていなければならないから，その向きによらず一定である．これはもちろん，塊の大きさが無視できる場合である．

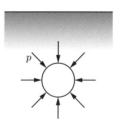
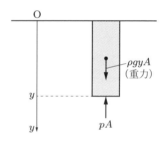

図 **3.1.17**　水中の水の塊のつりあい　　図 **3.1.18**　水面に接した水柱のつりあい

しかし，水圧は向きによらず一定であるが，水深によって変化する．そして，図 3.1.18 のように，水面から鉛直に長さ y，底面積 A の水柱に働く重力 $(\rho y A)g$（ρ：水の密度）と，水圧による力 pA とのつりあいを考えると，つりあいの式は $pA = \rho g y A$ であるから，次式が得られる．

$$p = \rho g y \tag{3.1.43}$$

(2) **体積一定の条件**：今度は，水面と海底面に接する水柱が x 方向に移動する場合を考えよう．ただし，水は非圧縮性で粘性も無視できる場合を考える．水柱の底面積は $dx\,dz$ と微小であるとする．この場合には，$+z$ 向きの水圧と $-z$ 向きの水圧

は等しいが，移動方向である $+x$ 向きの圧力と $-x$ 向きの圧力は，同じ水深であっても等しくない．すなわち，図 3.1.19 でその一辺が AB で示されている面が $A'B'$ に移動する最中に受ける水圧による力 F と，その一辺が CD で示されている面が $C'D'$ に移動する最中に受ける水圧による力 F' とは等しくない．

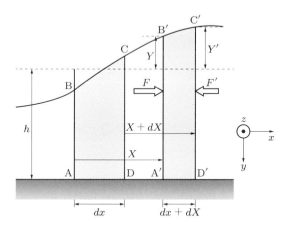

図 3.1.19 水面と海底面に接した水柱の移動．右に xyz 軸の向きが示されている．

F, F' の計算をする前に，ここではまず非圧縮性流体の仮定を用いて，奥行きをもつ水柱 ABCD の部分と奥行きをもつ水柱 $A'B'C'D'$ の体積が変わらないという条件を求めよう．図 3.1.19 で，h は水が波うたない場合の水深，$X, X+dX$ は，それぞれ，AB 部分と CD 部分の x 軸向きの変位，Y, Y' は，それぞれ，AB 部分と CD 部分の y 軸向きの変位である．体積が変化しない条件は

$$h\,dx\,dz = (h+\overline{Y})(dx+dX)\,dz$$

ただし，$\overline{Y}$ は海面の h からの上昇 Y, Y' の平均である．

ここでは微小変位を考えることにして，$Y, Y' \ll h$, $dX \ll dx$，また，

$$\overline{Y}\,dX \approx 0, \quad \overline{Y} \approx Y$$

と近似する．

$$Y\,dx + h\,dX = 0$$

ここから，

$$Y = -h\frac{\partial X}{\partial x} \tag{3.1.44}$$

となる．

(3) 運動方程式から波動方程式を導く：(3.1.43) 式より，AB(A'B') 部分に働く力は

$$F = \int_0^{h+Y} p\, dy\, dz = \rho g \int_0^{h+Y} y\, dy\, dz = \frac{1}{2}\rho g(h+Y)^2\, dz$$

となり，同様に，(3.1.43) 式より，CD(C'D') 部分に働く力は

$$F' = \rho g \int_0^{h+Y'} y\, dy\, dz = \frac{1}{2}\rho g(h+Y')^2\, dz$$

となる．ふたたび，$Y, Y' \ll h$ の近似をする．すなわち，以下で $Y^2 \approx 0$, $(Y')^2 \approx 0$ とする．

$$\begin{aligned}F - F' &= \frac{1}{2}\rho g\, dz\left\{(h+Y)^2 - (h+Y')^2\right\} \\ &\approx \frac{1}{2}\rho g\, dz(2hY - 2hY') \\ &\approx \rho g h\, dz(Y - Y')\end{aligned}$$

Y と Y' は x の関数で，微小の差しかないので，

$$Y' = Y + \frac{\partial Y}{\partial x}\, dx$$

$$\therefore \quad F - F' = -\rho g h\, \frac{\partial Y}{\partial x}\, dx\, dz$$

したがって，ABCD(A'B'C'D') 部分の質量は $\rho h\, dx\, dz$（非圧縮性より），加速度は $\dfrac{\partial^2 X}{\partial t^2}$ であるので，運動方程式を立てると，

$$\rho h\, dx\, dz \frac{\partial^2 X}{\partial t^2} = -\rho g h\, \frac{\partial Y}{\partial x}\, dx\, dz$$

$$\frac{\partial^2 X}{\partial t^2} = -g\frac{\partial Y}{\partial x} \tag{3.1.45}$$

となり，右辺の Y に (3.1.44) 式を代入すると，

$$\frac{\partial^2 X}{\partial t^2} = gh\frac{\partial^2 X}{\partial x^2}$$

となる．すなわち，縦波の波動方程式

$$\left(\frac{\partial^2}{\partial t^2} - gh\frac{d^2}{dx^2}\right)X(x,t) = 0 \tag{3.1.46}$$

が導かれる．この縦波の速さは

$$c = \sqrt{gh} \tag{3.1.47}$$

となる．

次に，(3.1.45) 式の両辺を x で偏微分すると，

$$\frac{\partial}{\partial x}\frac{\partial^2 X}{\partial t^2} = -g\frac{\partial}{\partial x}\frac{\partial Y}{\partial x}$$
$$\frac{\partial^2}{\partial t^2}\frac{\partial X}{\partial x} = -g\frac{\partial^2 Y}{\partial x^2}$$

となり，左辺を (3.1.44) 式を用いて Y に戻すと，

$$-\frac{1}{h}\frac{\partial^2 Y}{\partial t^2} = -g\frac{\partial^2 Y}{\partial x^2}$$

となる．すなわち，横波の波動方程式

$$\left(\frac{\partial^2}{\partial t^2} - gh\frac{d^2}{dx^2}\right)Y(x,t) = 0 \tag{3.1.48}$$

が導かれる．この横波の速さも縦波と同じく

$$c = \sqrt{gh}$$

となる．

　これで浅い波の速さ，つまり第 I 部 1.2 節【**実験3**】の分析・まとめで予想した結果の理論的裏付けができた訳である．

(4) **縦波と横波を合せた振動とはどのような波か**： 縦波の式

$$X = a\cos(\omega t - kx)$$

はそのひとつの解である§．ここで，振幅 a は初期条件から決まる定数である．さて，横波の式も (3.1.48) 式を解いて得られる訳であるが，2 つの解の間には，非圧縮性流体である限り (3.1.44) 式の関係が存在する．この式の X に上のコサインの解を代入すると，

$$Y = -kha\sin(\omega t - kx)$$

となる．$kha = b$ とおくと，

$$\frac{X^2}{a^2} + \frac{Y^2}{b^2} = 1$$

が成り立つから，水の波は，第 I 部 1.1 節【**実験1**】で観察したように，一般には水の分子が同じ場所で楕円軌道を描いているのである．特に，浅い水の場合は，図 3.1.20 のような Y が縮まった楕円軌道となる．他の波と同様，水の分子は川の流れのように遠くまでは行かず，短径，長径の範囲で動くのみである．$h = 6\,\mathrm{m}$，$\lambda = 140\,\mathrm{m}$ の場合を考えてみよう．

---

§　偏微分方程式の解き方については後で学ぶ．ここでは，この解を波動方程式に代入して確かめるとよい．

$$b = kha = \frac{2\pi h}{\lambda}a = \frac{2\pi \times 6\,\mathrm{m}}{140\,\mathrm{m}}a \fallingdotseq 0.3a$$

短径が長径の3分の1ほどにひしゃげた楕円軌道である．

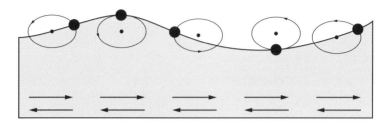

図 3.1.20　水深が浅いところでの水の分子の移動

　実は海中の水の分子も径の小さい楕円軌道を描くのであるが，その議論はここで考察した以上の要素を加えた解を問題にしなければならないので，まだできない．ただ，簡単にわかることは，海底付近での波は海底に沿ってしか動けないので，図 3.1.20 のように調和振動の軌道となるということである．

　$b = kha \to 0$，すなわち，$h \ll \lambda$，水深が浅く，波長が長いときは，水の分子は海底から海面まで，ほぼ同じ振幅の調和振動をする．この波を**長波**と呼ぶ¶．実は，前のパラグラフで $c = \sqrt{gh}$ の関係を導いたのは，この長波モデルからである．

波動方程式を満たさない場合

■線型性を保つ波動　力学における運動方程式から導く手法では手に負えなくなった波動現象については，熱力学，統計力学の方程式がその基礎となる．また，波動方程式 (3.1.1) が成り立たない波の現象は，特に媒質が流体である場合に特徴的に現れる．

　熱伝導の拡散方程式

$$\frac{\partial \phi}{\partial t} - D\frac{\partial^2 \phi}{\partial x^2} = 0$$

は波動方程式とは形が異なるが，係数 D のところを虚数に変えた

$$\frac{\partial \phi}{\partial t} - iD\frac{\partial^2 \phi}{\partial x^2} = 0$$

はシュレーディンガーの波動方程式型なのである．この熱伝導方程式を拡張すると，一方では D が定数でないときとした

¶　電磁波の波長 $10^3 \sim 10^4$ m の波も「長波」と呼ぶが，同じ用語が使われている．

$$\frac{\partial \phi}{\partial t} - \frac{\partial^2}{\partial x^2}(D\phi) = 0$$

も拡張された拡散方程式であり，線型である．

他方では

$$\frac{\partial \phi}{\partial t} - D\frac{\partial^n \phi}{\partial x^n} = 0$$

の形であるが，$n=1$ としたときの式

$$\frac{\partial \phi}{\partial t} - D\frac{\partial \phi}{\partial x} = 0$$

の解は，f を任意関数として，

$$\phi = f(x + Dt)$$

となる．これは，$D = -c$ のときは (3.1.3) 式の右辺第 1 項，$D = c$ のときは (3.1.3) 式の右辺第 2 項に相当し，それぞれ，進行波と退行波を表すから，波動方程式を分解した式に他ならない．

それでは，$n=3$ とした式

$$\frac{\partial \phi}{\partial t} - D\frac{\partial^3 \phi}{\partial x^3} = 0$$

は何を表すだろうか．これは線型分散方程式と呼ばれ，その解は波打ち際のさざなみの波形を表す．この波の位相速度と群速度は一致せず，分散性の波であることが示されている．

■**非線型波動**　波動方程式 (3.1.1) の c の部分を，例えば，a を定数として $c = a^2\phi^2$ と置き換えた式

$$\frac{\partial^2 \phi}{\partial t^2} - a^2\phi^2\frac{\partial^2 \phi}{\partial x^2} = 0$$

あるいは，これを分解した式

$$\frac{\partial \phi}{\partial t} \pm a\phi\frac{\partial \phi}{\partial x} = 0$$

などは，非線型波動方程式の一例である．一定な条件の下のこの方程式の解は，衝撃波解と呼ばれ，「突っ立つ波」と表現されている．

非線型波動方程式にしたがう波には，波の重ね合せの原理は成り立たない．

なお，一部の非線型波動方程式については，第 6 章で詳しくとりあげる．

この章のまとめ

1. 波の重ね合せの原理

「波は合成することも，分解することもできる」

これに関連して，個々の波は独立進行する．

この原理に基づいて，線型波動方程式が要請される．ただし，一般には，重ね合せの原理の成り立たない非線型波動も存在する．

2. 波動方程式

$$\frac{\partial^2 \phi}{\partial t^2} - c^2 \triangle \phi = \mathbf{0}$$

$\phi(\boldsymbol{r},t)$ を波動関数と呼ぶ（スカラー波も，ベクトル波もある）．波動関数は，媒質（波を伝える連続体）の変位，力の場，場のエネルギー等を表している．波源の影響がある場合には，右辺が $\mathbf{0}$ でない非斉次方程式となるが，超関数を用いれば，これを斉次化することができる．

3. ダランベールの公式

スカラー波の波動方程式の特殊解は，

$$\phi(x,t) = \frac{1}{2}\left\{\phi_0(kx-\omega t) + \phi_0(kx+\omega t) + \frac{1}{\omega}\int_{kx-\omega t}^{kx+\omega t}\psi_0(\theta)\,d\theta\right\}$$

と表せる．ただし，初期条件

$$\phi(x,0) = \phi_0(kx), \quad \left[\frac{\partial \phi}{\partial t}\right]_{t=0} = \psi_0(kx)$$

が与えられているとする．

(1) 波の基本量：変位を $\phi(\theta) = A\sin\theta$ としたとき，

 (i) 位相：$\theta = \boldsymbol{k}\cdot\boldsymbol{r} \mp \omega t + \alpha$, $\boldsymbol{k}$：波数，ω：角振動数という．

  $\phi(\theta)$ が波動方程式の解であることの必要十分条件は $c = \omega/k$ $(k=|\boldsymbol{k}|)$ が成立することである．ただし，c：位相速度．

  ひとつの波動方程式のみをみているときは，c は一定であるが，一般には，ω, k の値も異なれば，c の値も変化する．このような波の重ね合せは分散性の波という．分散性の波は，

$$v = \frac{d\omega}{dk}$$

 で定義される群速度 v をもち，$v \neq c$ である．

 (ii) 時間的基本量：$f = \omega/2\pi$ [Hz（ヘルツ）]：振動数，$T = 1/f$ [s]：周期

 (iii) 空間的基本量：$\lambda = 2\pi/k$ [m]：波長，$c = f\lambda$

(2) 簡単な波の例

 (i) 進行波：$\phi(x,t) = A\cos(kx \mp \omega t)$ （$-$：$+x$ 向きに進行，$+$：$-x$ 向きに進行．A：振幅）

(ii) 定常波：$\phi(x,t) = A\sin kx \cos\omega t$
  節：$x = m\lambda/2$，　腹：$x = (2m+1)\lambda/4$　$(m = 0,1,2,\ldots)$
(iii) パルス：媒質の変位が局在している無周期の波．

4. 基本波の表し方

波は基本波の重ね合せで表すことができる（第 II 部 1 章でみたように，任意の波動関数は，完全正規直交系の関数を用いれば，フーリエ展開によって得られる）．

(1) 平面波：$\boldsymbol{\phi}(\boldsymbol{r},t) = \boldsymbol{A}\cos(\boldsymbol{k}\cdot\boldsymbol{r} \mp \omega t + \alpha)$

波の基本量が正確に定まる波．$x=0$ の点の初期位相 α の値によっては，サイン波で表した方がみやすい場合もある．

(2) 複素数平面波：$\boldsymbol{\phi}(\boldsymbol{r},t) = \boldsymbol{C}e^{i\boldsymbol{k}\cdot\boldsymbol{r}}e^{\mp i\omega t}$

物理的に意味があるのは，実数部のみである．

(3) 複素数定常波：$\boldsymbol{\phi}(\boldsymbol{r},t) = \boldsymbol{C}\psi(\boldsymbol{r})e^{-i\omega t}$

ただし，ψ は方程式

$$(\triangle + k^2)\psi(\boldsymbol{r}) = 0$$

の解でなければならない．

(4) 球面波：$\phi(r,t) = \dfrac{\boldsymbol{A}}{r}e^{i(kr-\omega t)}$

5. 波動関数の拡張

2 の形の波動方程式が成り立たない場合もある．

第2章 波の伝播

この章のテーマ

《ドップラー効果》などと聞くと，ひどく特殊な現象のように聞こえるかも知れないが，これは波が物体の運動とは質的に異なる現象であるからである．まず，波動はこれを伝える媒質とともには運動していない．媒質の運動の範囲は平衡点からごく限られたものであるが，波動は多くの場合かなり遠くまで伝わっていく．一般に，運動の記述は座標によって変わってくるものであるが，波動の場合には，波源とともに動く座標，観測者とともに動く座標，媒質の平衡点とともに動く座標，の3種類を考えなければならない．そのことに気付かないと惑わされるのである．

前章では波の「重ね合せの原理」をみてきたが，波の伝わり方を視覚的に表す《ホイヘンスの原理》を重ね合せの原理から示したのがフレネル（19世紀初め）であり，これを数学的に整備したのがキルヒホッフ（19世紀末）である．

「波はエネルギーを伝える」とは，よく言われるが，この章の最後に波のエネルギーの流れを具体的に考察する．

2.1 座標変換とドップラー効果

■**座標変換** ここまで，波源も媒質も観測者も静止している座標を考えてきたのであるが，それらが相対的に動くとすると，波動関数を座標変換する必要が出てくる．

地上を基準とした座標をK系とし，はじめは波を伝える媒質はこの系に対して静止しているとする．K系でのスカラー進行波を

$$\phi = g(\boldsymbol{k} \cdot \boldsymbol{r} - \omega t)$$

とおく．

K系に対して，波の伝わる速さ $c\,(=\omega/|\boldsymbol{k}|)$ より遅い速度 $\boldsymbol{v}$ で動く座標をK′系とする．K系の座標 $\boldsymbol{r}$ と，K′系の座標 $\boldsymbol{r}'$ の間の関係は（$t=0$ のとき，両系の原点OとO′が重なっていたとして），

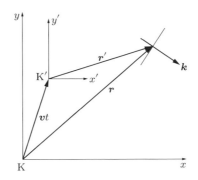

図 3.2.1 座標を 2 次元として，K 系と K′ 系とで同じ波数 k を見る

$$r = r' + vt \tag{3.2.1}$$

である（図 3.2.1）*．

K 系で観測している位相

$$\theta = k \cdot r - \omega t$$

を，K′ 系から見ると，

$$\theta = k \cdot (r' + vt) - \omega t = k \cdot r' - (\omega - k \cdot v)t$$

となる．したがって，K′ 系での角振動数を ω' とおくと，

$$\omega' = \omega - k \cdot v \tag{3.2.2}$$

となり，この式がドップラー効果の基本式である．

すなわち，K′ 系では，波動関数は (3.2.2) 式の関係を用いて，

$$\phi = g(k \cdot r' - \omega' t)$$

と書き直すことができる．

ここで，$|k| = k$ とし，K′ 系で見る位相速度の大きさを c' とおくと，

$$c' = \frac{\omega'}{k} = \frac{\omega}{k} - \frac{k \cdot v}{k}$$

となるが，$|v| = v$，k と v のなす角を θ とおくと，

$$c' = c - v \cos\theta$$

---

* もちろん，ここでの話は非相対論に基づく議論である．

と表すことができる．

以下では，波源から観測者に伝わる波動の伝播方向，波源および，観測者の運動方向が同一直線上である場合，そこでの c の向きを正の向きと約束し，v は正負の符号を含むものとして

$$c' = c - v$$

と書くことにしよう．そうすれば，次に導く具体的なドップラー効果の公式上で，波源と観測者が互いに遠ざかる場合，近づく場合などと，いちいち分けて考える必要はなくなる．

■**静止した観測者に対して波源が動く場合のドップラー効果** しばらく，座標を 1 次元として考える．

振動数 f_S の波を発生する波源 S が媒質，すなわち，K 系に対して，速度 v_S で動く場合，K 系に対して静止している観測者（検出器）D が観測する振動数 f_{D1} は f_S と等しくない．

この場合，$v = v_S$ となるような K′ 系を選べば，(3.2.2) 式において，K′ 系で観測する振動数を $\omega'/2\pi\ (= f_S)$，K 系で観測する振動数を $\omega/2\pi\ (= f_{D1})$ とそれぞれ表すと，位相の速さ c は媒質（K 系）に対するものであるから，(3.2.2) 式の両辺を 2π で割った式に適用して，

$$f_S = f_{D1} - \frac{k}{2\pi} v_S$$

となる．ここで，$k/2\pi = \omega/2\pi c = f_{D1}/c$ だから，

$$f_S = f_{D1} \frac{c - v_S}{c}$$

となり，観測者（検出器）D が観測する振動数 f_{D1} は

$$f_{D1} = f_S \frac{c}{c - v_S} \tag{3.2.3}$$

と表せる．

【身近に経験できる例】踏み切りに近づく（$v_S > 0$）電車の発する警笛（f_S）は，踏み切りに立つ人の耳には高く（$f_{D1} > f_S$）聞こえ，踏み切りから遠ざかる（$v_S < 0$）電車の発する警笛（f_S）は，低く（$f_{D1} < f_S$）聞こえる．このような現象が定式化できた訳である．図 3.2.2 で $f_S = 3\,\mathrm{Hz}$，$v_S = c/3$ の例を示す．

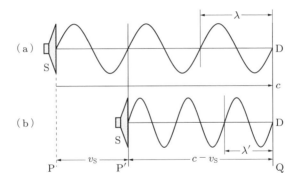

図 3.2.2 Q で静止した観測者 D に対して波源 S が動く場合の 1 秒間の様子. (a) は S が静止している場合, (b) は S が P から P′ に運動して移動した場合とする. 図では PQ = $c \times (1\,\mathrm{s})$ のときとしているので, S が発生する波の振動数は $f_\mathrm{S} = 3\,\mathrm{Hz}$, 波長は (a) では $\lambda = c/f_\mathrm{S} = c \times (1/3\,\mathrm{s})$ である. (b) は S の速さ $v_\mathrm{S} = c/3$ の例とわかる. S が D に近づくために波長は縮み, $\lambda' = (c - v_\mathrm{S})\lambda/c = 2\lambda/3$ となるから, D が観測する振動数は $f_{\mathrm{D}1} = c/\lambda' = cf_\mathrm{S}/(c - v_\mathrm{S}) = (3/2) \times 3\,\mathrm{Hz}$ となる.

一般に, 波源 S が観測者 D に対して図 3.2.3 のように, はじめ位置した点 S_0 から $\mathrm{S}_0\mathrm{D}$ に対して角 θ をなして速さ v で動く場合には, 波源が真に D に近づく成分は $v\cos\theta$ であり, (3.2.3) 式の $v_\mathrm{S} = v\cos\theta$ とおけばすむことである. すなわち,

$$f_{\mathrm{D}1} = f_\mathrm{S} \frac{c}{c - v\cos\theta}$$

となる.

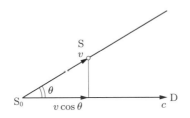

図 3.2.3 波源が観測者に対してななめに動く場合

ここで, 波源 S の運動によって波面がどのように変化するか次の【問題 13】で考察しよう.

【問題 13】

図 3.2.4 は, 静止した波源から山の波面が伝わる様子を示す. 媒質は一様であるから, 波は波源を中心として同心円状に拡がる. 図 3.2.5 は, 波源が観測者 D に近づく場合である. グラフの方眼紙の 1 目盛は 2 m とする. 図の点 S_0, S_1, S_2, S_3, S_4, S_5

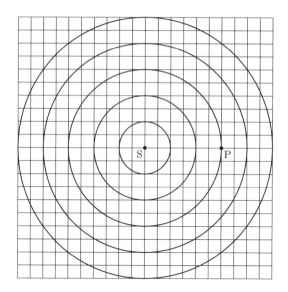

図 **3.2.4** 波源 S が静止している場合

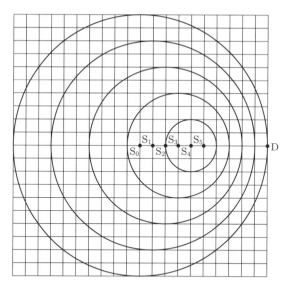

図 **3.2.5** 波源が $S_0, S_1, S_2, \ldots$ と動く場合

は，それぞれ，$t = 0\,\mathrm{s}$, $4\,\mathrm{s}$, $8\,\mathrm{s}$, $12\,\mathrm{s}$, $16\,\mathrm{s}$, $20\,\mathrm{s}$ のときの波源の位置である．各点では，それぞれの時刻に波の山を発生させていて，図 3.2.5 は時刻 $t = 20\,\mathrm{s}$ 経って S_0 から送られた波の山の波面が D に到達した瞬間の様子を示す．以下の計算は有効数字 2 桁まででよい．

(1) この図から，位相速度 c，波源の速さ v_S，波源の発生する振動数 f_S を求めよ．
(2) 図から，S_0D 間にある波面から，D で観測される波長 λ' を読み取り，その値から D が測定した振動数 f_{D1} を求めよ．また，この値が公式 (3.2.3) を使って求めた値と一致することを確かめよ．

[**解 答**] (1) S_0 から発した波面は 20 s かかって点 D に達する．$S_0D = 20\,\mathrm{m}$ であるから，
$$c = \frac{20\,\mathrm{m}}{20\,\mathrm{s}} = 1.0\,\mathrm{m/s}$$
となる．また，この間に波源は $S_0S_5 = 10\,\mathrm{m}$ 進むから，
$$v_S = \frac{10\,\mathrm{m}}{20\,\mathrm{s}} = 5.0 \times 10^{-1}\,\mathrm{m/s}$$
となる．さらに，S_5D 間に 5 個の波の山があるから，次のようになる．
$$f_S = \frac{5}{20\,\mathrm{s}} = 2.5 \times 10^{-1}\,\mathrm{Hz}$$
(2) S_5D 間の波の山と山の間隔を読み取ると，
$$\lambda' = 2.0\,\mathrm{m}$$
$$f_{D1} = \frac{c}{\lambda'} = \frac{1.0\,\mathrm{m/s}}{2.0\,\mathrm{m}} = 5.0 \times 10^{-1}\,\mathrm{Hz}$$
である．一方，c，v_S，f_S の値を (3.2.3) 式に代入すると，
$$f_{D1} = f_S \frac{c}{c - v_S}$$
$$= 0.25\,\mathrm{Hz} \cdot \frac{1.0\,\mathrm{m/s}}{1.0\,\mathrm{m/s} - 0.50\,\mathrm{m/s}} = 5 \times 10^{-1}\,\mathrm{Hz}$$
となり，作図から求められる値と一致する．

■**波源が静止し観測者が動く場合のドップラー効果** 振動数 f_S の波を発生する波源 S が媒質，すなわち，K 系に対して静止していて，観測者 D が K 系に対して v_D ($< c$) で動く場合，観測する振動数 f_{D2} は f_S と等しくない．この場合，$v = v_D$ となるような K′ 系を選べば，(3.2.2) 式で $\omega' = 2\pi f_{D2}$，$\omega = 2\pi f_S$，$\boldsymbol{k} \cdot \boldsymbol{v} = 2\pi f_S v_D / c$ であり，波源 S での振動数 $f = f_S$ は K 系で観測する値で，位相速度 c は媒質 (K 系) に対するものである．D が観測する振動数 f_{D2} は

$$f_{D2} = f_S \frac{c - v_D}{c} \tag{3.2.4}$$

と表せる．図 3.2.6 は $f_S = 3\,\mathrm{Hz}$，$v_0 = c/3$ の場合を示す．

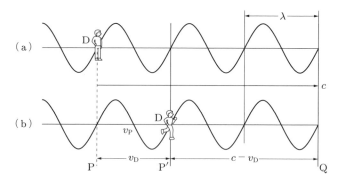

図 3.2.6 静止した波源（図の左方にある）に対して観測者 D が動く場合の 1 秒間の様子．(a) は点 P で静止する D を 1 s 間に通過した波が点 Q に達したときの様子を表す．(b) では D が波源から遠ざかる向きに運動して移動し，点 P′ に達している場合とする．D が点 P′ に至るまでに D を追い越していった波は P′Q 間の部分である．波源が静止しているから波長 $\lambda = c/f_S$ は不変であり，この例では $f_S = 3\,\mathrm{Hz}$, D の速さ $v_D = c/3$ である．D が P′ で観測する振動数 $f_{D2} = (c - v_D)f_S/c = 2\,\mathrm{Hz}$ は，(b) からも読み取ることができる．

■**波源も観測者も動く場合のドップラー効果**　(3.2.3) 式と (3.2.4) 式を次々に適用すれば，波源も観測者も動く場合の公式も得られる．波源が速度 v_S で動き，観測者が v_D で動き，振動数 f_{D3} を観測する場合には，観測者は波源から振動数 f_{D1} を受け取っているから，

$$f_{D3} = f_{D1}\frac{c - v_D}{c} = f_S \frac{c}{c - v_S} \cdot \frac{c - v_D}{c}$$

となる．ゆえに，次式が成り立つ．

$$f_{D3} = f_S \frac{c - v_D}{c - v_S} \tag{3.2.5}$$

■**媒質の運動**　波面はその波を伝える媒質に乗って進行するので，もし媒質が w の速度で動くなら，基準の K 系に対する位相速度は $c + w$ となる．ただし，$w > 0$ は c と同じ向き，$w < 0$ は c と逆向きとする．音波は空気を媒質としているので，その場合は w は風速と風向きを示すものと考えられる．この例で考えてみよう．

音源 S も観測者 D も，K 系に対して静止している場合，D に向かって波長

$$\lambda'' = \frac{c + w}{f_S}$$

の波が伝播する．つまり，D が風下にある場合には波長 λ'' は風のない場合の波長 $\lambda = c/f_S$ より長く，D が風上にある場合には波長 λ'' は風のない場合の波長より短くなる．しかし，波長，音速が変わっても，D が受け取る振動数は，

$$\frac{c+w}{\lambda''} = \frac{c+w}{\frac{c+w}{f_S}} = f_S$$

と音源から出た高さと変わらない．すなわち，波長の変化はドップラー効果がもたらすものではない．

しかしながら，波源 S が K 系に対して v_S で動き，観測者 D が K 系に対して v_D で動く場合，媒質の速度が $w\,(>-c)$ であるドップラー効果の振動数 f_{D4} と波源の発する振動数 f_S との関係は，

$$f_{D4} = f_S \frac{(c+w) - v_D}{(c+w) - v_S}$$

となる．

■**電磁波のドップラー効果**　電磁波（光）も波であるから，ドップラー効果の現象が観測される．ただし，電磁波はその伝播に物質的な媒質を必要としない．光速は座標によって値を変えないから，座標変換 (3.2.1) 式は成立しない．光速の不変性を満たす相対論的な座標変換則をその基礎におかなければならないが，そのことは本シリーズでは第 6 巻『電磁気学 II』において解説される．ここでは，まだその準備はできていないので，観測者が静止し，波源が動く場合のドップラー効果についてのみ考察する．

「相対論的な式と非相対論的な式は，光速を c，粒子の速度を v として，前者の式を $v \ll c$ のもとに近似すれば，後者の式に一致する」

という対応原理を適用して，正しい式を予測しておこう．

光源 S が速度 v_S で静止した観測者 D に近づく場合のドップラー効果の式を v_S/c で展開した式は，

$$f_{D1} = f_S \left[1 + \frac{v_S}{c} + O\left\{ \left(\frac{v_S}{c} \right)^2 \right\} \right]$$

と考えられる．右辺かっこ内の第 3 項は 2 次以上の展開項を表すものであり，いま，その係数は不明であるが，少なくとも 1 次の係数が 1 であることは，非相対論的なドップラー効果の (3.2.3) 式との対応で

$$f_{D1} = f_S \frac{c}{c - v_S} = f_S \left(1 - \frac{v_S}{c} \right)^{-1} \approx f_S \left(1 + \frac{v_S}{c} \right)$$

となることから確かである．

【例】おとめ座の銀河団からくる光の波長の分布を，近くの星からくる光のものと比較すると，波長 λ のずれを $\Delta\lambda$ として，

$$\frac{\Delta\lambda}{\lambda} = 3.9 \times 10^{-3}$$

となるというデータが得られている．これは宇宙が膨張しつつある証拠の一端と考えられていて，波長が長い方にずれるので**赤方偏移**と呼ばれている．

【問題 14】

おとめ座の銀河団は地球の観測者に対して，どの程度の速さ V で遠ざかっているか．上のデータから求めよ．ただし，$c = 3.0 \times 10^8\,\text{m/s}$ とする．

【解答】 $v_S = -V$ とすると，ドップラー効果の波長 λ' は

$$\lambda' = \frac{c - v_S}{f_S} = \lambda \frac{c + V}{c}$$

$$\Delta\lambda = \lambda' - \lambda = \lambda \frac{c + V}{c} - \lambda$$

となる．したがって，

$$\frac{V}{c} = \frac{\Delta\lambda}{\lambda}$$

$$V = 3.9 \times 10^{-3} \cdot 3.0 \times 10^8\,\text{m/s}$$

となり，ゆえに

$$V = 1.2 \times 10^6\,\text{m/s}$$

となる．

■**ドップラー効果が成り立たない場合** 観測者が波面と等しい速度で動く場合，すなわち，$v_D = c$ であるとすれば，(3.2.4) 式より，$f_{D2} = 0$ となる．観測者が波に追いつかないように走る，つまり，$v_D \geqq c$ ならばドップラー効果は起こらないのは当然である．同様に，$v_S \geqq c$ の場合も (3.2.3) 式は不成立で，この場合もドップラー効果は成り立たない．この場合の波面は図 3.2.7 のようになる．図からわかるように，1 s 間に到達する波の領域は頂角 2θ の円錐内である．この円錐を**マッハ円錐**と呼ぶ．波はマッハ円錐の外側には届かない．図の点 P の付近では同位相に近い波面が多く重なり合うので振幅が増大し大きなエネルギーとなる．このような性質をもつ波を**衝撃波**と呼ぶ．超音速のジェット機が発生する爆発音のような音波がその例である．1.4 節で述べたように，衝撃波の波動関数は波動方程式を満たさない．

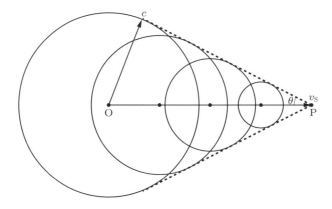

図 3.2.7 衝撃波の波面．点 O を出発してから 1 s 後に到達した波源 S の位置を点 P とする．点 O から 1 s 間に到達した波面は半径 c の円（空間的には球面）であるが，それ以後 S が進んでからの波面の円の半径はより小さい．それら波面の点 P を通る共通接線と OP のなす角 θ は，$\sin\theta = c/v_S$ となる．

2.2　ホイヘンスの原理とキルヒホッフの公式

■ホイヘンスの原理　ホイヘンスの原理の内容は次の通りである．

「波面 C_1 上の各点を波源として 2 次波と呼ばれる球面波が発生し，これら 2 次波の包絡面が新しい波面 C_2 となる」

ホイヘンスの原理は有用ではあったが，数学的には完全なものではなかった．なぜならば，波面 C_1 上の波源から発生する 2 次波は球面波であるから，よく説明に使われる図 3.2.8(a) のようにでなく，当然図 3.2.8(b) のような包絡面 C_3 も後方に

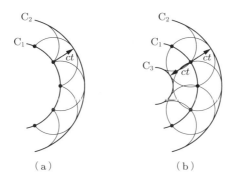

図 3.2.8 ホイヘンスの原理の欠陥．波面 C_1 からは，(a) のような波面 C_2 のみが発生し，(b) のような原理的には発生するはずである後退する波面 C_3 は，実際には発生しない．

できるはずであるが，もちろん，進行波において，このような波は実在しない．この原理は完全なものではなかったのである．

■**キルヒホッフの公式** このようなホイヘンスの原理の不完全なところを除き，数学的な公式として表現したのが，《キルヒホッフの公式》である．閉曲面 S（その表面積を S とする）で囲まれた領域を V（その体積を V とする）として，その内部の任意の点を P とする．基本的な考え方は S 上の各点から発生した 2 次波 ϕ の重ね合せによって点 P に構成される波 ψ を考える．

一般に，波動方程式

$$\frac{\partial^2 \psi}{\partial t^2} - c^2 \triangle \psi = 0$$

から出発して，時間の関数であるキルヒホッフの公式を導くこともできるが，ここでは話を簡単にして，時間部分が $e^{-i\omega t}$ とまとめられるスカラー波 $\psi(\boldsymbol{r})e^{-i\omega t}$ を考えることにする．この波動関数は，時間によらない方程式 (3.1.15)（左辺第 2 項を右辺に移項しておく）

$$\triangle \psi = -k^2 \psi \tag{3.2.6}$$

を満たす．

ここで，ψ とは別に任意関数を ϕ として，以下の［計算ノート (3.2.7) 式］に示す，ψ, ϕ についてのグリーンの定理

$$\int_{\mathrm{V}} (\psi \triangle \phi - \phi \triangle \psi)\, dV = \int_{\mathrm{S}} (\psi \boldsymbol{\nabla} \phi - \phi \boldsymbol{\nabla} \psi) \cdot d\boldsymbol{S} \tag{3.2.7}$$

を用いる．左辺は体積分，右辺は面積分である．

▮ 計算ノート：(3.2.7) 式

この定理についての詳細は本シリーズの第 5 巻『電磁気学 I』の第 II 部にあるので，ここでは証明の概略を述べておく．

①**ガウスの定理の証明**：グリーンの定理を示すには，まず，ベクトル関数 $\boldsymbol{A}(x,y,z)$ についてガウスの定理

$$\int_{\mathrm{V}} \boldsymbol{\nabla} \cdot \boldsymbol{A}\, dV = \oint_{\mathrm{S}} \boldsymbol{A} \cdot d\boldsymbol{S} \tag{3.2.8}$$

の成立を示す必要がある．これを縦 Δx，横 Δy，高さ Δz の微小直方体の体積 $\Delta V = \Delta x\, \Delta y\, \Delta z$ について考えれば，右辺の

$$\boldsymbol{A} \cdot \Delta \boldsymbol{S} = A_x\, \Delta y\, \Delta z + A_y\, \Delta z\, \Delta x + A_z\, \Delta x\, \Delta y$$

は x, y, z 方向でひとまわりとなるから，はじめに x 軸に平行な A_x が断面 $\Delta S = \Delta y\, \Delta z$ を通って合計どれだけ出入りするかを計算する．図 3.2.9 のように，Δx だ

け離れた点 $x+\Delta x$ では点 x で A_x だった値が $A_x+\dfrac{\partial A_x}{\partial x}\Delta x$ となるから，変化分は

$$\left(A_x+\frac{\partial A_x}{\partial x}\Delta x\right)\Delta S - A_x\,\Delta S = \frac{\partial A_x}{\partial x}\Delta x\,\Delta y\,\Delta z = \frac{\partial A_x}{\partial x}\Delta V$$

となる．それぞれ $x,\,y,\,z$ 軸に平行に出入りしたことによる変化分をすべて集めると，

$$\left\{\left(A_x+\frac{\partial A_x}{\partial x}\Delta x\right)-A_x\right\}\Delta y\,\Delta z + \left\{\left(A_y+\frac{\partial A_y}{\partial y}\Delta y\right)-A_y\right\}\Delta z\,\Delta x$$
$$+\left\{\left(A_z+\frac{\partial A_z}{\partial z}\Delta z\right)-A_z\right\}\Delta x\,\Delta y$$
$$=\left(\frac{\partial A_x}{\partial x}+\frac{\partial A_y}{\partial y}+\frac{\partial A_z}{\partial z}\right)\Delta V$$

となり，左辺の $\boldsymbol{\nabla}\cdot\boldsymbol{A}$ は

$$\boldsymbol{\nabla}\cdot\boldsymbol{A}=\frac{\partial A_x}{\partial x}+\frac{\partial A_y}{\partial y}+\frac{\partial A_z}{\partial z}$$

となるから，結局，

$$\boldsymbol{A}\cdot\Delta\boldsymbol{S}=\boldsymbol{\nabla}\cdot\boldsymbol{A}\,\Delta V$$

となっていることがわかる．

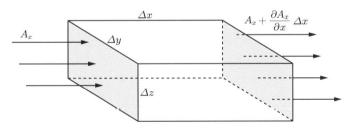

図 **3.2.9** x 方向の出入り

このような微小体積 ΔV を全体の V になるように重ねると，内部の隣り合った面での出入りは打ち消し合うから，結論として，

$$\int_V \boldsymbol{\nabla}\cdot\boldsymbol{A}\,dV = \oint_S \boldsymbol{A}\cdot d\boldsymbol{S}$$

となる．

②グリーンの定理の証明：次に，スカラー関数 $\psi(x,y,z)$，$\phi(x,y,z)$ についてグリーンの定理

$$\int_V (\psi\triangle\phi-\phi\triangle\psi)\,dV = \oint_S (\psi\boldsymbol{\nabla}\phi-\phi\boldsymbol{\nabla}\psi)\cdot d\boldsymbol{S}$$

> を示すには，ガウスの定理のベクトル関数を $\boldsymbol{A} = \psi\boldsymbol{\nabla}\phi - \phi\boldsymbol{\nabla}\psi$ とおく．すると，ガウスの定理の左辺の被積分関数の x 成分は
>
> $$\frac{\partial A_x}{\partial x} = \frac{\partial}{\partial x}\left(\psi\frac{\partial \phi}{\partial x}\right) - \frac{\partial}{\partial x}\left(\phi\frac{\partial \psi}{\partial x}\right)$$
> $$= \left(\frac{\partial \psi}{\partial x}\frac{\partial \phi}{\partial x} + \psi\frac{\partial^2 \phi}{\partial x^2}\right) - \left(\frac{\partial \phi}{\partial x}\frac{\partial \psi}{\partial x} + \phi\frac{\partial^2 \psi}{\partial x^2}\right) = \psi\frac{\partial^2 \phi}{\partial x^2} - \phi\frac{\partial^2 \psi}{\partial x^2}$$
>
> であり，x, y, z 成分を加えて体積分すると，
>
> $$\int_V \boldsymbol{\nabla} \cdot \boldsymbol{A}\, dV = \int_V (\psi \triangle \phi - \phi \triangle \psi)\, dV \tag{3.2.9}$$
>
> となる．微小直方体について，A_x の x 方向の出入りに相当する部分は
>
> $$A_x \Delta y\, \Delta z = \left(\psi\frac{\partial \phi}{\partial x} - \phi\frac{\partial \psi}{\partial x}\right)\Delta y\, \Delta z$$
>
> だから，ガウスの定理の右辺は
>
> $$\oint_S \boldsymbol{A} \cdot d\boldsymbol{S} = \oint_S (\psi\boldsymbol{\nabla}\phi - \phi\boldsymbol{\nabla}\psi) \cdot d\boldsymbol{S} \tag{3.2.10}$$
>
> となる．(3.2.8) 式の関係を使って (3.2.9) 式の右辺と (3.2.10) 式の右辺を等置すればよい．

ϕ として，点 P から閉曲面上の点までの距離を s として，

$$\phi = \frac{e^{iks}}{s}$$

を考える．ϕ は波動関数 (3.1.19) 式で，$e^{-i\omega t}$ 部分を除き，$r = s$，$A = 1$ とおいた球面波である．そして，ϕ も ψ と同じ形の方程式

$$\triangle \phi = -k^2 \phi \tag{3.2.11}$$

を満たす．

さて，この問題にグリーンの定理を適用するには，$\phi = e^{iks}/s$ は $s = 0$ に特異点をもつから，積分領域から点 P を除かなければならない．このために，図 3.2.10 のように，点 P を中心として半径 ε の小さな球を考え，その表面を S$'$ とする．図 3.2.10 にはこの領域と S と S$'$ に対する法線ベクトルの向きがあらかじめ記入してある．

(3.2.7) 式の左辺に (3.2.6)，(3.2.11) 式を代入すれば 0 となるから，

$$0 = \left(\int_S d\boldsymbol{S} + \int_{S'} d\boldsymbol{S}'\right) \cdot \left\{\psi\boldsymbol{\nabla}\left(\frac{e^{iks}}{s}\right) - \frac{e^{iks}}{s}\boldsymbol{\nabla}\psi\right\}$$

ここで，s は点 P から S，S$'$ 上の面積要素 $d\boldsymbol{S}$，あるいは，$d\boldsymbol{S}'$ までの距離であるということである．この式から，

2.2 ホイヘンスの原理とキルヒホッフの公式

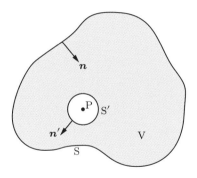

図 3.2.10 積分領域 V, $\boldsymbol{n}$, $\boldsymbol{n}'$ はそれぞれ S, S' 面の法線ベクトルである.

$$\int_S \left\{ \psi \boldsymbol{\nabla} \left(\frac{e^{iks}}{s} \right) - \frac{e^{iks}}{s} \boldsymbol{\nabla} \psi \right\} \cdot d\boldsymbol{S}$$
$$= - \int_{S'} \left\{ \psi \boldsymbol{\nabla} \left(\frac{e^{iks}}{s} \right) - \frac{e^{iks}}{s} \boldsymbol{\nabla} \psi \right\} \cdot d\boldsymbol{S}' \tag{3.2.12}$$

となり,ここから先は [計算ノート (3.2.13) 式] にしたがって計算すると,

$$\boxed{\psi_\mathrm{P} = \frac{1}{4\pi} \int_S \left\{ \psi \boldsymbol{\nabla} \left(\frac{e^{iks}}{s} \right) - \frac{e^{iks}}{s} \boldsymbol{\nabla} \psi \right\} \cdot d\boldsymbol{S}} \tag{3.2.13}$$

となる.この式を**キルヒホッフの公式**と呼ぶ.S 上の面積分は,点 P における値 ψ_P が S 上の面積分すなわち面 S 上の値だけから完全に決まり,初期条件やそれ以外の部分の状態に関係なく定まることを意味している.まさにホイヘンスの原理の定式化と言えよう[†].

▌ 計算ノート:(3.2.13) 式

図 3.2.10 の法線の向きから $[\nabla]_{n'} = \partial/\partial s$, (3.2.12) 式の右辺は

$$-\int_{S'} \left\{ \psi \boldsymbol{\nabla} \left(\frac{e^{iks}}{s} \right) - \frac{e^{iks}}{s} \boldsymbol{\nabla} \psi \right\} \cdot d\boldsymbol{S}'$$
$$= -\int_{S'} \left\{ \psi \frac{e^{iks}}{s} \left(ik - \frac{1}{s} \right) - \frac{e^{iks}}{s} \frac{\partial \psi}{\partial s} \right\} dS'$$

となる.立体角 Ω を使って $dS' = s^2 \, d\Omega$ とし,また,S' は極めて小さいことから

[†] ただし,ここで導いたキルヒホッフの公式は $k =$ 一定,したがって,特定波長 λ(光ならば単色光)のみを問題としている.しかし,第 II 部 2 章でみてきたフーリエ変換を用いれば,いろいろな波長の波の重ね合せとしてキルヒホッフの公式を一般化することはできるが,ここでは取り扱わない.興味い結果としては,フーリエ変換によって時刻 $t - s/c$ における関数の値を意味する「遅延値」と呼ばれる項が出てくるのであるが,これと実質的に同じ効果は,本シリーズ第 6 巻『電磁気学 II』で「遅延ポテンシャル」として論じるので,ここでは割愛する.

> $s = \varepsilon \to 0$ とすると，この積分は
> $$-\lim_{\varepsilon \to 0} \int_\Omega \left\{ ik\varepsilon \psi e^{ik\varepsilon} - e^{ik\varepsilon} \psi - \varepsilon e^{ik\varepsilon} \frac{\partial \psi}{\partial \varepsilon} \right\} d\Omega = 4\pi \psi_{\mathrm{P}}$$
> となる．したがって，(3.2.12) 式は
> $$4\pi \psi_{\mathrm{P}} = \int_{\mathrm{S}} \left\{ \psi \boldsymbol{\nabla} \left(\frac{e^{iks}}{s} \right) - \frac{e^{iks}}{s} \boldsymbol{\nabla} \psi \right\} \cdot d\boldsymbol{S}$$
> となり，後は両辺を 4π で割ればよい．

ホイヘンスの原理の欠陥であった波面 S からの逆向き進行波を論じよう．ここでは，S の外側に点 P がある場合に相当する．この場合，S′ は積分領域にないため，
$$\frac{1}{4\pi} \int_{\mathrm{S}} \left\{ \psi \boldsymbol{\nabla} \left(\frac{e^{iks}}{s} \right) - \frac{e^{iks}}{s} \boldsymbol{\nabla} \psi \right\} \cdot d\boldsymbol{S} = 0$$
が成り立つから，キルヒホッフの公式 (3.2.13) において

$$\psi_{\mathrm{P}} = 0$$

となって，外向きの 2 次波は発生するが重なり合って打ち消されてしまう．

■**1 次元，2 次元の場合はホイヘンスの原理は不成立**　① 1 次元の場合：ここでは，反例をあげて，ホイヘンスの原理が一般には成り立たないことを示す．1.2 節の〚**問題 12**〛設問 (3) の最初重なっていた 2 つのパルスの進行は，1 次元でもホイヘンスの原理が成り立つ例である．その際の初期条件は
$$\phi_0(\theta) = 2\cos\theta \cdot P(\theta), \quad \psi_0(\theta) = 0$$
であった．

ここでは，
$$\phi_0(\theta) = 0, \quad \psi_0(\theta) = \omega \cos\theta \cdot P(\theta)$$
という初期条件を考える．ただし，P は次のように定義されたパルス関数とする．
$$P(\theta) = \begin{cases} 1 & \left(|\theta| \leqq \dfrac{\pi}{2} \text{ のとき} \right) \\ 0 & \left(|\theta| > \dfrac{\pi}{2} \text{ のとき} \right) \end{cases}$$
1 次元波動関数 $\phi(x,t)$ は，(3.1.6) 式より，
$$\phi(x,t) = \frac{1}{2\omega} \int_{kx-\omega t}^{kx+\omega t} \psi_0(\theta)\, d\theta$$
である．この積分領域が $[-\pi/2, \pi/2]$ と全く重なっていないときには，当然，$\phi(x,t) = 0$ であるが，その他の場合，積分計算の結果は以下のようになる．

(i) $kx - \omega t < -\pi/2 < kx + \omega t < \pi/2$ のとき：この範囲で $P(\theta) = 1$ であるから，

$$\begin{aligned}\phi(x,t) &= \frac{1}{2}\int_{-\frac{\pi}{2}}^{kx+\omega t}\cos\theta\,d\theta \\ &= \frac{1}{2}\Big[\sin\theta\Big]_{-\frac{\pi}{2}}^{kx+\omega t} \\ &= \frac{1}{2}\{1 + \sin(kx + \omega t)\}\end{aligned} \qquad (3.2.14)$$

(ii) $-\pi/2 < kx - \omega t < \pi/2 < kx + \omega t$ のとき：この範囲で $P(\theta) = 1$ であるから，

$$\begin{aligned}\phi(x,t) &= \frac{1}{2}\int_{kx-\omega t}^{\frac{\pi}{2}}\cos\theta\,d\theta \\ &= \frac{1}{2}\Big[\sin\theta\Big]_{kx-\omega t}^{\frac{\pi}{2}} \\ &= \frac{1}{2}\{1 - \sin(kx - \omega t)\}\end{aligned} \qquad (3.2.15)$$

(iii) $kx - \omega t \leqq -\pi/2 < \pi/2 \leqq kx + \omega t$ のとき（$2\omega t > \pi$ のとき）は，区間 $[-\pi/2, \pi/2]$ の積分領域となる．

$$\begin{aligned}\phi(x,t) &= \frac{1}{2}\int_{-\frac{\pi}{2}}^{\frac{\pi}{2}}\cos\theta\,d\theta \\ &= \frac{1}{2}\Big[\sin\theta\Big]_{-\frac{\pi}{2}}^{\frac{\pi}{2}} \\ &= 1\end{aligned} \qquad (3.2.16)$$

(iv) $-\pi/2 \leqq kx - \omega t < kx + \omega t \leqq \pi/2$ のとき（$0 < 2\omega t < \pi$ のとき）

$$\begin{aligned}\phi(x,t) &= \frac{1}{2}\int_{kx-\omega t}^{kx+\omega t}\cos\theta\,d\theta \\ &= \frac{1}{2}\Big[\sin\theta\Big]_{kx-\omega t}^{kx+\omega t} \\ &= \frac{1}{2}\big[\sin(kx + \omega t) - \sin(kx - \omega t)\big] = \cos kx \sin\omega t\end{aligned}$$

時刻 $t = 0$, $\pi/2\omega$, π/ω の関数値は [計算ノート：$\phi(x, 0)$, $\phi(x, \pi/2\omega)$, $\phi(x, \pi/\omega)$ の値] であるから，これに基づいてグラフを描くと，図 3.2.11 のようになる．

グラフをみればわかるように，中央部分の一定値が消えないでどんどん広がっていく．初速度の影響が残るのは，ホイヘンスの原理に反するものである．

(a) $t=0$ のとき
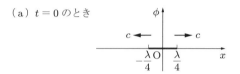

(b) $t=\dfrac{\pi}{2\omega}$ のとき
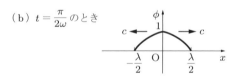

(c) $t=\dfrac{\pi}{\omega}$ のとき
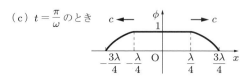

図 3.2.11　ホイヘンスの原理の成り立たないパルスの例

計算ノート：$\phi(x,0),\ \phi(x,\pi/2\omega),\ \phi(x,\pi/\omega)$ の値

(i) $t=0$ のとき，初期条件より，$\phi(x,0)=0$.

(ii) $t=\pi/2\omega$ のとき，$-\lambda/2<x<0$ で (3.2.14) 式より，
$$\phi=\frac{1}{2}\left\{1+\sin\left(kx+\frac{\pi}{2}\right)\right\}=\frac{1}{2}(1+\cos kx)$$
$0<x<\lambda/2$ で (3.2.15) 式より，
$$\phi=\frac{1}{2}\left\{1-\sin\left(kx-\frac{\pi}{2}\right)\right\}=\frac{1}{2}(1+\cos kx)$$
と同じ式となる．$\phi\ne 0$ の範囲は，$-\pi/2\leqq kx+\pi/2\leqq \pi/2$ より，$-\lambda/2\leqq x\leqq 0$　$(\pi/k=\lambda/2)$．$-\pi/2\leqq kx-\pi/2\leqq \pi/2$ より，$0\leqq x\leqq \lambda/2$．結局，
$$\phi\left(x,\frac{\pi}{2\omega}\right)=\begin{cases}\dfrac{1}{2}(1+\cos kx) & \left(|x|\leqq \dfrac{\lambda}{2}\right)\\ 0 & \left(|x|>\dfrac{\lambda}{2}\right)\end{cases}$$

(iii) $t=\pi/\omega$ のとき，(3.2.14) 式より，
$$\phi=\frac{1}{2}\{1+\sin(kx+\pi)\}=\frac{1}{2}(1-\sin kx)$$
(3.2.15) 式より，
$$\phi=\frac{1}{2}\{1+\sin(kx-\pi)\}=\frac{1}{2}(1-\sin kx)$$
これも同じ式となる．この式の成立範囲は，$-\pi/2\leqq kx+\pi<\pi/2$ より，$-3\lambda/4\leqq x<-\lambda/4$，$-\pi/2\leqq kx-\pi<\pi/2$ より，$\lambda/4<x\leqq 3\lambda/4$.

(3.2.16) 式より，

$\phi = 1$

この式の成立範囲は，$-\lambda/4 \leqq x \leqq \lambda/4$．まとめると，

$$\phi\left(x, \frac{\pi}{\omega}\right) = \begin{cases} \frac{1}{2}(1 - \sin kx) & \left(\frac{\lambda}{4} < |x| \leqq \frac{3\lambda}{4}\right) \\ 1 & \left(|x| \leqq \frac{\lambda}{4}\right) \\ 0 & \left(|x| > \frac{3\lambda}{4}\right) \end{cases}$$

② 2次元の場合：形式的に変数 z（$z = 0$ のみ存在）を付け加えて，キルヒホッフの公式を使って解を得ることができる．ただし，点 P を中心とする球 S′ に関する面積分は，$d\boldsymbol{S}'$ の射影 $dx\,dy$ に関する面積分に置き換わってしまう．詳しい式を示さずとも，ホイヘンスの原理が成り立たないことは，図 3.2.12 を見れば明らかであろう．3次元の場合は S′ 面以外の情報は必要ないというのが，ホイヘンスの原理であった．ところが，2次元の場合は，球 S′ と xy 平面の交点の円の円周部分だけではなく，射影は円 $x^2 + y^2 = R^2$ 内部にまでおよぶのだから，(3.2.13) 式を導くときに考えたような

$$\left(\int_S d\boldsymbol{S} + \int_{S'} d\boldsymbol{S}' \cdots\right)$$

の分離ができなくなり，3次元の場合のような中空部は存在しなくなるのである．

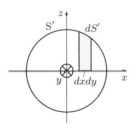

図 3.2.12　2次元の場合の面積分．y 軸の正の向きは紙面に垂直，表より裏の向き．

2.3 波のエネルギーの流れ

2.3.1 スカラー波のエネルギー
ここでは，実数スカラー波動関数についての場を考える．

■**エネルギー密度** 波動方程式 (3.1.1) の解 ϕ に対して，時刻 t，領域 V の波のエネルギー $\mathcal{E}(t)$ は，媒質の密度を ρ として

$$\mathcal{E}(t) = \int_V \varepsilon(\boldsymbol{r}, t)\, dV, \quad \varepsilon(\boldsymbol{r}, t) = \frac{1}{2}\rho \left\{ \left(\frac{\partial \phi}{\partial t}\right)^2 + c^2 (\boldsymbol{\nabla}\phi)^2 \right\} \quad (3.2.17)$$

となる[‡]．ここで，$\varepsilon(\boldsymbol{r}, t)$ はエネルギー密度と呼ばれている．ここでは媒質の一様性が保たれている場合のみを考える．

■**スカラー波のエネルギー密度の流れ** 波のエネルギーの流れを調べるために，エネルギー保存則のもとで波のエネルギーの満たす連続方程式を作ってみよう．まず，体積 V の波のエネルギーの減少分は

$$-\frac{d\mathcal{E}}{dt} = -\frac{d}{dt}\int_V \varepsilon\, dV$$

で表される．ここで，この波のエネルギーの流れを考える．V を囲む表面 σ についての法線ベクトルを $\boldsymbol{n}$ として，向き付き微小面積を

$$d\boldsymbol{\sigma} = \boldsymbol{n}\, d\sigma$$

とおく．単位時間に単位断面積を面に垂直方向に通過する波のエネルギーの流量を，$\boldsymbol{S}$ というベクトル量で表すと，全流量は

$$\oint_\sigma \boldsymbol{S} \cdot d\boldsymbol{\sigma}$$

と与えられる．系にエネルギー保存則が成り立つ場合は，任意の時刻 t において，

$$-\frac{d}{dt}\int_V \varepsilon\, dV = \oint_\sigma \boldsymbol{S} \cdot d\boldsymbol{\sigma}$$

が成り立つ．右辺に 2.2 節で示したガウスの定理 (3.2.8) を適用すれば，

$$-\int_V \frac{\partial \varepsilon}{\partial t}\, dV = \int_V \boldsymbol{\nabla} \cdot \boldsymbol{S}\, dV$$

となる．したがって，波のエネルギー密度の時間変化は

[‡] この式は古典場の理論から，複素スカラー場，ベクトル場，電磁場等も含めて，統一的に導くことができる．しかし，本書の目的から考えて，そこまでは深入りしないことにする．

$$\frac{\partial \varepsilon}{\partial t} = -\boldsymbol{\nabla} \cdot \boldsymbol{S} \tag{3.2.18}$$

と表すことができる.

次の問題は,「$\boldsymbol{S}$ は波動関数でどのように表されているか」を知ることである.そのために,とりあえず,(3.2.18) 式の左辺の計算を実行してみよう.その結果,次の [計算ノート：(3.2.19) 式] によって

$$\frac{\partial \varepsilon}{\partial t} = \rho c^2 \boldsymbol{\nabla} \cdot \left(\boldsymbol{\nabla} \phi \frac{\partial \phi}{\partial t} \right) \tag{3.2.19}$$

が得られる.この式の右辺と (3.2.18) 式の右辺とを比べると,

$$\boldsymbol{S} = -\rho c^2 \left(\boldsymbol{\nabla} \phi \frac{\partial \phi}{\partial t} \right) \tag{3.2.20}$$

とまとめられる.

計算ノート：(3.2.19) 式

(3.2.17) 式の $\varepsilon(\boldsymbol{r}, t)$ を t で偏微分すると,

$$\frac{\partial \varepsilon}{\partial t} = \frac{1}{2} \rho \frac{\partial}{\partial t} \left\{ \left(\frac{\partial \phi}{\partial t} \right)^2 + c^2 (\boldsymbol{\nabla} \phi)^2 \right\} = \rho \left(\frac{\partial^2 \phi}{\partial t^2} \frac{\partial \phi}{\partial t} + c^2 \frac{\partial}{\partial t} \boldsymbol{\nabla} \phi \cdot \boldsymbol{\nabla} \phi \right)$$

最右辺の第 1 項は波動方程式を使うと,

$$\rho \frac{\partial^2 \phi}{\partial t^2} \frac{\partial \phi}{\partial t} = \rho c^2 \boldsymbol{\nabla}^2 \phi \frac{\partial \phi}{\partial t}$$

となり,最右辺の第 2 項は

$$\rho c^2 \frac{\partial}{\partial t} \boldsymbol{\nabla} \phi \cdot \boldsymbol{\nabla} \phi = \rho c^2 \left\{ \boldsymbol{\nabla} \left(\boldsymbol{\nabla} \phi \frac{\partial \phi}{\partial t} \right) - \boldsymbol{\nabla}^2 \phi \frac{\partial \phi}{\partial t} \right\}$$

となるので,結局,次式が得られる.

$$\frac{\partial \varepsilon}{\partial t} = \rho c^2 \boldsymbol{\nabla} \cdot \left(\boldsymbol{\nabla} \phi \frac{\partial \phi}{\partial t} \right)$$

【例 1】パルス　すでに 1.1 節で取り上げて定性的にエネルギーの状態にも言及したが,ここでは例えば弦を伝わる半波長幅 $\lambda/2$ のパルスを考える.弦の線密度を ρ とおいて計算する.パルス全体の質量は $m = \rho \lambda/2$ である.

① 波のエネルギー密度　パルス関数を

$$P(\theta) = \begin{cases} 1 & \left(|\theta| \leqq \dfrac{\pi}{2} \right) \\ 0 & \left(|\theta| > \dfrac{\pi}{2} \right) \end{cases}$$

と定義して
$$\phi(x,t) = A\cos\{k(x-ct)\}P(k(x-ct))$$
とおく．ただし，A は正の実数とする．(3.2.17) 式より，
$$\varepsilon = \frac{1}{2}\rho\left\{\left(\frac{\partial\phi}{\partial t}\right)^2 + c^2(\boldsymbol{\nabla}\phi)^2\right\}$$
$$= \rho(kcA)^2\sin^2\{k(x-ct)\}P(k(x-ct))$$
ゆえに，
$$\varepsilon = \rho(\omega A)^2\sin^2\{k(x-ct)\}P(k(x-ct)) \tag{3.2.21}$$
となる．パルス全体のエネルギーは固定された空間（x 軸上）で計算する（粒子の場合と異なり，x 軸方向に動く運動エネルギーなどは含まれない）．例えば，$t=0$ のパルス幅で計算すると，次のようになる．
$$\mathcal{E} = \int_{-\frac{\pi}{2k}}^{\frac{\pi}{2k}} \varepsilon\,dx = \rho(\omega A)^2\int_{-\frac{\pi}{2k}}^{\frac{\pi}{2k}} \sin^2 kx\,P(kx)\,dx$$
$$= \rho(\omega A)^2\int_{-\frac{\pi}{2k}}^{\frac{\pi}{2k}} \sin^2 kx\,dx = \frac{1}{2}\rho(\omega A)^2\int_{-\frac{\pi}{2k}}^{\frac{\pi}{2k}} (1-\cos 2kx)\,dx$$
$$= \frac{1}{2}\rho(\omega A)^2\Big[x - \frac{1}{2k}\sin 2kx\Big]_{-\frac{\pi}{2k}}^{\frac{\pi}{2k}} = \frac{1}{2}\rho(\omega A)^2\cdot\frac{\pi}{k}$$
$$= \frac{\lambda}{4}\rho(\omega A)^2 = \frac{1}{2}m(\omega A)^2$$

$\mathcal{E}$ は，定数となるから，パルス幅分がすべて積分範囲にある場合には，エネルギー保存則が成り立つ．この値は，調和振動子がもつ力学的エネルギーに等しい（エネルギー保存則が成り立つから，運動エネルギー 0 のときはばね定数 $K = m\omega$ のポテンシャルエネルギー $\frac{1}{2}KA^2$ の値．ポテンシャルエネルギー 0 のときは速さ $V = A\omega$ の運動エネルギー $\frac{1}{2}mV^2$ の値）．結果として，この非分散性パルスでは，エネルギー $\mathcal{E}$ が群速度 $v = c$ で x 軸の正方向に運ばれていく．

別の例として，1.2 節の最後のパラグラフで論じた分散性パルスでは，パルス関数を除いた部分は上の計算と全く同じとなるから，パルスの全エネルギーは，
$$\mathcal{E} = \frac{1}{2}m(\omega A)^2 P(\Delta k x - \Delta\omega t)$$
となる．結果として，このパルスでは，エネルギー $m(\omega A)^2/2$ が群速度 $v = \Delta\omega/\Delta k$ で x 軸の正方向に運ばれていく．

パルスだけでなく，一般に，

「波のエネルギーは群速度で運ばれる」

②エネルギー密度の流れ　1次元問題だから，x 成分のみしかない．(3.2.20) 式の計算は，

$$S_x = -c^2 \frac{\partial \phi}{\partial x}\frac{\partial \phi}{\partial t} = -\rho c^2 A^2 k(-kc)\sin^2\{k(x-ct)\}P(k(x-ct))$$
$$= c\rho(\omega A)^2 \sin^2\{k(x-ct)\}P(k(x-ct)) = c\varepsilon$$

となる．この S_x も，場所 x を固定して時刻 t による流量の変動を見ていることに注意．単位をチェックすると，m/s·J/m = J/s である．直線上であるので，単位断面積というのは，関係なくなる．

【例2】弦を伝わる横波

①波のエネルギー　第 I 部 4.1 節で実験的に見たように，弦の 1 次元スカラー波の速さは，線密度 ρ，張力 S とおくと，

$$c = \sqrt{\frac{S}{\rho}}$$

と表された．いま，弦の横波を考えているから，$\phi(x,t)$ をその y 方向への変位とすると，弦の長さ l の部分の運動エネルギーは，

$$\mathcal{K} = \frac{1}{2}\rho \int_x^{x+l}\left(\frac{\partial \phi}{\partial t}\right)^2 dx$$

となる．また，もとの長さ dx 部分の微小ポテンシャルは，張力 S に抗してこの部分の弦を延ばす仕事だから，

$$\Delta \mathcal{U} = S\left\{\sqrt{1+\left(\frac{\partial \phi}{\partial x}\right)^2}dx - dx\right\} \approx \frac{1}{2}S\left(\frac{\partial \phi}{\partial x}\right)^2 dx$$

だから，

$$\mathcal{U} = \frac{1}{2}S\int_x^{x+l}\left(\frac{\partial \phi}{\partial x}\right)^2 dx$$

となる．したがって，$S = \rho c^2$ を使って，次式が得られる．

$$\mathcal{E} = \mathcal{K} + \mathcal{U} = \frac{1}{2}\rho \int_x^{x+l}\left\{\left(\frac{\partial \psi}{\partial t}\right)^2 + c^2\left(\frac{\partial \psi}{\partial x}\right)^2\right\}dx$$

②全エネルギーの流れ　1.2 節の〚問題 12〛設問 (2) でとりあげたような定常波

$$\phi(x,t) = A\sin kx \cos \omega t$$

について，具体的に考えてみよう．ただし，ここで，弦の全長 $L = n\pi/k$（n：自然数）とし，弦の両端は固定されているものとする．したがって，

$$\phi(0,t) = \phi(L,t) = 0$$

が成り立っているとする.

波の全エネルギーは

$$\mathcal{E} = \frac{1}{2}\rho \int_0^L \left\{ \left(\frac{\partial \phi}{\partial t}\right)^2 + c^2 \left(\frac{\partial \phi}{\partial x}\right)^2 \right\} dx$$

$$= \frac{1}{2}\rho(\omega A)^2 \left(\int_0^L \sin^2 kx\, dx \sin^2 \omega t + \int_0^L \cos^2 kx\, dx \cos^2 \omega t \right)$$

である. x の積分計算は【例1】の場合と同様で,

$$\int_0^L \sin^2 kx\, dx = \frac{1}{2}\int_0^L (1 - \cos 2kx)\, dx = \frac{1}{2}\left[x - \frac{1}{2k}\sin 2kx \right]_0^L = \frac{L}{2}$$

同様にして,

$$\int_0^L \cos^2 kx\, dx = \frac{1}{2}\int_0^L (1 + \cos 2kx)\, dx = \frac{L}{2}$$

となる. ただし, 最後の結果を得るには, $2kL = 2n\pi$ を用いた.

これを用いれば,

$$\mathcal{E} = \frac{1}{4}\rho L(\omega A)^2 (\sin^2 \omega t + \cos^2 \omega t) = \frac{1}{4}\rho L(\omega A)^2$$

となって, エネルギーは時間によらず定数となってしまう. したがって, エネルギーの流れは

$$\frac{d\mathcal{E}}{dt} = 0$$

となる.

しかし, この結果は, もっと一般の ϕ についても, 条件

$$\phi(0,t) = \phi(L,t) = 0$$

が成り立っている場合には, (3.2.18) 式の両辺を x で積分した関係を用いて

$$\frac{d\mathcal{E}}{dt} = \frac{d}{dt}\int_0^L \varepsilon\, dx = \int_0^L \left(\frac{\partial \varepsilon}{\partial t}\right) dx = \rho c^2 \int_0^L \frac{\partial}{\partial x}\left(\frac{\partial \phi}{\partial x}\frac{\partial \phi}{\partial t}\right) dx$$

$$= \rho c^2 \left[\frac{\partial \phi}{\partial x}\frac{\partial \phi}{\partial t}\right]_0^L$$

$$= \rho c^2 \left(\left[\frac{\partial \phi}{\partial x}\right]_{x=L} \frac{\partial \phi(L,t)}{\partial t} - \left[\frac{\partial \phi}{\partial x}\right]_{x=0} \frac{\partial \phi(0,t)}{\partial t} \right) = 0$$

だから, 明らかである.

【例3】音波
①波のエネルギー密度

1.4節でとりあげたように，媒質の密度 ρ，体積弾性率 K とおくと，音波の位相速度は

$$c = \sqrt{\frac{K}{\rho}}$$

と表せる．この流体中では構成分子がいろいろな方向に運動をしているが，この体積変化のため，微小部分の質量中心は音圧の向きに振動する．この振動の速度を**粒子速度**と呼ぶ．粒子速度を v とおくと，単位体積あたりの運動エネルギーは $\frac{1}{2}\rho v^2$ となる．

一方，体積変化 ΔV の間の圧力の単位体積あたりの仕事 w は，$p = \Delta P = -K\left(\frac{\Delta V}{V}\right)$ より，

$$w = -\int_0^{\Delta V} P \frac{dV}{V} = \frac{1}{K}\int_0^{\Delta P} P\, dP = \frac{1}{2K}(\Delta P)^2 = \frac{1}{2K}p^2$$

である．単位体積あたりのポテンシャルは $p^2/2K$ となるから，音波のエネルギー密度は

$$\varepsilon = \frac{1}{2}\left(\rho v^2 + \frac{1}{K}p^2\right) = \frac{1}{2}\rho\left(v^2 + \frac{1}{(\rho c)^2}p^2\right) \tag{3.2.22}$$

となる．

これを用いて音波の全エネルギーを求めよう．粒子速度は縦波であるから，進行方向への変位 ϕ を用いて

$$v = \frac{\partial \phi}{\partial t}$$

で表せる．運動エネルギーは

$$\mathcal{K} = \frac{1}{2}\rho \int_V \left(\frac{\partial \phi}{\partial t}\right)^2 dV$$

である．また，単位体積あたりのポテンシャルは

$$\frac{p^2}{2K} = \frac{1}{2}K\left(\frac{dV}{V}\right)^2$$

となる．微小体積 $dx\,dy\,dz$ の部分を考える．媒質の変位 ϕ が x 方向であったとすると，体積変化は

$$dV_x = \left(\phi + \frac{\partial \phi}{\partial x}dx - \phi\right)dy\,dz = \frac{\partial \phi}{\partial x}dx\,dy\,dz$$

となる．同様に，媒質の変位 ϕ が y 方向であったとすると，体積変化は

$$dV_y = \left(\phi + \frac{\partial \phi}{\partial y} dy - \phi\right) dz\, dx = \frac{\partial \phi}{\partial y} dx\, dy\, dz$$

となり，媒質の変位 ϕ が z 方向であったとすると，体積変化は

$$dV_z = \left(\phi + \frac{\partial \phi}{\partial z} dz - \phi\right) dx\, dy = \frac{\partial \phi}{\partial z} dx\, dy\, dz$$

となる．したがって，微小体積部分の体積変化率は $\boldsymbol{\nabla}\phi = \left(\dfrac{\partial \phi}{\partial x}, \dfrac{\partial \phi}{\partial y}, \dfrac{\partial \phi}{\partial z}\right)$ となるので

$$\frac{dV}{V} = |\boldsymbol{\nabla}\phi|$$

となり，結局，ポテンシャルは

$$\mathcal{U} = \frac{1}{2} K \int_V (\boldsymbol{\nabla}\phi)^2\, dV = \frac{1}{2} \rho \int_V c^2 (\boldsymbol{\nabla}\phi)^2\, dV$$

ゆえに，全エネルギーは

$$\mathcal{E} = \mathcal{K} + \mathcal{U} = \frac{1}{2} \rho \int_V \left(\left|\frac{\partial \phi}{\partial t}\right|^2 + c^2 |\boldsymbol{\nabla}\phi|^2\right) dV \tag{3.2.23}$$

となる．

ここからは，平面音波の場合を考える．(3.1.3) 式より，$+x$ 方向に進む波動方程式の進行平面波の一般解は

$$\phi(x, t) = g\bigl(k(x - ct)\bigr) = f(x - ct)$$

で与えられる（ここでは，f の変数は位相の形にしないでおく）．変位は x 方向のみであるから，

$$\frac{dV}{V} = \frac{\partial \phi}{\partial x} = f'(x - ct)$$

であり，粒子速度は

$$v = \frac{\partial \phi}{\partial t} = -cf'(x - ct)$$

である．したがって，音圧は

$$p = -K \frac{dV}{V} = -Kf'(x - ct) = \frac{K}{c} v = \rho c v$$

$$\therefore \quad \frac{p}{v} = \rho c$$

つまり，

「平面音波では，どの地点においても音圧と粒子速度は比例する」

これを用いると，

$$\frac{1}{2K}p^2 = \frac{1}{2\rho c^2}p^2 = \frac{1}{2\rho c^2}(\rho c v)^2 = \frac{1}{2}\rho v^2$$

となり，この結果を体積分して，

$$\mathcal{K} = \mathcal{U}$$

が成り立つ．すなわち，平面音波では運動エネルギーとポテンシャルが等しい．

②エネルギー密度の流れ　ここでも平面音波とすると，(3.2.20) 式より，$\frac{\partial \phi}{\partial x} = -\frac{v}{c}$, $\frac{\partial \phi}{\partial t} = v$ であるから

$$S_x = -\rho c^2 \frac{\partial \phi}{\partial x}\frac{\partial \phi}{\partial t} = \rho c^2 \frac{v}{c} v = \rho c v^2$$

となる．(3.2.22) 式で，$\varepsilon = \rho v^2$ となるから，ここでも

$$S_x = \varepsilon c$$

を満たしている．

2.3.2　電磁波のエネルギー密度

ベクトル波のエネルギーの最も重要な例として，電磁波の場合を考える．

ここでエネルギー密度の形を考えるため電磁気学の知識のおさらいをしておこう．使う公式は，真空中におかれた平行板キャパシタ（コンデンサ）に電圧 V をかけ電荷 Q が蓄えられたときの

$$\text{静電エネルギー：} U = \frac{1}{2}QV, \quad \text{極板間にできる静電場：} E_0 = \frac{Q}{\varepsilon_0 S} = \frac{V}{d}$$

の関係である．ただし，真空の誘電率 ε_0，キャパシタの極板間隔 d，極板の面積 S とする．この場合，電場は時間変化せず，磁束密度 $B = 0$ とする．

これらの関係を用いれば，エネルギー密度 ε は

$$\varepsilon = \frac{U}{Sd} = \frac{1}{2}\varepsilon_0 E_0^2$$

と書ける．時間変化のない場合から，時間変化のある場合に移ると，電磁波にともなう電磁場のエネルギーは，電場と磁束密度の関係から E と cB に均等に配分されるので，

$$\varepsilon = \frac{1}{2}\varepsilon_0 E_0^2 = \frac{1}{2}\varepsilon_0\{E^2 + (cB)^2\}$$

となる．$\varepsilon_0 c^2 = \frac{1}{\mu_0}$ だから，一般に，電磁場のエネルギー密度は

$$\varepsilon = \frac{1}{2}\left(\varepsilon_0 \boldsymbol{E}^2 + \frac{1}{\mu_0}\boldsymbol{B}^2\right) \tag{3.2.24}$$

と与えられる．

■ **ポインティングベクトル** 電磁場のエネルギー密度の流れは，発見者 J. H. ポインティング[§]の名をとって**ポインティングベクトル**と呼ばれている．このエネルギーの流れ S は，流れに垂直な平面の単位面積を単位時間に通過する，$1\,\mathrm{m}^2 \times c \times 1\,\mathrm{s}$ の体積に含まれるエネルギーと考えてよいから，$E = cB$ を使って，

$$S = c\varepsilon = \frac{1}{2}c\varepsilon_0\{E^2 + (cB)^2\} = \frac{1}{\mu_0}EB\sin 90°$$

と書き換えられる．したがって，ポインティングベクトル $\boldsymbol{S}$ は

$$\boldsymbol{S} = \frac{1}{\mu_0}\boldsymbol{E} \times \boldsymbol{B} \tag{3.2.25}$$

と表すことができる．

電磁気学以外では，$\boldsymbol{S}$ のことを，たんにエネルギー密度の流れと表現してきたが，内容としては同じ性質のものである．

この章のまとめ

1. **ドップラー効果**

   波源から観測者への位相速度 c を正の向きと約束して，波源の速度 v_S，観測者の速度 v_D とすると，

   $$f_\mathrm{D} = f_\mathrm{S}\frac{c - v_\mathrm{D}}{c - v_\mathrm{S}}$$

   が成り立つ．ただし，f_S は波源の発する振動数，f_D は観測者が受け取る振動数である．
   (1) 波源が観測者に対して角 θ をなして，速さ v で進むとき，$v_\mathrm{S} = v\cos\theta$ と置き換えればよい．
   (2) 媒質が速度 w で運動している場合は，$c \to c + w$ と置き換えればよい．
   (3) $v_\mathrm{D} \geqq c$, $v_\mathrm{S} \geqq c$ では，ドップラー効果は生じない．後者の場合は衝撃波が生じる．
   (4) 電磁波の場合もドップラー効果が生じる．観測者が静止し，波源が運動するときの非相対論的ドップラー効果は

   $$f_\mathrm{D} \approx f_\mathrm{S}\left(1 + \frac{v_\mathrm{S}}{c}\right)$$

   である．

---

§ John Henry Poynting (1852–1914).

2. キルヒホッフの公式

観測点 P を囲む閉曲面 S 上の各点から伝わる波が合成されて点 P に生じる波動関数の空間部分は,

$$\psi_P = \frac{1}{4\pi} \int_S \left\{ \psi \boldsymbol{\nabla} \left(\frac{e^{iks}}{s} \right) - \frac{e^{iks}}{s} \boldsymbol{\nabla} \psi \right\} \cdot d\boldsymbol{S}$$

で表される.ただし,面積要素 $d\boldsymbol{S}$ から観測点 P までの距離を s とする.

(1) ホイヘンスの原理:

「波面上の各点を波源として 2 次波と呼ばれる球面波が発生し,これら 2 次波の包絡面が新しい波面となる」

キルヒホッフの公式では ψ_P が,初期条件やそれ以外の部分の影響を受けずに,閉曲面 S 上の値だけから決まるので,ホイヘンスの原理の数式化を意味する.また,S の外側に伝わる波は消えてしまうことが示され,従来のホイヘンスの原理の不完全さを補うものである.

(2) 1 次元,2 次元空間では,ホイヘンスの原理は成り立たない.

3. 波のエネルギー密度

(1) スカラー波のエネルギー密度:

$$\varepsilon(\boldsymbol{r}, t) = \frac{1}{2} \rho \left\{ \left(\frac{\partial \phi}{\partial t} \right)^2 + c^2 (\boldsymbol{\nabla} \phi)^2 \right\}$$

これは,パルス,弦の横波,音波など(ただし,媒質の密度 ρ は 1 次元の場合には線密度に置き換える)について成り立つ.

(2) 真空中を伝わる電磁波のエネルギー密度:

$$\varepsilon = \frac{1}{2} \left(\varepsilon_0 \boldsymbol{E}^2 + \frac{1}{\mu_0} \boldsymbol{B}^2 \right)$$

4. エネルギー密度の流れ(単位断面積,単位時間あたり)

波のエネルギーは群速度で伝わる.

(1) スカラー波のエネルギー密度の流れ:

$$\boldsymbol{S} = -\rho c^2 \left(\boldsymbol{\nabla} \phi \frac{\partial \phi}{\partial t} \right)$$

エネルギー密度との関係は次のようになる.

$$\frac{d\varepsilon}{dt} = \rho c^2 \boldsymbol{\nabla} \cdot \left(\boldsymbol{\nabla} \phi \frac{\partial \phi}{\partial t} \right)$$

1 次元進行波では次式が成り立つ.

$$S_x = \varepsilon c$$

(2) 電磁波では,エネルギー密度の流れ $\boldsymbol{S}$ はポインティングベクトルと呼ばれ,次のように表される.

$$\boldsymbol{S} = \frac{1}{\mu_0} \boldsymbol{E} \times \boldsymbol{B}$$

第3章　基準振動

この章のテーマ

1.2節の[問題12]で例にあげた波は，設問(1)はひとつの波，設問(2), (3)は見方によっては2つの波の重ね合せとも考えられる．しかし，何をもってひとつの波と判定するか，疑問が残る訳である．自然界にはもっと複雑な波形をした波があるが，連続で周期性をもった1価関数の範囲であれば，任意の関数が第II部で学んだフーリエ級数で展開可能である．このことを記した書物に，よく波形の例として図3.3.1のように人の横顔が周期的に並んだ挿絵が出てくる．これは，フーリエ（19世紀初め）がこのことを証明したことを聞きつけて「美人の横顔」を解析して，その展開係数にどのような規則性があるか研究していた奇人がいたことにはじまる（その人の名はいまは検索してもなかなか見つからない．しかし，結論は当たり前！「美人に規則性はない」だった）．

それはともかく，ひとつの波の解釈は，数学的には波動関数についてのフーリエ展開の第 n 項であるといってもよいであろう．定常波に限って言えば，これが≪基準振動≫なのである．

図 **3.3.1**　左はルネッサンス期，P. D. フランチェスカの「ウルビーノ公夫妻の肖像」の一枚．ウフィチ（Uffizi）美術館蔵．この頃のローマでは横顔の肖像がはやっていた．

3.1 1次元スカラー波の具体例

■**弦を伝わる波** 弦を伝わる波の位相速度に関しては，すでに 1.4 節でとりあげた．一般に，水平（これを x 軸とする）に強く張った弦（長さを L とする）の振動は，x 軸に平行な縦振動も，x 軸に垂直な平面内のいろいろな方向への横振動も生じる．しかし，ここでは一方向にのみ振動する波の場合のみをとりあげる．この場合，弦の変位はスカラー関数で表せるから，これを $\phi(x,t)$ とおくと，$\phi(x,t)$ は波動方程式

$$\frac{\partial^2 \phi}{\partial t^2} - c^2 \frac{\partial^2 \phi}{\partial x^2} = 0 \quad (0 \leq x \leq L,\ t \geq 0)$$

を満たす．ここでは，初期条件として，

$$\phi(x,0) = f(x), \quad \dot{\phi}(x,0) = 0 \tag{3.3.1}$$

とおく．ここで，$\dot{\phi}(x,0)$ は時刻 $t=0$ のときの時間微分係数を表す．具体的には，簡単な場合として，最初，波形 $f(x)$ の形で初速度 0 から弦の振動がはじまったと設定しているのである．一般には，各部分 x にいろいろな初速度が存在することも考えられる．

ここで，波動関数は変数分離形

$$\phi(x,t) = \xi(x)\psi(t)$$

となっているとすると，第 II 部 1 章の「この章のまとめと物理学への応用」**2** の議論と全く同じ論法となり，それぞれ，x, t についての常微分方程式

$$\xi''(x) + k^2 \xi(x) = 0 \tag{3.3.2}$$

$$\ddot{\psi}(t) + \omega^2 \psi(t) = 0 \tag{3.3.3}$$

を得る．ただし，$\omega = kc$ である．

まず，(3.3.2) 式の一般解は，C を実数定数，α を位相差として，

$$\xi(x) = Ce^{-i(kx+\alpha)}$$

と表せる．

ここで，弦を伝わる波は $x=0$, L で固定端反射をしている場合を考えると，境界条件は

$$\text{Re}\{\xi(0)\} = 0, \quad \text{Re}\{\xi(L)\} = 0 \tag{3.3.4}$$

であるから，

$$\text{Re}\{e^{-i\alpha}\} = 0, \quad \text{Re}\{e^{-i(kL+\alpha)}\} = 0$$

となる．最も簡単な場合 $e^{-i\alpha} = i$ を選ぶと，

$$\mathrm{Re}\{e^{-i(kL+\alpha)}\} = -\mathrm{Im}\{e^{-ikL}\} = 0$$

となり，k の固有な値を k_n と書くことにすると，

$$k_n = \frac{n\pi}{L}, \quad \lambda_n = \frac{2L}{n} \quad (n = 1, 2, \ldots) \tag{3.3.5}$$

が得られる．n 番目の固有値 $k_n{}^2$ に属する固有関数は

$$\xi_n(x) = iC_n e^{-ik_n x} \tag{3.3.6}$$

であり，実際に現れる腹が最大となる波形は

$$\mathrm{Re}\{\xi_n(x)\} = C_n \sin k_n x$$

である．k_n に関連して

$$\omega_n = k_n c = n\frac{\pi c}{L} \tag{3.3.7}$$

となる．ただし，$n = 1, 2, 3, \ldots$ である．弦の両端が固定端である定常波は，一通りではなく無限通りの**固有角振動数** ω_n をもち，各 ω_n は互いに整数比をなし，n の小さい方から，それぞれ，$n = 1$：基本振動，$n = 2$：倍振動，$n = 3$：3倍振動，…と呼ばれる．第 I 部 4.1 節【**実験15**】で観測したように，空間的には，図 3.3.2 のようになる．

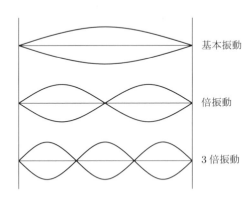

図 **3.3.2** 弦の定常波

さらに，(3.3.7) 式の固有値 ω_n に属する固有関数は，定数を A_n，B_n とおいて

$$\psi_n(t) = \frac{1}{2}(A_n e^{i\omega_n t} + B_n e^{-i\omega_n t})$$

と表されるから，

$$\phi(x,t) = \frac{1}{2}\sum_{n=1}^{\infty}(A_n e^{i\omega_n t} + B_n e^{-i\omega_n t})\xi_n(x)$$

となり，(3.3.1) 式に代入すると，

$$f(x) = \xi(x,0) = \frac{1}{2}\sum_{n}(A_n + B_n)\xi_n(x)$$

$$0 = \dot{\phi}(x,0) = \frac{i}{2}\sum_{n}\omega_n(A_n - B_n)\xi_n$$

となる．これより，$A_n = B_n$ が成り立つ．

$$f(x) = \sum_{n=1}^{\infty}A_n\xi_n(x)$$

だから，係数 A_n は (2.1.3) 式より

$$A_n = \int_0^L \xi_n^*(x)f(x)\,dx \tag{3.3.8}$$

と決定できて，両端が固定端での弦の定常波は，$A_n C_n = a_n$ と書き換えて，

$$\phi(x,t) = i\sum_{n=1}^{\infty}a_n(e^{i\omega_n t} + e^{-i\omega_n t})e^{-ik_n x} \tag{3.3.9}$$

となる．最も簡単な例として，$f(x) = \xi_1(x)$ だったとする．(3.3.8) 式より，$\{\xi_n\}$ は正規直交系だから，

$$A_n = \delta_{n,1}$$

すなわち，

$$\phi(x,t) = iC_1(e^{i\omega_1 t} + e^{-i\omega_1 t})e^{-ik_1 x} = iC_1(e^{-i\frac{\pi}{L}(x-ct)} + e^{-i\frac{\pi}{L}(x+ct)})$$

となる．関数 $g(x-ct) + g(x+ct)$ のような $+x$ 向きの進行波と $-x$ 向きの進行波の重ね合せの定常波の単独モードが現れる訳である．

$$\mathrm{Re}\{\phi\} = iC_1\,\mathrm{Im}\{e^{-ik_1(x-ct)} + e^{-ik_1(x+ct)}\} = 2C_1\sin k_1 x\cos\omega_1 t$$

一般には，$\{\xi_n\}$ が完全系であるので，どんな波形の周期関数も取り扱うことができる．

■**気柱の定常波** 音波では，波動関数 ϕ をマクロな状態量である音圧 p（音波がないときの気圧からの変化）で表すと，(3.1.36) 式を3次元化した波動方程式

$$\frac{\partial^2 p}{\partial t^2} - c^2 \triangle p = 0$$

が成り立つ．ここでは，音波の波長に比べて管の径がじゅうぶん小さい場合の管中の空気の振動，いわゆる気柱の1次元波動を取り扱っていこう．

この場合も，まず，

$$p(x,t) = \xi(x)\psi(t)$$

とおくと，それぞれ，x，t についての常微分方程式

$$\xi''(x) + k^2 \xi(x) = 0 \tag{3.3.10}$$

$$\ddot{\psi}(t) + \omega^2 \psi(t) = 0 \tag{3.3.11}$$

を得る．前のパラグラフで弦を伝わる横波を考えたのに対して，進行方向が x 軸方向の縦波である点を除くと，全く同様な取り扱いができる．

①**開管の場合**：さらに両端 $x = 0, L$ が開放された管の場合には，開口端での音圧は節（つまり，$p = 0$）となるから，境界条件も

$$\text{Re}\{\xi(0)\} = 0, \quad \text{Re}\{\xi(L)\} = 0 \tag{3.3.12}$$

となり，固有関数は，横波と縦波の違いはあるが，(3.3.6) 式と同じ

$$\xi_n(x) = iC_n e^{-ik_n x}$$

$$k_n = \frac{n\pi}{L}, \quad \lambda_n = \frac{2L}{n} \quad (n = 1, 2, \ldots)$$

となる．n 倍振動の実際に現れる腹が最大となる波形は

$$\text{Re}\{\xi_n(x)\} = C_n \sin k_n x$$

で，$n = 1, 2, 3$ に関しては，縦波を横波表示で表すと，図 3.3.3 のようになる．

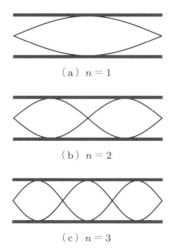

図 **3.3.3** 開管の場合の気柱の定常波．ただし，縦波を横波表示している．

②**閉管の場合**：閉管とは一端（$x=0$ とする）が開き，他端（$x=L$ とする）が閉じている管のことである．管が閉じたところでは音圧は腹（つまり，$\partial p/\partial x = 0$）となる．したがって，境界条件は

$$\mathrm{Re}\{\xi(0)\} = 0, \quad \mathrm{Re}\left\{\left[\frac{d\xi}{dx}\right]_{x=L}\right\} = 0 \tag{3.3.13}$$

となる．

x に関する微分方程式の解より，

$$\xi(x) = Ce^{-i(kx+\alpha)}, \quad \xi'(x) = -ikCe^{-i(kx+\alpha)}$$

とすると，境界条件 (3.3.13) 式より，

$$\mathrm{Re}\{e^{-i\alpha}\} = 0, \quad \mathrm{Re}\{-ike^{-i(kL+\alpha)}\} = 0$$

となる．最も簡単な場合 $e^{-i\alpha} = i$ を選ぶと，

$$\mathrm{Re}\{-ie^{-i(kL+\alpha)}\} = \mathrm{Re}\{e^{-ikL}\} = 0$$

となり，$x=L$ での条件は

$$\cos(kL) = 0, \quad kL = (2n-1)\frac{\pi}{2} \quad (n=1,2,\ldots)$$

である．k の固有な値を k_n と書くことにすると，次式のようになる．

$$\boxed{k_n = (2n-1)\frac{\pi}{2L}, \quad \lambda_n = \frac{4L}{2n-1}, \quad \omega_n = k_n c \quad (n=1,2,\ldots)} \tag{3.3.14}$$

自然数 n は，それぞれの**基準振動**を表している．その中の $n=1$：**基本振動**，$n \neq 1$：奇数倍振動に相当する．固有関数の空間部分は

$$\xi_n(x) = iC_n e^{-ik_n x} \tag{3.3.15}$$

となる．k_n の条件の違いのみで，時間部分も含めた波動関数の形は弦や開管の場合と同じである．実際に現れる腹が最大となる波形は

$$\mathrm{Re}\{\xi_n(x)\} = C_n \sin k_n x$$

で，$n=1,2,3$ に関しては，図 3.3.4 のようになる．

時間部分の議論については，ここでは省略する．

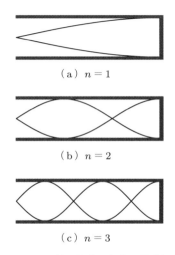

(a) $n=1$

(b) $n=2$

(c) $n=3$

図 **3.3.4** 閉管の場合の気柱の基準振動．縦波を横波表示している．

3.2 2次元スカラー波の具体例

1次元の波動の例として，両端を固定した弦を伝わるスカラー波を考察したが，媒質を四方を固定した膜に換えて振動の方向を媒質と垂直とすると，スカラー波で，変数が x, y となり，y 成分も弦のときと同様な取り扱いができることは予想がつく．そこでここでは，そのことを問題として考えてみよう．ただし，1変数の場合はその使い方に慣れてもらうために，フーリエ複素級数を用いたが，ここではフーリエ実級数に戻ることにする．

[**問題 15**]

正方形の膜を考える．媒質（膜）の領域を

$$0 \leqq x \leqq L, \quad 0 \leqq y \leqq L$$

とし，境界面は固定されているとする．膜面の垂直方向にその形が関数 $f(x,y)$ で表されるような変形を与え，その瞬間に初速度 0 で自由にする．波動関数を $\phi(x,y,t)$ としてその関数形を求めよ．ただし，必要があれば奇関数のフーリエ級数の公式

$$f(x) = \sum_{n=1}^{\infty} b_n \sin \frac{n\pi}{L} x, \quad b_n = \frac{2}{L} \int_0^L f(x) \sin \frac{n\pi}{L} x \, dx$$

を用いてよい．

[**解 答**]　波動方程式は

$$\frac{\partial^2 \phi}{\partial t^2} - c^2 \left(\frac{\partial^2 \phi}{\partial x^2} + \frac{\partial^2 \phi}{\partial y^2} \right) = 0 \tag{3.3.16}$$

初期条件は

$$\phi(x,y,0) = f(x,y), \quad \left[\frac{\partial \phi}{\partial t}\right]_{t=0} = 0$$

であり，$\phi(x,y,t)$ は変数分離形

$$\phi = \xi(x)\eta(y)\psi(t)$$

と表されるから，ここでも，第 II 部 1 章の「この章のまとめと物理学への応用」2 の議論と全く同じ論法となり，t についての常微分方程式

$$\ddot{\psi}(t) = -\omega^2 \psi(t)$$

および，x, y についての常微分方程式

$$\xi''(x) + k_x{}^2 \xi(x) = 0, \quad \eta''(y) + k_y{}^2 \eta(y) = 0$$

を得る．ただし，$\omega = kc$, $k^2 = k_x{}^2 + k_y{}^2$ である．

第 1 式の ψ についての解は調和振動の場合と同じく，一般には，$\sin \omega t$ と $\cos \omega t$ の線型結合であるが，初期条件の第 2 式から，

$$\left[\frac{\partial \cos \omega t}{\partial t}\right]_{t=0} = \omega \sin 0 = 0$$

であるから，

$$\psi(t) \propto \cos \omega t$$

であることがわかる．

次に，$\xi(x)$，$\eta(y)$ の境界条件は，xy 平面上の膜の枠では固定端反射に相当する条件となるから，

$$\xi(0) = \xi(L) = 0$$
$$\eta(0) = \eta(L) = 0$$

である．

ここから，弦の場合と同様，m，n を正の整数として，定数についての固有な値

$$k_x = \frac{m\pi}{L}, \quad k_y = \frac{n\pi}{L}, \quad \lambda_x = \frac{2L}{m}, \quad \lambda_y = \frac{2L}{n}$$

が与えられ，x，y についての常微分方程式の解は，すべて，弦の場合と同様に（ただし，弦では ξ は複素数で $\mathrm{Re}\{\xi\} \propto \sin(n\pi x/L)$ であったが），

$$\xi(x) \propto \sin\frac{m\pi}{L}x, \quad \eta(y) \propto \sin\frac{n\pi}{L}y$$

となる．これが境界条件を満たす解であった．また，

$$k^2 = {k_x}^2 + {k_y}^2 = \frac{(m^2+n^2)\pi^2}{L^2}$$

の関係から，ω は

$$\omega_{mn} = \sqrt{m^2+n^2}\,\frac{\pi c}{L}$$

と定まる．定数を C_{mn} とおくと，

$$\phi(x,y,t) = \sum_{m=1}^{\infty}\sum_{n=1}^{\infty} C_{mn} \sin\frac{m\pi}{L}x \cdot \sin\frac{n\pi}{L}y \cdot \cos\omega_{mn}t$$

であり，ϕ が初期条件の第 1 式も満たすことから，

$$\sum_{m=1}^{\infty}\sum_{n=1}^{\infty} C_{mn} \sin\frac{m\pi}{L}x \cdot \sin\frac{n\pi}{L}y = f(x,y)$$

となる．さて，問題文についている奇関数のみのフーリエ展開の式は，第 II 部 1 章の「この章のまとめと物理学への応用」にある (2.1.4) 式の変数 θ を変数 x に直す．すなわち

$$\theta = \frac{\pi}{L}x, \quad \int_0^{\pi} \cdots d\theta = \frac{\pi}{L}\int_0^{L} \cdots dx$$

の変換を行い，展開係数を

$$b_n = \sqrt{\frac{1}{\pi}}\,a_{n2}$$

と置き換えたものである．

まず，上の式の y を固定して $f(x,y)$ を x のみの関数，公式の $f(x)$ とみなす．そうすると（n ではなく m の展開式として），

$$b_m = \sum_{n=1}^{\infty} C_{mn} \sin \frac{n\pi}{L} y$$

と考えられるから，公式の第 2 式から，

$$\sum_{n=1}^{\infty} C_{mn} \sin \frac{n\pi}{L} y = \frac{2}{L} \int_0^L f(x,y) \sin \frac{m\pi}{L} x \, dx$$

と表せる．

次に，こうして導いた式を，今度は x を固定して $f(x,y)$ を y のみの関数，展開係数 $b_n = C_{mn}$ とみなすと，再び，公式の第 2 式から，

$$C_{mn} = \left(\frac{2}{L}\right)^2 \int_0^L \int_0^L f(x,y) \sin \frac{m\pi}{L} x \cdot \sin \frac{n\pi}{L} y \, dx \, dy$$

と表せる．この計算によって定まる C_{mn} をもった

$$\phi(x,y,t) = \sum_{m=1}^{\infty} \sum_{n=1}^{\infty} C_{mn} \sin \frac{m\pi}{L} x \cdot \sin \frac{n\pi}{L} y \cdot \cos \omega_{mn} t$$

が求める波動関数である．

展開の第 1 項 $m=n=1$ が**基本振動**である．m, n が 2 以下の**基準振動**を図 3.3.5 に示す．

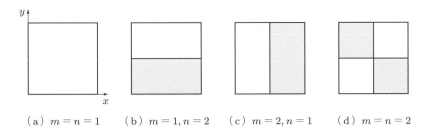

(a) $m=n=1$　(b) $m=1, n=2$　(c) $m=2, n=1$　(d) $m=n=2$

図 **3.3.5**　正方形に張られた膜の基準振動．この図では白い部分が現在山になっていて，アミのかかった部分がそのとき谷になっている．

3.3 3次元ベクトル波の具体例

■ **空洞共振器**　いろいろな楽器は音波のための空洞共振器であるが，その形も曲線的だったり，とても大きかったりする．これに比べてマイクロ波の場合には実験室内で取り扱いやすい数 cm から数 10 cm の箱となる．ここでは，図 3.3.6 のように，辺の長さが X, Y, Z の直方体の導体の壁で囲まれた**空洞共振器**を問題にしよう*．直方体の中の電磁波は固定端や自由端をもつ弦の振動や気柱の共鳴で現れる 1 次元波を 3 次元化したような定常波となる．この問題は科学史上は量子力学形成のひとつの手がかりとなった《空洞放射》という実験でもあるが，ここでは量子論には立ち入らない．

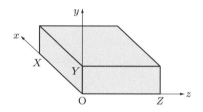

図 **3.3.6**　空洞共振器

以下では主に電場のみについて，見ていこう．なお，磁束密度については，1.4.1 項で述べたような，E と B の関係を定める (3.1.25) 式の関係があるので，必要となれば求めることができる．

電場 E は (3.1.1) 式の型の波動方程式を満たすが，時間部分を $\exp(-i\omega t)$（ω は固有振動数）として分離すると，空間部分の電場 E は，

$$\triangle E + \frac{\omega^2}{c^2} E = 0 \tag{3.3.17}$$

を満たす．また，初期条件からは自動的には出てこない，空洞部分に電荷が存在しないことに関係する方程式

$$\nabla \cdot E = 0 \tag{3.3.18}$$

を付け加えておかなければならない†．

導体内部には電荷は存在しないのでそこでの電場はゼロ，空洞を囲む導体表面で

---

* 本シリーズ第 6 巻『電磁気学 II』第 III 部 4.4 節では，円筒形の空洞共振器をとりあげている．
† 電場に関するガウスの法則である．本シリーズ第 6 巻『電磁気学 II』第 III 部 1.2 節参照．

は等電位であるからその外部に発生する電場は表面に直交する．したがって，表面上の各点における境界条件は，表面に平行な電場を $\boldsymbol{E}_\parallel$ とおくと，

$$\boldsymbol{E}_\parallel = \boldsymbol{0} \tag{3.3.19}$$

となる．

まずはじめに，2つの平面壁 $z=0$ と $z=Z$ の間で z 方向に進行，退行し，その間で定常波を作る E_z についての微分方程式 (3.3.17) の z 成分を考えよう[‡]．第 II 部 1 章「この章のまとめと物理学への応用」**2.** 波動方程式の定常波解のときの議論のように，変数分離形

$$E_z = \xi(x)\eta(y)\zeta(z)e^{-i\omega t}$$

とおくと，3.2 節の 2 次元スカラー波の具体例の議論と同様，t, x, y, z についての常微分方程式が得られる．(3.1.19) 式の境界条件を yz 平面に平行な壁，zx 平面に平行な壁に適用して得られる条件

$$\xi(0) = \xi(X) = 0, \quad \eta(0) = \eta(Y) = 0$$

のドでの解は，n_x, n_y を整数として，

$$\xi(x) \propto \sin \frac{n_x \pi}{X} x$$

$$\eta(y) \propto \sin \frac{n_y \pi}{Y} y$$

となる．さらに，$\zeta(z)$ についての解は定常波になることから，

$$\beta^2 = \frac{\omega^2}{c^2} - \left\{ \left(\frac{n_x \pi}{X}\right)^2 + \left(\frac{n_y \pi}{Y}\right)^2 \right\}$$

とおいて，

$$\zeta(z) \propto \cos \beta z$$

となるが，定常波の波長 $\lambda_z = 2\pi/\beta$ は，n_z を整数として

$$\lambda_z = \frac{2Z}{n_z}$$

であるから，

$$\beta = \frac{n_z \pi}{Z}$$

[‡] ここでは，自由空間の場合と異なり，電場が z 方向であることを意味していないし，それが z 方向に進行することも意味しない．したがって，横波条件すなわち (3.1.24) 式に反することを心配する必要はない．まず手始めに電場の z 成分の z 方向の変化を取り出して考察しているに過ぎない．横波条件のもとになる (3.3.18) 式はこのあと (3.3.24) 式で考慮される．

である．結局，E_z についての波動方程式の解は，振幅を a_z とおいて，

$$E_z = a_z \sin \frac{n_x\pi}{X}x \sin \frac{n_y\pi}{Y}y \cos \frac{n_z\pi}{Z}z e^{-i\omega t} \tag{3.3.20}$$

となる．同様に，波動方程式の E_x，E_y についての解は，

$$E_x = a_x \cos \frac{n_x\pi}{X}x \sin \frac{n_y\pi}{Y}y \sin \frac{n_z\pi}{Z}z e^{-i\omega t} \tag{3.3.21}$$

$$E_y = a_y \sin \frac{n_x\pi}{X}x \cos \frac{n_y\pi}{Y}y \sin \frac{n_z\pi}{Z}z e^{-i\omega t} \tag{3.3.22}$$

となる．ここで，(3.3.20)，(3.3.21) 式，および，(3.3.22) 式が波動方程式 (3.3.17) の解となるためには，

$$\omega^2 = c^2 k^2 = c^2 \left\{ \left(\frac{n_x\pi}{X}\right)^2 + \left(\frac{n_y\pi}{Y}\right)^2 + \left(\frac{n_z\pi}{Z}\right)^2 \right\} \tag{3.3.23}$$

の関係が必要となる．与えられた n_x，n_y，n_z について[§]，ただひとつの振動数のみが (3.3.23) 式を満足する．この振動数が空洞共振器の固有振動数である．

各成分の振幅 a_x，a_y，a_z は，(3.3.18) 式より，

$$\frac{n_x}{X}a_x + \frac{n_y}{Y}a_y + \frac{n_z}{Z}a_z = 0 \tag{3.3.24}$$

の条件下にある．すなわち，a_x，a_y，a_z のうち，その 2 つが独立である．

磁束密度は 1.4.1 項 (3.1.25) 式の関係より，

$$B_z = \frac{i}{\omega}\left(\frac{\partial E_y}{\partial x} - \frac{\partial E_x}{\partial y}\right)$$

となり，右辺に (3.3.21)，(3.3.22) 式を代入すれば，

$$B_z = \frac{i}{\omega}\left\{\left(\frac{n_x\pi}{X}\right)a_y - \left(\frac{n_y\pi}{Y}\right)a_x\right\} \cos \frac{n_x\pi}{X}x \cos \frac{n_y\pi}{Y}y \sin \frac{n_z\pi}{Z}z e^{-i\omega t}$$

となる．B_x，B_y も同様に求めることができる．

[§] 各成分が同一の n_x，n_y，n_z をもつことは，(3.1.25) 式より，いったん，磁束密度を求めることによって示されるが，ここでは詳細には立ち入らない．

この章のまとめ

以下で，a_n，C_{mn}，a_x，a_y，a_z は初期条件，境界条件から定まる定数である．

1. 1次元スカラー波の基準振動

定常波の波動関数は，共通して

$$\phi(x,t) = i\sum_{n=1}^{\infty} a_n(e^{i\omega_n t} + e^{-i\omega_n t})e^{-ik_n x}, \quad k_n = \frac{2\pi}{\lambda_n}$$

のように表されるが，境界条件によって波数 k_n（波長 λ_n）についての条件が異なる．

(1) 両端を固定された弦を伝わる横波：

$$\lambda_n = \frac{2L}{n} \quad (n=1,2,\ldots)$$

L：弦の長さ．$\lambda_1 = 2L$：基本振動．

(2) 開管内の気柱の圧力波：

$$\lambda_n = \frac{2L}{n} \quad (n=1,2,\ldots)$$

L：管の長さ．$\lambda_1 = 2L$：基本振動．

(3) 閉管内の気柱の圧力波：

$$\lambda_n = \frac{4L}{2n-1} \quad (n=1,2,\ldots)$$

L：管の長さ．$\lambda_1 = 4L$：基本振動．

2. 2次元スカラー波の基準振動

定常波の波動関数は

$$\phi(x,y,t) = \sum_{m=1}^{\infty}\sum_{n=1}^{\infty} C_{mn} \sin\frac{m\pi}{L}x \cdot \sin\frac{n\pi}{L}y \cdot \cos\omega t$$

四方を固定された正方形の膜の振動：$\lambda_x = 2L/m$，$\lambda_y = 2L/n$ $(m,n=1,2,\ldots)$
L：一辺の長さ．$\lambda_x = \lambda_y = 2L$：基本振動．

3. 3次元ベクトル波の基準振動

空洞共振器内の電磁波について，

電場 $\boldsymbol{E} = (E_x, E_y, E_z)$ の $\boldsymbol{n} = (n_x, n_y, n_z)$ 番目の解（$\boldsymbol{n}$：正の整数の組）：

$$\begin{cases} E_x = a_x \cos(k_x x)\sin(k_y y)\sin(k_z z)e^{i\omega t} \\ E_y = a_y \sin(k_x x)\cos(k_y y)\sin(k_z z)e^{i\omega t} \\ E_z = a_z \sin(k_x x)\sin(k_y y)\cos(k_z z)e^{i\omega t} \end{cases}$$

ただし，$k_x = n_x\pi/X$，$k_y = n_y\pi/Y$，$k_z = n_z\pi/Z$．X，Y，Z：直方体の各辺の長さ．磁束密度は

$$\boldsymbol{B} = -\frac{i}{\omega}\nabla \times \boldsymbol{E}$$

の関係から定まる．

第4章 うなり，回折，干渉

この章のテーマ

　波の時間的な重ね合せの原理の現れが≪うなり≫で，空間的な重ね合せの原理の現れが≪干渉≫である．音波でいうと，演奏者がはじめの音合せで耳でうなりを聞きながら最後にうなりが聞こえなくなるまで合せるのがチューニングである．電波でも，無線送受信器で受信波と同じ周波数（振動数）に合せることをチューニングという．現象として最も目立つのが光の干渉であろうが，光線の反射・屈折を利用した干渉計以外の干渉は回折と関連して生じるものであり，どこまでが回折で，どこからが干渉だという問いはほとんど無意味に近い．そこで本章ではうなりに続いて干渉に入る前に，≪回折≫について論じる．

　太陽光の進路に障害物をおいたとき，その背後に日陰ができる．これは図 3.4.1 (a) に示した粒子の流れに似た性質のようにも受け取られる．しかし，注意深く観察すれば，現実の光と影の境界は決して明瞭ではない．他の波の例では，海岸に打ち寄せる波は防波堤の隙間からかなり回り込んでやってくる．また，音波はついたてを立てたぐらいでは防音にはならない．これらの現象が，物体の運動と大きく性質の異なる回折と呼ばれる波動固有の性質であり，第2章で述べたホイヘンスの原理がこの現象を解析する有力な道具となる．

　回折も干渉もホイヘンスの原理を発展させた≪キルヒホッフの回折理論≫の応用である．現代ではこのようなまどろっこしい近似をしなくても，問題に応じた境界

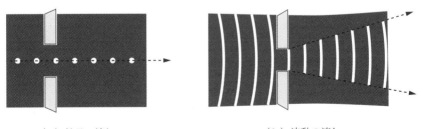

（a）粒子の流れ　　　　　　　　（b）波動の流れ

図 **3.4.1**　粒子と波動のふるまいの違い

条件を設定して波動方程式を直接的に解けばよいと考える読者もいるかもしれない．しかし，それでは現象は再現できても，こうした現象の生じる物理的な本質が何なのかわからない．この回折理論を取り上げるのは，そうした配慮からなのである．

4.1 うなり

■**極大・極小条件** 話を簡単にして，実数の振幅 A_1, A_2 の空間 1 次元の複素指数波

$$\phi_1 = A_1 e^{i\theta_1}, \quad \phi_2 = A_2 e^{i\theta_2}$$

を見ていこう．ここで時刻 t，位置 x における 1 次元進行波の位相 θ は，一般に，波数 k，角振動数 ω，$x = 0$ での初期位相 θ_0 として，

$$\theta = kx - \omega t + \theta_0$$

と書けるが，いま，観測者の位置を $x = 0$ とする．1.3 節で「同位相」，「逆位相」を説明したが，ϕ_1 と ϕ_2 とが互いに同位相のときから観測をはじめることにすれば，2 つの波の初期位相はともに 0 としておいてさしつかえないだろう．したがって，両波の角振動数を，それぞれ ω_1, ω_2 とおくと，観測点において

$$\theta_1 = -\omega_1 t, \quad \theta_2 = -\omega_2 t$$

となる．同位相の場合の位相差は

$$|\theta_2 - \theta_1| = 0, 2\pi, 4\pi, \ldots$$

であるので，それぞれの時刻を

$$t = 0, \tau, 2\tau, \ldots$$

とおくと，$|\theta_2 - \theta_1| = (\omega_2 - \omega_1)n\tau = 2n\pi$ $(n = 0, 1, 2, \ldots)$ となって，ϕ_1 と ϕ_2 の合成波の強度が極大となる．すなわち，うなりの起こる周期は τ となり，

$$\tau = \frac{2\pi}{|\omega_2 - \omega_1|} = \frac{1}{|f_2 - f_1|} \tag{3.4.1}$$

となる．つまり，単位時間に起こるうなりの数は，$|f_2 - f_1|$ となる．うなりの発生にともなって，ϕ_1 と ϕ_2 とが互いに逆位相のときの位相差は

$$|\theta_2 - \theta_1| = \pi, 3\pi, \ldots$$

である．同様にして，時刻

$$t = \frac{\tau}{2}, \frac{3\tau}{2}, \ldots$$

のとき，すなわち，合成波の強度が最大となる時刻の中間の時刻には，振幅が互いに異なる2波の場合では強度が極小の，振幅が互いに等しい場合には強度0の合成波が観測される．

■**うなりの成立条件**　現実問題として，波の周期とうなりの周期が非常に近ければ，はっきりとしたうなりは観測できない．以下，うなりの定性的な成立条件を考察していこう．また，これはうなりの成立条件ではないが，うなりが最もはっきり観測できるのは2つの波の振幅がともに等しい場合である．以下

$$A_1 = A_2 \equiv A$$

とおいて，合成波をみていこう．

$$\phi_1 + \phi_2 = A e^{-i\omega_1 t} + A e^{-i\omega_2 t}$$

ここで，

$$\frac{1}{2}(\omega_1 + \omega_2) = \omega, \quad \frac{1}{2}(\omega_1 - \omega_2) = \Delta\omega$$

とおくと，

$$\omega_1 = \omega + \Delta\omega, \quad \omega_2 = \omega - \Delta\omega$$

となるから，

$$\begin{aligned}
\phi_1 + \phi_2 &= A e^{-i(\omega+\Delta\omega)t} + A e^{-i(\omega-\Delta\omega)t} \\
&= 2A e^{-i\omega t} \frac{1}{2}(e^{i\Delta\omega t} + e^{-i\Delta\omega t}) \\
&= 2A \cos(\Delta\omega t) e^{-i\omega t}
\end{aligned} \tag{3.4.2}$$

が得られ，合成振幅は

$$2A|\cos(\Delta\omega t)|$$

となって，極大 $2A$ となるのは

$$\Delta\omega t = m\pi \quad (m = 0, \pm 1, \pm 2, \ldots)$$

のときである．したがって，うなりの周期は

$$\tau = \frac{\pi}{|\Delta\omega|} = \frac{2\pi}{|\omega_2 - \omega_1|}$$

となって，(3.4.1)式と同じ結果が得られる．

うなりがはっきり観測できるのは，$e^{-i\omega t}$ の変化に比べて，$\cos(\Delta\omega t)$ の変化がゆっくりしている場合である．このことが成り立つのは，$\Delta\omega \ll \omega$ のときである．したがって，うなりの成立条件として，互いに近い角振動数であること（$\omega_2 \fallingdotseq \omega_1$）

[問題 16]

うなりの周期を τ として，2つの波
$$\phi_1 = A\cos\frac{10\pi}{\tau}t, \quad \phi_2 = A\cos\frac{8\pi}{\tau}t$$
を合成したグラフを描け．

[解 答] 2つの波の振動数と周期は，それぞれ，

ϕ_1 について：振動数 $f_1 = \dfrac{5}{\tau}$，周期 $T_1 = \dfrac{\tau}{5}$

ϕ_2 について：振動数 $f_2 = \dfrac{4}{\tau}$，周期 $T_2 = \dfrac{\tau}{4}$

である．したがって，
$$\frac{1}{|f_2 - f_1|} = \frac{1}{\frac{5}{\tau} - \frac{4}{\tau}} = \tau$$
で，τ がうなりの周期となっていることが，確かめられる．

合成するには，まず，図 3.4.2 のように，それぞれの波を重ねてグラフに描く．

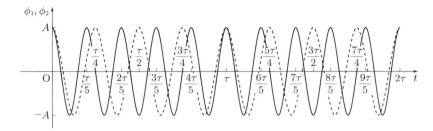

図 **3.4.2** 振動数の近い 2 波．実線の波は ϕ_1，破線の波は ϕ_2 を示す．周期はそれぞれ，ϕ_1 では $\tau/5$，ϕ_2 では $\tau/4$ である．

実線と破線がほぼ重なった様子が，τ，2τ 付近で見られる．これはたとえて言えば，生活のリズムが 24 時間から少しずれた人が寝起きしていると，だんだん，昼に起きている時間が少なくなり，ついには昼と夜が全く逆になる．しかし，それと同じ時間がたてば，再び通常の生活に戻るのと似ている．合成波は図 3.4.3 に示す．このグラフは，三角関数の和から積への公式を用いて，
$$\phi_1 + \phi_2 = A\cos\frac{10\pi}{\tau}t + A\cos\frac{8\pi}{\tau}t = 2A\cos\frac{\pi}{\tau}\cos\frac{9\pi}{\tau}$$

と変形すると描くことができる．

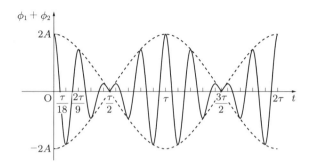

図 3.4.3 うなりの様子．振幅の変化する実線で表された合成波 $\phi_1 + \phi_2$ の周期は，$(2\tau)/9$ である．破線で表されたその振幅の周期は 2τ であり，振幅の絶対値が波の強度に比例するので，強度の最大値（うなり）の周期は，その半分の τ である．

4.2 波の回折

この章のはじめのところで述べたように，波の回り込み，すなわち，波の**回折**は，波の進行を遮るついたてをおいたときにはっきり観測することができる．

■**キルヒホッフの回折理論** 第 2 章で，ホイヘンスの原理の数学的表現として「キルヒホッフの公式」(3.2.13) 式を導いた．この公式は，閉曲面内の任意の点の値を曲面上の ψ，$\nabla\psi$ を用いて表しているから，ついたて内の開口部における波の回折の問題を取り扱うのに適している．

ここでは，図 3.4.4 のように，波源 $\mathrm{P}_0(x_0, y_0, z_0)$ から波数 $k =$ 一定の空間部分をもつ光波 ψ が yz 平面内にあるついたての開口部を通って進むとする．ついたてをはさんで光源 P_0 と反対側にある任意の点 $\mathrm{P}(x, y, z)$ で観測される波の表式を求めることを問題とする．同様な取り扱いで音波やその他の波についても論じることができる．ここではついたての拡がりは波長に比べてじゅうぶん大きいという近似を用いるので，電磁波の中でも可視光（$\lambda \sim 10^{-7}$ m）を想定する*．ついたて面内の開口部の光路の通過点を $\mathrm{Q}(0, y', z')$ とし，点 P を囲む領域 V の閉曲面 S は，ついたての開口部 S_1，ついたての開口部以外の部分 S_2，点 P を中心とした半径 R の球が S_2 で切り取られた内側表面 S_3（図 3.4.4 では，zx 平面内の断面しか描かれて

---

* もっと波長の短い電磁波は単純な装置では観測できず，場合によっては量子効果も現れるので，この場合も想定しないことにする．

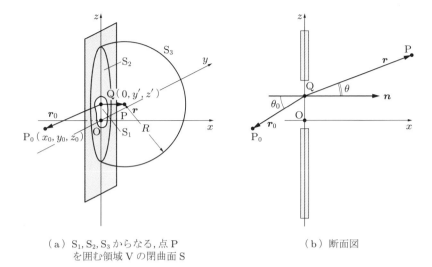

(a) S_1, S_2, S_3 からなる，点 P を囲む領域 V の閉曲面 S

(b) 断面図

図 3.4.4 開口部における回折．各点の座標は $P(x,y,z)$, $Q(0,y',z')$, $P_0(x_0,y_0,z_0)$ とおいた．$r=QP$．$r_0=QP_0$．また，n は法線ベクトル．

いない）からなっている．

次のキルヒホッフの境界条件をおく．

① S_1 上での法線 n の向きは x 軸の正の向きとする．$x=0$ で ψ と $\dfrac{\partial\psi}{\partial x}$ は連続，すなわち，

$$[\psi]_{x=-0}=[\psi]_{x=+0}, \quad \left[\frac{\partial\psi}{\partial x}\right]_{x=-0}=\left[\frac{\partial\psi}{\partial x}\right]_{x=+0}$$

② S_2 上では，P_0 からくる波はブロックされるから，S_2 の内面（$x>0$ 側の面）では波面を形成できない．したがって，

$$[\psi]_{x=+0}=0, \quad \left[\frac{\partial\psi}{\partial x}\right]_{x=+0}=0$$

がじゅうぶんよい近似となる．

③ S_3 上では，$R\to\infty$ と近似し，S_3 上での面積分は 0 とみなす．

キルヒホッフの公式によれば，点 P における ψ の値は境界面 S_1, S_2, S_3 における ψ の値を境界条件として定まるのであるが，上記の通り，結局ついたて内の開口部 S_1 の面上の ψ の値によってのみ決定される．そしてその S_1 上の ψ の値は波源 P_0 からの光波（球面波）$A\dfrac{e^{ikr}}{r}$ によって与えられるのである．

この条件の下で，キルヒホッフの公式 (3.2.13) は（s を r に変えた）

$$\psi_{\mathrm{P}} = \frac{1}{4\pi} \int_{\mathrm{S}} \left\{ \psi \boldsymbol{\nabla} \left(\frac{e^{ikr}}{r} \right) - \frac{e^{ikr}}{r} \boldsymbol{\nabla} \psi \right\} \cdot d\boldsymbol{S}$$

によって与えられる．ただし，ここでは，$\boldsymbol{r} = \overrightarrow{\mathrm{QP}}$，$r = |\boldsymbol{r}|$ であり，

$$r = \sqrt{(x-x')^2 + (y-y')^2 + (z-z')^2}$$

である（$x' = 0$ であるが，形式上つけておく）．

ここで，光源 $\mathrm{P_0}$ から面 $\mathrm{S_1}$ にやってくる球面波は

$$[\psi]_{x=-0} = A \frac{e^{ikr_0}}{r_0}$$

である．ただし，ここで，$\boldsymbol{r}_0 = \overrightarrow{\mathrm{QP_0}}$，$r_0 = |\boldsymbol{r}_0|$ であり，

$$r_0 = \sqrt{(x'-x_0)^2 + (y'-y_0)^2 + (z'-z_0)^2}$$

とする．

(3.2.13) 式にキルヒホッフの境界条件を適用すると，ψ_P をあらためて $\psi(\boldsymbol{r})$ と書いて次の［計算ノート：(3.4.3) 式］に示すように，**キルヒホッフの回折公式**

$$\psi(\boldsymbol{r}) = -\frac{iA}{2\lambda} \iint \frac{e^{ik(r_0+r)}}{r_0 r} (\cos\theta + \cos\theta_0) \, dy' \, dz' \tag{3.4.3}$$

という面積分で表される表式を得る．

波源 $\mathrm{P_0}$ と観測点 P がついたての同じ側にあるときは，$\overrightarrow{\mathrm{P_0 P}}$ は同一直線上に並ぶから，

$$\cos\theta = -\cos\theta_0$$

となって，(3.4.3) 式の積分は 0 となる．これで，ホイヘンスの原理では説明できなかった，$+x$ 向き進行波に対して $-x$ 向き進行波が現れないという理由が説明できた．

■ 計算ノート：(3.4.3) 式

キルヒホッフの境界条件より，点 $\mathrm{P}(x,y,z)$ の波動関数 $\psi(x,y,z)$ は

$$\psi = \int_{\mathrm{S_1}} + \int_{\mathrm{S_2}} + \int_{\mathrm{S_3}}$$

となる．図 3.4.4 (a) に示すように，ついたては yz 平面内にあり，$\mathrm{S_2}$ および $\mathrm{S_3}$ についての面積分は前述の通り 0 となる．また $\mathrm{S_1}$ の範囲はその中の任意の点 $\mathrm{Q}(0, y', z')$ がとり得る領域であり，その法線成分は関数 $f = \psi$, ϕ について，$\left[\dfrac{\partial f}{\partial x'} \right]_{x'=0}$ である．具体的に表記すると，

$$\psi(\boldsymbol{r}) = \frac{1}{4\pi} \iint \left\{ \psi(\boldsymbol{r}') \frac{\partial}{\partial x'} \left(\frac{e^{ikr}}{r} \right) - \frac{e^{ikr}}{r} \frac{\partial \psi(\boldsymbol{r}')}{\partial x'} \right\} dy'\, dz'$$

となる*.

まず，波動関数の境界条件①より，

$$\psi(\boldsymbol{r}') \equiv \psi(0, y', z') = A \frac{e^{ikr_0}}{r_0}$$

である．ここで，$\boldsymbol{r}$ および $\boldsymbol{r}_0$ の法線 n に対する角度を，それぞれ，$\widehat{\boldsymbol{nr}}$, $\widehat{\boldsymbol{nr}_0}$ とおくと，$\left[\dfrac{\partial r}{\partial x'}\right]_{x'=0} = -\cos\widehat{\boldsymbol{nr}}$, $\left[\dfrac{\partial r_0}{\partial x'}\right]_{x'=0} = -\cos\widehat{\boldsymbol{nr}_0}$ だから，

$$4\pi\psi(\boldsymbol{r}) = -\int_{S_1} \left\{ A\frac{e^{ikr_0}}{r_0} \frac{e^{ikr}}{r} \left(ik - \frac{1}{r}\right) \cos\widehat{\boldsymbol{nr}} \right.$$
$$\left. - \frac{e^{ikr}}{r} A \frac{e^{ikr_0}}{r_0} \left(ik - \frac{1}{r_0}\right) \cos\widehat{\boldsymbol{nr}_0} \right\} dS$$

さらに，k に対し $1/r_0$, $1/r$ の項を無視し，$k/(2\pi) = 1/\lambda$ と置き換えると，

$$\psi(\boldsymbol{r}) = -\frac{iA}{2\lambda} \int_{S_1} \frac{e^{ik(r_0+r)}}{r_0 r} (\cos\widehat{\boldsymbol{nr}} - \cos\widehat{\boldsymbol{nr}_0})\, dS$$

を得る．$\widehat{\boldsymbol{nr}}$, $\widehat{\boldsymbol{nr}_0}$ は図 3.4.4 (b) のように，それぞれ，法線 $\boldsymbol{n}$ と $\overrightarrow{\mathrm{QP}}$, $\overrightarrow{\mathrm{QP}_0}$ のなす角であり，$\widehat{\boldsymbol{nr}} = \theta$, $\widehat{\boldsymbol{nr}_0} = \pi - \theta_0$ とおくと，$\cos\widehat{\boldsymbol{nr}} = \cos\theta$, $\cos\widehat{\boldsymbol{nr}_0} = -\cos\theta_0$ となるから，

$$\psi(\boldsymbol{r}) = -\frac{iA}{2\lambda} \iint \frac{e^{ik(r_0+r)}}{r_0 r} (\cos\theta + \cos\theta_0)\, dy'\, dz' \tag{3.4.4}$$

を得る．

■**フラウンホーファー回折とフレネル回折** ①フラウンホーファー回折：光源 P_0, 観測点 P がともについたてからじゅうぶん遠方 $(r_0 \to \infty, r \to \infty)$ にある場合の回折をいう．

②フレネル回折：光源 P_0, 観測点 P がついたてから有限な距離にある場合の回折をいう．

ここでは，ついたての開口部の形をいろいろ指定して示すことはせず，①，②とも，図 3.4.5 のように，ついたてを yz 平面とし，y 方向に幅 δ をもち z 軸に平行なじゅうぶん長い側面 $(y = \pm\delta/2)$ をもつ単スリットに，$+x$ 軸向きに入射してきた

---

* 上の表現では，開口部の形を具体的に定めていないので，定積分なのだが積分範囲（重積分であるから，これを独立でない y', z' の積分範囲で指定しなければならない）が省略されているし，ψ, $\partial\psi/\partial x'$ は $x' = 0$ の値である（したがって，残りの y', z' の関数である）ことが明記されていない．しかし，ただでさえも複雑な上式に，これらの記号を書き加えたらかえってわかりにくくなる恐れもあるであろう．これ以上は書き込まないことにする．

平面波が, $x > 0$ の領域へ回折する例のみを考察する.

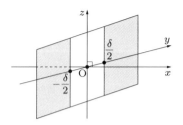

図 **3.4.5** 単スリットの座標指定

■**単スリットでのフラウンホーファー回折**　(1) 図 3.4.4 の $\overrightarrow{\mathrm{QP}}$ が z 成分をもたないと仮定した場合：P がじゅうぶん遠方にあるので, x, y 軸を含む平面を図示すると, 図 3.4.6 のようになる. ここで, 原点 O を通る経路上で P_0 と同じ波面上の点を P_0', P と同じ波面上の点を P′ とし, $\mathrm{OP}_0' = r_0'$, $\mathrm{OP}' = r'$ とおく. また, ついたての法線は $+x$ 軸向きであり, QP, OP′ の x 軸とのなす角はともに等しく, これを θ とおく. この角は, 図 3.4.4(b) の約束に従って, 法線の正の向きから測った r のなす角である. 一方, 法線の負の向きから測った r_0 のなす角は $\theta_0 = 0$ である. したがって, (3.4.3) 式の積分の中の $\cos\theta + \cos\theta_0$ は, $\theta \approx 0$ とみなして

$$\cos\theta + \cos\theta_0 = \cos\theta + 1 \approx 2$$

となる. 図 3.4.6 の点 Q の座標を $(0, y', 0)$ とおくと,

$$r = r' - y' \sin\theta$$

となる. この r と r' の差は, 指数関数中では λ が小さいため関数の振動が激しく無視できないが, r_0, r 自体はこの型の回折の仮定からじゅうぶん大きく, $r_0 = r_0'$ であり,

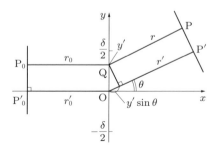

図 **3.4.6** $z = 0$ 平面の図

$$\frac{1}{r_0 r} \approx \frac{1}{r'_0 r'}$$

と近似できて，これも積分の外に出る．(3.4.3) 式にこれらのことを適用すると，

$$\psi(\boldsymbol{r}) = -\frac{iA}{\lambda r'_0 r'} \int_{-\frac{\delta}{2}}^{\frac{\delta}{2}} \exp\{ik(r'_0 + r' - y' \sin\theta)\} \, dy'$$

$$= -\frac{iA e^{ik(r'_0+r')}}{\lambda r'_0 r'} \int_{-\frac{\delta}{2}}^{\frac{\delta}{2}} \exp(-iky' \sin\theta) \, dy'$$

となる．なお，定数 A の中には面積分の y 方向以外の寄与も含まれているものとする．

ここで，ψ を $\psi(\theta)$ とおいて θ のみの関数と考えることにする．ϕ の積分部分の計算を実行すると，

$$\int_{-\frac{\delta}{2}}^{\frac{\delta}{2}} \exp(-iky' \sin\theta) \, dy' = \left[\frac{\exp(-iky' \sin\theta)}{-ik \sin\theta}\right]_{-\frac{\delta}{2}}^{\frac{\delta}{2}}$$

$$= \frac{1}{ik \sin\theta}\left\{\exp\left(i\frac{k\delta}{2}\sin\theta\right) - \exp\left(-i\frac{k\delta}{2}\sin\theta\right)\right\}$$

$$= \frac{2}{k \sin\theta} \sin\left(\frac{k\delta}{2}\sin\theta\right)$$

となり，$\theta \fallingdotseq 0$ のとき，この部分は

$$\lim_{\varphi \to 0} \frac{\sin\varphi}{\varphi} = 1$$

を用いて，

$$\lim_{\theta \to 0} \frac{2}{k\delta \sin\theta} \sin\left(\frac{k\delta}{2}\sin\theta\right) \cdot \delta = \delta$$

となる．したがって，θ の関数として，

$$\psi(0) = -\frac{iA e^{ik(r'_0+r')}}{\lambda r'_0 r'} \delta$$

となる．そして，点 P における波動関数は $\psi(0)$ を用いて，

$$\psi(\theta) = \psi(0)\frac{\sin\{k(\delta/2)\sin\theta\}}{k(\delta/2)\sin\theta} \tag{3.4.5}$$

と表される．

ここで，波の強度は

$$I(\theta) = |\psi(\theta)|^2$$

と定義される．いま必要なのは相対強度である．$I(0) = |\psi(0)|^2$ として，相対強度は

$$\frac{I(\theta)}{I(0)} = \left[\frac{\sin\{k(\delta/2)\sin\theta\}}{k(\delta/2)\sin\theta}\right]^2$$

となる．まとめると，単スリットのフラウンホーファー回折の相対強度は

$$\frac{I(\theta)}{I(0)} = \left\{\frac{\sin(p\sin\theta)}{p\sin\theta}\right\}^2 \qquad (3.4.6)$$

$$p = \frac{k\delta}{2} = \frac{\pi\delta}{\lambda} \qquad (3.4.7)$$

となる．これを横軸を $\sin\theta$ にとったグラフに表すと，図 3.4.7 のようになる．

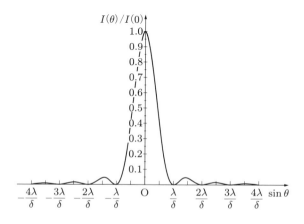

図 **3.4.7** 単スリット回折光の強度分布

(2) $\overrightarrow{\mathrm{QP}}$ が z 成分ももつとした場合：この方向の回折もチェックする必要がある．すなわち，面積分は $\mathrm{Q}(0, y', z')$ として $dS_1 = dy'\, dz'$ となる．ただし，z 方向の積分領域は $(-\infty, \infty)$ とする．

ここで，被積分関数については，xy 平面で考察したことを y を z に置き換えて xz 平面でやればよいのだから，(3.4.5) 式の結果に積分

$$\int_{-\infty}^{\infty} \exp(-ikz'\sin\varphi)\, dz'$$

をかければよい．ただし，ここで，φ は xz 平面内で QP, OP′ の x 軸とのなす角となる．いま，D をじゅうぶん大きい値として，積分領域を $(-D/2, D/2)$ とおいておけば，この積分は δ を D に置き換えた (3.4.5) 式の計算から求めることができる．したがって，θ, φ の関数としての強度は

$$I(\theta, \varphi) = I(0) \left\{ \frac{\sin(p\sin\theta)}{p\sin\theta} \right\}^2 \left\{ \frac{\sin(q\sin\varphi)}{q\sin\varphi} \right\}^2$$

となる.ただし,

$$p = \frac{\pi\delta}{\lambda}, \quad q = \frac{\pi D}{\lambda}$$

である.

スリットは z 方向にじゅうぶん長いから,φ の関数としての強度は φ について積分した強度とする.つまり,積分領域を $(-\tau, \tau)$ とおいて

$$I(\theta) = \int_{-\tau}^{\tau} I(\theta,\varphi)\cos\varphi \, d\varphi = \int_{-\sin\tau}^{\sin\tau} I(\theta,\varphi) d\sin\varphi$$

とする.実際に積分する部分は

$$\int_{-\sin\tau}^{\sin\tau} \left\{ \frac{\sin(q\sin\varphi)}{q\sin\varphi} \right\}^2 d\sin\varphi$$

だから,$t = q\sin\varphi$ とおくと,$d\sin\varphi = dt/q$ となり

$$\int_{-\sin\tau}^{\sin\tau} \left\{ \frac{\sin(q\sin\varphi)}{q\sin\varphi} \right\}^2 d\sin\varphi = \frac{1}{q}\int_{-q\sin\tau}^{q\sin\tau} \frac{\sin^2 t}{t^2} dt$$

となる.$q\sin\tau = \sin\tau \frac{\pi D}{\lambda} \to \infty$ として,以下の [計算ノート:(3.4.8) 式] に示すように

$$\int_{-\infty}^{\infty} \frac{\sin^2 t}{t^2} dt = \pi \tag{3.4.8}$$

であるから,定数を含めた $\theta = 0$ のときの強度をあらためて $I'(0)$ とおくと,

$$I(\theta) = I'(0) \left\{ \frac{\sin(p\sin\theta)}{p\sin\theta} \right\}^2$$

となる.結局,形式的には (3.4.6) 式と同じ結果となる.

■ 計算ノート:(3.4.8) 式

(i) $\int_{-\infty}^{\infty} \frac{\sin x}{x} dx = \pi$ の証明:

被積分関数は偶関数であるから,

$$\int_0^{\infty} \frac{\sin x}{x} dx = \frac{\pi}{2}$$

を証明して 2 倍すればよい.

図 3.4.8 のような,半径 ε の半円の経路 C_0,実軸上の経路 C_1, C_3 と半径 R の経路 C_2 からなる積分経路について $\frac{e^{iz}}{z}$ の複素積分を実行する.この関数は積分経路の内部で正則だから,留数定理より,

$$\int_{C_0}\frac{e^{iz}}{z}dz+\int_{C_1}\frac{e^{iz}}{z}dz+\int_{C_2}\frac{e^{iz}}{z}dz+\int_{C_3}\frac{e^{iz}}{z}dz=0$$

である.

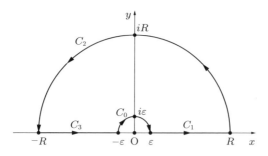

図 3.4.8 積分経路

ここで,
$$\int_{C_1}\frac{e^{iz}}{z}dz+\int_{C_3}\frac{e^{iz}}{z}dz=\int_{\varepsilon}^{R}\frac{e^{ix}}{x}dx+\int_{-R}^{-\varepsilon}\frac{e^{ix}}{x}dx$$
$$=\int_{\varepsilon}^{R}\frac{e^{ix}-e^{-ix}}{x}dx=2i\int_{\varepsilon}^{R}\frac{\sin x}{x}dx$$

である. 経路 C_2 においては, $z=Re^{i\theta}=R(\cos\theta+i\sin\theta)$ とおくと, $dz=iRe^{i\theta}d\theta$ だから,

$$\int_{C_2}\frac{e^{iz}}{z}dz=i\int_0^{\pi}e^{iR(\cos\theta+i\sin\theta)}d\theta$$
$$\left|\int_{C_2}\frac{e^{iz}}{z}dz\right|\leqq\int_0^{\pi}e^{-R\sin\theta}d\theta=2\int_0^{\frac{\pi}{2}}e^{-R\sin\theta}d\theta$$

となり, $0\leqq\theta\leqq\pi/2$ のとき, $2\theta/\pi\leqq\sin\theta$ だから,

$$\left|\int_{C_2}\frac{e^{iz}}{z}dz\right|=2\int_0^{\frac{\pi}{2}}e^{-R\sin\theta}d\theta\leqq 2\int_0^{\frac{\pi}{2}}e^{-\frac{2R}{\pi}\theta}d\theta$$
$$=\frac{\pi}{R}(1-e^{-R})\to 0\quad(R\to\infty)$$

となる. 一方, 経路 C_0 において $z=\varepsilon e^{i\theta}$ とおくと, $dz=i\varepsilon e^{i\theta}d\theta=iz\,d\theta$ だから,

$$\int_{C_0}\frac{e^{iz}}{z}dz=-i\int_0^{\pi}e^{i\varepsilon(\cos\theta+i\sin\theta)}d\theta$$

となり, $0\leqq\theta\leqq\pi$ のとき, $e^{i\varepsilon(\cos\theta+i\sin\theta)}\to 1\;(\varepsilon\to 0)$ だから,

$$\int_{C_0} \frac{e^{iz}}{z} dz \to -i\pi$$

となる.結局,

$$\int_{C_0} \frac{e^{iz}}{z} dz + \int_{C_1} \frac{e^{iz}}{z} dz + \int_{C_2} \frac{e^{iz}}{z} dz + \int_{C_3} \frac{e^{iz}}{z} dz$$
$$\to 2i \int_0^\infty \frac{\sin x}{x} dx - i\pi = 0 \quad (\varepsilon \to 0,\ R \to \infty)$$

ゆえに,

$$\int_0^\infty \frac{\sin x}{x} dx = \frac{\pi}{2}$$

(ii) $\int_{-\infty}^\infty \frac{\sin^2 t}{t^2} dt = \pi$ の証明:

三角関数の公式 $\sin^2 t = \frac{1}{2}(1 - \cos 2t)$ と部分積分法を使う.

$$\int_{-\infty}^\infty \frac{\sin^2 t}{t^2} dt = \frac{1}{2}\left(\int_{-\infty}^\infty \frac{dt}{t^2} - \int_{-\infty}^\infty \frac{\cos 2t}{t^2} dt\right)$$
$$= \frac{1}{2}\left[-\frac{1}{t}\right]_{-\infty}^\infty + \left[\frac{\cos 2t}{2t}\right]_{-\infty}^\infty + \int_{-\infty}^\infty \frac{\sin 2t}{t} dt$$
$$= \int_{-\infty}^\infty \frac{\sin x}{x} dx$$

最後の式は $2t = x$ とおいた.最後に (i) の結果が使えて,

$$\int_{-\infty}^\infty \frac{\sin^2 t}{t^2} dt = \int_{-\infty}^\infty \frac{\sin x}{x} dx = \pi$$

となる.

■**フレネル回折の場合** 光源 P_0,観測点 P が有限の距離にあるとするので,図 3.4.4 の光路で $P_0O = r_0'$,$OP = r'$ とおいて,フラウンホーファー回折の場合と同様に,$\psi(\boldsymbol{r})$ を求める.ついたての開口部での通過点 Q の座標を $(0, y', z')$ として,(3.4.3) 式において r_0,r を r_0',r',y',z' で表したとき,少なくとも y',z' について 2 次までの近似はとらなければならない.

話を簡単にして,P_0P を結ぶ直線が開口部で原点 O を通る場合としよう.ついたて面の法線は $+x$ 軸向きであるから,今度の場合は

$$\theta \approx \theta_0$$

となるが,この角は xy 平面上にあるとする.したがって,(3.4.3) 式の積分の中の $\cos\theta + \cos\theta_0$ は

$$\cos\theta + \cos\theta_0 = 2\cos\theta$$

となり,また,フラウンホーファー回折のときと同様に扱って,

$$\frac{1}{r_0 r} \approx \frac{1}{r'_0 r'}$$

とし,それぞれ,積分の外に出すことができる.(3.4.3) 式の積分の中の

$$e^{ik(r_0+r)}$$

の部分は,以下の [計算ノート:(3.4.9) 式] に示すように,

$$e^{ik(r_0+r)} \approx e^{ik(r'_0+r')} \exp ik\left[\frac{1}{2}\left(\frac{1}{r'_0}+\frac{1}{r'}\right)\{(y')^2\cos^2\theta + (z')^2\}\right] \tag{3.4.9}$$

となる.

計算ノート:(3.4.9) 式

図 3.4.9 において,(単位ベクトルを使わずに) 座標軸そのものを $\overrightarrow{OX}$, $\overrightarrow{OY}$, $\overrightarrow{OZ}$ とする.ついたて面の法線は $\overrightarrow{OX}$ 向きである.また,光源 P_0,観測点 P,ついたて面の開口部における光路の通過点 $Q(0, y', z')$ に関係して,ベクトル $\overrightarrow{OP_0}$, $\overrightarrow{OP}$, $\overrightarrow{OQ}$, $\overrightarrow{QP_0}$, $\overrightarrow{QP}$ を考える.

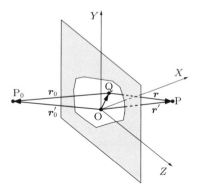

図 3.4.9 ついたての開口部における回折のベクトル指定

$\overrightarrow{QP}$ と $\overrightarrow{OX}$ のなす角は θ で

$$|\overrightarrow{OP_0}| = r'_0,\ |\overrightarrow{OP}| = r',\ |\overrightarrow{OQ}| = \sqrt{(y')^2 + (z')^2},\ |\overrightarrow{QP_0}| = r_0,\ |\overrightarrow{QP}| = r$$

である.近似として,

$$-\frac{\overrightarrow{OP_0}\cdot\overrightarrow{OY}}{|\overrightarrow{OP_0}||\overrightarrow{OY}|} \approx \frac{\overrightarrow{OP}\cdot\overrightarrow{OY}}{|\overrightarrow{OP}||\overrightarrow{OY}|} \approx \sin\theta$$

$$-\frac{\overrightarrow{OP_0} \cdot \overrightarrow{OZ}}{|\overrightarrow{OP_0}||\overrightarrow{OZ}|} \approx \frac{\overrightarrow{OP} \cdot \overrightarrow{OZ}}{|\overrightarrow{OP}||\overrightarrow{OZ}|} \approx 0$$

とする.

$$\overrightarrow{QP_0} = \overrightarrow{OP_0} - \overrightarrow{OQ}$$

の関係より,

$$\overrightarrow{QP_0}^2 = (\overrightarrow{OP_0} - \overrightarrow{OQ})^2 = (\overrightarrow{OP_0})^2 - 2\overrightarrow{OP_0} \cdot \overrightarrow{OQ} + (\overrightarrow{OQ})^2$$

だから,

$$r_0{}^2 = (r_0')^2 + 2r_0' y' \sin\theta + (y')^2 + (z')^2$$
$$= (r_0')^2 \left\{ 1 + \frac{2y' \sin\theta}{r_0'} + \frac{(y')^2 + (z')^2}{(r_0')^2} \right\}$$

となり, ここから,

$$r_0 = r_0' \left\{ 1 + \frac{2y' \sin\theta}{r_0'} + \frac{(y')^2 + (z')^2}{(r_0')^2} \right\}^{\frac{1}{2}}$$

が得られる. 上の関係で, 右辺の根号を $(1+\Delta)^{\frac{1}{2}}$ とおき, $\Delta = \frac{2y' \sin\theta}{r_0'} + \frac{(y')^2 + (z')^2}{(r_0')^2} \ll 1$ として,

$$\sqrt{1+\Delta} \approx 1 + \frac{1}{2}\Delta - \frac{1}{8}\Delta^2$$

までの近似をとる. ただし, Δ^2 に相当する項では, y, z の 2 次の微小量となる $\left(\frac{2y' \sin\theta}{r_0'}\right)^2$ の項のみ残すことにする. したがって,

$$r_0 \approx r_0' \left\{ 1 + \frac{1}{2} \cdot \frac{2y' \sin\theta}{r_0'} + \frac{1}{2} \cdot \frac{(y')^2 + (z')^2}{(r_0')^2} - \frac{1}{8} \cdot \left(\frac{2y' \sin\theta}{r_0'}\right)^2 \right\}$$
$$\approx r_0' + y' \sin\theta + \frac{(y')^2 + (z')^2}{2r_0'} - \frac{(y')^2 \sin^2\theta}{2r_0'}$$
$$\approx r_0' + y' \sin\theta + \frac{(y')^2 \cos^2\theta + (z')^2}{2r_0'} \tag{3.4.10}$$

次に,

$$\overrightarrow{QP} = \overrightarrow{OP} - \overrightarrow{OQ}$$

より,

$$\overrightarrow{QP}^2 = (\overrightarrow{OP} - \overrightarrow{OQ})^2 = \overrightarrow{OP}^2 - 2\overrightarrow{OP} \cdot \overrightarrow{OQ} + \overrightarrow{OQ}^2$$

だから,

$$r^2 = (r')^2 - 2r' y' \sin\theta + (y')^2 + (z')^2$$

210　第 III 部　第 4 章　うなり，回折，干渉

以下，r_0 のときと同様な近似計算をすると，
$$r \approx r' - y' \sin\theta + \frac{(y')^2 \cos^2\theta + (z')^2}{2r'} \tag{3.4.11}$$
(3.4.10), (3.4.11) 式を加えると，
$$r_0 + r \approx r_0' + r' + \frac{1}{2}\left(\frac{1}{r_0'} + \frac{1}{r'}\right)\{(y')^2 \cos^2\theta + (z')^2\}$$
となる．したがって，
$$e^{ik(r_0+r)} \approx \exp ik\left[r_0' + r' + \frac{1}{2}\left(\frac{1}{r'} + \frac{1}{r_0'}\right)\{(y')^2 \cos^2\theta + (z')^2\}\right]$$
$$\approx e^{ik(r_0'+r')} \exp ik\left[\frac{1}{2}\left(\frac{1}{r_0'} + \frac{1}{r'}\right)\{(y')^2 \cos^2\theta + (z')^2\}\right]$$
となって，(3.4.9) 式が得られた．

ここで，被積分関数の指数関数を三角関数に直すと，(3.4.3) 式は
$$\psi(\boldsymbol{r}) = -\frac{iA}{2\lambda} \int_{S_1} \frac{e^{ik(r_0+r)}}{r_0 r} (\cos\theta_0 + \cos\theta)\, dS_1$$
$$= -\frac{iA\cos\theta}{\lambda} \frac{e^{ik(r_0'+r')}}{r_0' r'}$$
$$\times \iint_{S_1} \Big[\cos\{kf(y',z')\} + i\sin\{kf(y',z')\}\Big]\, dy'\, dz'$$
となる．ただし，
$$f(y',z') = \left[\frac{1}{2}\left(\frac{1}{r_0'} + \frac{1}{r'}\right)\{(y')^2 \cos^2\theta + (z')^2\}\right]$$
ここで，
$$\psi_P = \psi(\boldsymbol{r}) = B(C + iS)$$
とおく．すなわち，
$$B = -\frac{iA\cos\theta}{\lambda} \frac{e^{ik(r_0'+r')}}{r_0' r'}$$
$$C = \iint_{S_1} \cos\left[k\frac{1}{2}\left(\frac{1}{r_0'} + \frac{1}{r'}\right)\{(y')^2 \cos^2\theta + (z')^2\}\right]\, dy'\, dz'$$
$$S = \iint_{S_1} \sin\left[k\frac{1}{2}\left(\frac{1}{r_0'} + \frac{1}{r'}\right)\{(y')^2 \cos^2\theta + (z')^2\}\right]\, dy'\, dz'$$
とおく．そして，
$$\left(\frac{1}{r_0'} + \frac{1}{r'}\right)(y')^2 \cos^2\theta = \frac{\lambda}{2}u^2 \tag{3.4.12}$$

$$\left(\frac{1}{r_0'} + \frac{1}{r'}\right)(z')^2 = \frac{\lambda}{2} v^2$$

によって定義される u, v に変換すると,

$$dy'\,dz' = \frac{\lambda}{2} \frac{du\,dv}{\left(\frac{1}{r_0'} + \frac{1}{r'}\right)\cos\theta}$$

となるから,積分は

$$C = D \iint_{S_1} \cos\left\{\frac{\pi}{2}(u^2 + v^2)\right\} du\,dv \tag{3.4.13}$$

$$S = D \iint_{S_1} \sin\left\{\frac{\pi}{2}(u^2 + v^2)\right\} du\,dv \tag{3.4.14}$$

となる.ただし,

$$D = \frac{\lambda}{2\left(\frac{1}{r_0'} + \frac{1}{r'}\right)\cos\theta}$$

である.

$$\cos\left\{\frac{\pi}{2}(u^2+v^2)\right\} = \cos\left(\frac{\pi}{2}u^2\right)\cos\left(\frac{\pi}{2}v^2\right) - \sin\left(\frac{\pi}{2}u^2\right)\sin\left(\frac{\pi}{2}v^2\right)$$

$$\sin\left\{\frac{\pi}{2}(u^2+v^2)\right\} = \sin\left(\frac{\pi}{2}u^2\right)\cos\left(\frac{\pi}{2}v^2\right) + \cos\left(\frac{\pi}{2}u^2\right)\sin\left(\frac{\pi}{2}v^2\right)$$

となり,面 S_1 が u 軸と v 軸に平行な辺をもつ長方形の場合は,(3.4.13) 式を計算するためには

$$\mathcal{C}(w) = \int_0^w \cos\left(\frac{\pi}{2}\tau^2\right) d\tau \tag{3.4.15}$$

$$\mathcal{S}(w) = \int_0^w \sin\left(\frac{\pi}{2}\tau^2\right) d\tau \tag{3.4.16}$$

を計算すればよく,$\mathcal{C}$, $\mathcal{S}$ は**フレネル積分**と呼ばれている.$w \to \infty$ のときは,以下の [計算ノート:(3.4.17),(3.4.18) 式] に示すように

$$\mathcal{C}(\infty) = \int_0^\infty \cos\left(\frac{\pi}{2}\tau^2\right) d\tau = \frac{1}{2}, \quad \mathcal{C}(-\infty) = -\int_{-\infty}^0 \cos\left(\frac{\pi}{2}\tau^2\right) d\tau = -\frac{1}{2}$$
$$\tag{3.4.17}$$

$$\mathcal{S}(\infty) = \int_0^\infty \sin\left(\frac{\pi}{2}\tau^2\right) d\tau = \frac{1}{2}, \quad \mathcal{S}(-\infty) = -\int_{-\infty}^0 \sin\left(\frac{\pi}{2}\tau^2\right) d\tau = -\frac{1}{2}$$
$$\tag{3.4.18}$$

である.

計算ノート：(3.4.17)，(3.4.18) 式

ここでは，ガンマ関数の関係
$$\int_0^\infty e^{-x^2}\,dx = \frac{1}{2}\,\Gamma\left(\frac{1}{2}\right) = \frac{\sqrt{\pi}}{2}$$
を公式として使うことから出発する．

関数 e^{-z^2} を図 3.4.10 のように，積分経路を半径 R，角 $\dfrac{\pi}{4}$ の扇形の周 OAB として積分すれば，この関数はこの積分経路の内部で正則だから，留数定理より，
$$\int_{C_1} e^{-z^2}\,dz + \int_{C_2} e^{-z^2}\,dz + \int_{C_3} e^{-z^2}\,dz = 0$$
である．

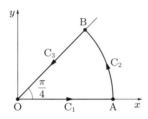

図 **3.4.10** 積分経路

ここで，実軸上の経路 C_1 についての積分は，$R \to \infty$ の極限で
$$\int_{C_1} e^{-z^2}\,dz = \int_0^R e^{-x^2}\,dx \to \int_0^\infty e^{-x^2}\,dx = \frac{\sqrt{\pi}}{2}$$
となる．ここでガンマ関数の公式を使った．

次に，円周上の経路 C_2 についての積分の絶対値は，$z = Re^{i\theta}$ という極形式に直すと，
$$\left|\int_{C_2} e^{-z^2}\,dz\right| = \left|\int_0^{\frac{\pi}{4}} \exp\{-R^2(\cos 2\theta + i\sin 2\theta)\} Re^{i\theta} i\,d\theta\right|$$
$$\leqq \int_0^{\frac{\pi}{4}} \left|\exp\{-R^2(\cos 2\theta + i\sin 2\theta)\} Re^{i\theta} i\right| d\theta$$
$$\leqq R \int_0^{\frac{\pi}{4}} \exp(-R^2 \cos 2\theta)\,d\theta$$
$$\leqq \frac{R}{2} \int_0^{\frac{\pi}{2}} \exp(-R^2 \sin\varphi)\,d\varphi$$
となる．ただし，最後の式は置換積分法で $\varphi = \dfrac{\pi}{2} - 2\theta$ を用いた．

ところで，関数 $\dfrac{\sin\varphi}{\varphi}$ は $\left[0, \dfrac{\pi}{2}\right]$ で減少関数だから，

$$\min\left[\frac{\sin\varphi}{\varphi}\right] = \frac{2}{\pi}$$

となる.したがって,この範囲では不等式

$$\sin\varphi \geqq \frac{2}{\pi}\varphi$$

が成り立つ.この関係を用いると,

$$R\int_0^{\frac{\pi}{2}} \exp(-R^2 \sin\varphi)\, d\varphi \leqq R\int_0^{\frac{\pi}{2}} \exp\left(-\frac{2}{\pi}R^2\varphi\right) d\varphi$$

$$= R\left[\frac{e^{-\frac{2}{\pi}R^2\varphi}}{-\frac{2}{\pi}R^2}\right]_0^{\frac{\pi}{2}} = -\frac{\pi}{2R}(e^{-R^2}-1) \to 0 \quad (R\to\infty)$$

となる.

最後に,経路 C_3 についての積分は,$z = \frac{1+i}{\sqrt{2}}t$ と変換して,$R\to\infty$ の極限をとると,

$$\int_{C_3} e^{-z^2}\, dz = \frac{1+i}{\sqrt{2}}\int_R^0 e^{-it^2}\, dt$$

$$= -\frac{1+i}{\sqrt{2}}\int_0^R (\cos t^2 - i\sin t^2)\, dt$$

$$\to -\frac{1+i}{\sqrt{2}}\left(\int_0^\infty \cos t^2\, dt - i\int_0^\infty \sin t^2\, dt\right)$$

となる.この結果,1周の積分は

$$\frac{\sqrt{\pi}}{2} - \frac{1+i}{\sqrt{2}}\left(\int_0^\infty \cos t^2\, dt - i\int_0^\infty \sin t^2\, dt\right) = 0$$

$$\int_0^\infty \cos t^2\, dt - i\int_0^\infty \sin t^2\, dt = \frac{\sqrt{2}}{1+i}\cdot\frac{\sqrt{\pi}}{2} = \frac{\sqrt{2\pi}\,(1-i)}{4}$$

$$-\frac{1}{2}\sqrt{\frac{\pi}{2}} - \frac{1}{2}\sqrt{\frac{\pi}{2}}\,i$$

となり,実数部と虚数部を,それぞれ等置すれば,

$$\int_0^\infty \cos t^2\, dt = \int_0^\infty \sin t^2\, dt = \frac{1}{2}\sqrt{\frac{\pi}{2}}$$

が得られる.最後に,$t = \sqrt{\frac{\pi}{2}}\,\tau$ と変換すれば,

$$\int_0^\infty \cos\left(\frac{\pi}{2}\tau^2\right) d\tau = \int_0^\infty \sin\left(\frac{\pi}{2}\tau^2\right) d\tau = \sqrt{\frac{2}{\pi}}\cdot\frac{1}{2}\sqrt{\frac{\pi}{2}} = \frac{1}{2}$$

となる.
ゆえに

$$\mathcal{C}(\infty) = \mathcal{S}(\infty) = \frac{1}{2}$$

同様に,

$$\int_{-\infty}^{0} \cos\left(\frac{\pi}{2}\tau^2\right) d\tau = \int_{-\infty}^{0} \sin\left(\frac{\pi}{2}\tau^2\right) d\tau = \frac{1}{2}$$

であるから

$$\mathcal{C}(-\infty) = \mathcal{S}(-\infty) = -\frac{1}{2}$$

いろいろな値の w について フレネル積分をコンピュータで計算して，w をパラメータとし，縦軸 $\mathcal{S}(w)$，横軸 $\mathcal{C}(w)$ とする直交軸にしたグラフを描いてみると，結果は図 3.4.11 のような**コルニュ・スパイラル**と呼ばれるらせん形になる．

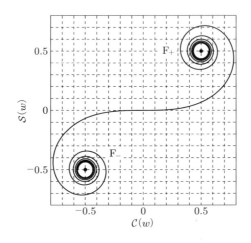

図 **3.4.11** コルニュ・スパイラル．図で点 F_+, 点 F_- は $\mathcal{C}(\pm\infty) = \mathcal{S}(\pm\infty) = \pm 1/2$ に対応する．

■**ついたての端でのフレネル回折**　コルニュ・スパイラルの応用として，yz 平面上に y 軸に平行な辺をもつついたてによる光の回折を調べてみる．ついたては図 3.4.12 で $y \geqq \delta$ にあり，xy 平面上の光のみを調べることにする．光源を P_0, y 軸上の通過点を Q, 観測点を P とする．距離 $P_0Q = r_0$, $QP = r$, $OP_0 = r'_0$, $OP = r'$ はフラウンホーファー回折と違い有限ではあるが，x 軸に平行な平面波として入射し，x 軸と角 θ をなす平面波として扱えるものとする．

積分の範囲は

$$-\infty < y' < \delta, \quad -\infty < z' < \infty$$

であり，z' は v に，y' は (3.4.12) 式を用いて u に置き換えると

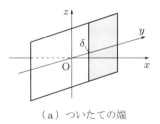

(a) ついたての端

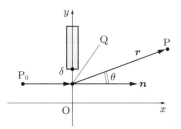

(b) $z=0$ の平面での座標指定

図 **3.4.12** ついたての端でのフレネル回折

$$-\infty < u < w, \quad -\infty < v < \infty$$

となる．ただし，パラメータ w は

$$w = \sqrt{\frac{2}{\lambda}\left(\frac{1}{r'_0} + \frac{1}{r'}\right)} \delta \cos\theta \tag{3.4.19}$$

を表している．図 3.4.6 より，

$$\mathrm{PP}' = \mathrm{OQ}\cos\theta$$

の関係があるから，$\theta = \pm\pi/2$ のとき $w = 0$ となり，$0 < \theta < \pi/2$ のとき $w > 0$，$-\pi/2 < \theta < 0$ のとき $w < 0$ となる．

(3.4.13), (3.4.14) 式に三角関数の加法定理を適用した式，および，(3.4.15), (3.4.16) 式より，

$$\begin{aligned}
C &= D\big[\{\mathcal{C}(w) - \mathcal{C}(-\infty)\}\{\mathcal{C}(\infty) - \mathcal{C}(-\infty)\} \\
&\quad - \{\mathcal{S}(w) - \mathcal{S}(-\infty)\}\{\mathcal{S}(\infty) - \mathcal{S}(-\infty)\}\big] \\
S &= D\big[\{\mathcal{S}(w) - \mathcal{S}(-\infty)\}\{\mathcal{C}(\infty) - \mathcal{C}(-\infty)\} \\
&\quad + \{\mathcal{C}(w) - \mathcal{C}(-\infty)\}\{\mathcal{S}(\infty) - \mathcal{S}(-\infty)\}\big]
\end{aligned}$$

ゆえに，(3.4.17), (3.4.18) 式より

$$C = D\left[\left\{\mathcal{C}(w) + \frac{1}{2}\right\} - \left\{\mathcal{S}(w) + \frac{1}{2}\right\}\right]$$

$$S = D\left[\left\{\mathcal{S}(w) + \frac{1}{2}\right\} + \left\{\mathcal{C}(w) + \frac{1}{2}\right\}\right]$$

強度 I_P は $I_\mathrm{P} = |\psi_\mathrm{P}|^2 = B^2(C^2 + S^2)$ より，$B = -\dfrac{iA\cos\theta}{\lambda}\dfrac{e^{ik(r_0'+r')}}{r_0' r'}$，$D = \dfrac{\lambda}{2\left(\frac{1}{r_0'} + \frac{1}{r'}\right)\cos\theta}$ であって

$$|B|D = |A|\frac{\cos\theta}{\lambda} \cdot \frac{|e^{ik(r_0'+r')}|}{r_0' r'} \cdot \frac{\lambda}{2\left(\frac{1}{r_0'} + \frac{1}{r'}\right)\cos\theta} = \frac{|A|}{2(r_0' + r')}$$

であるから，

$$I_\mathrm{P} = |\psi_\mathrm{P}|^2 = \frac{1}{2}\left[\left\{\mathcal{C}(w) + \frac{1}{2}\right\}^2 + \left\{\mathcal{S}(w) + \frac{1}{2}\right\}^2\right] I_0 \tag{3.4.20}$$

となる．ただし，

$$I_0 = 4|B|^2 D^2 = \frac{|A|^2}{(r_0' + r')^2}$$

とおいた．I_P は

$$w = 0 \text{ のとき } I_\mathrm{P} = \frac{1}{4} I_0, \quad w \to \infty \text{ のとき } I_\mathrm{P} = I_0$$

となる．$\{\mathcal{C}(w)+1/2\}^2 + \{\mathcal{S}(w)+1/2\}^2$ は，図 3.4.11 でスパイラル上の 2 点 F_-，$\mathrm{P}(w)$ 間の長さの 2 乗である．しかし，P の位置を定める角 θ の値は，r_0'，r' の値を知らなければ，特定できない．そこで，以下では回折の定性的な傾向だけをみることにして，パラメータ w に対し，I_P/I_0 の変化を調べることにしよう．

問題 17

表 3.4.1 の数値を使い，(3.4.20) 式を用いて，横軸を w，縦軸を I_P/I_0 とした，回折光の相対強度を示すグラフを描け．表計算ソフトを用いるとよい．

表 3.4.1 フレネル積分の数表：資料は Web site「ke!san」(http://keisan.casio.jp) の「専門的な計算」から「フレネル積分」より作成

w	$\mathcal{S}(w)$	$\mathcal{C}(w)$	w	$\mathcal{S}(w)$	$\mathcal{C}(w)$
0	0.000000000	0.000000000	2.6	0.549989323	0.388937496
0.1	0.000523590	0.099997533	2.7	0.452917488	0.392493970
0.2	0.004187609	0.199921058	2.8	0.391528444	0.467491652
0.3	0.014116998	0.299400976	2.9	0.410140587	0.562376450
0.4	0.033359433	0.397480759	3.0	0.496312999	0.605720789
0.5	0.064732433	0.492344226	3.1	0.581815868	0.561593903
0.6	0.110540207	0.581095447	3.2	0.593349465	0.466320347
0.7	0.172136458	0.659652352	3.3	0.519286085	0.405694404
0.8	0.249341393	0.722844170	3.4	0.429649464	0.438491703
0.9	0.339776344	0.764823021	3.5	0.415248012	0.532572435
1	0.438259147	0.779893400	3.6	0.492309489	0.587953260
1.1	0.536497911	0.763806666	3.7	0.574980350	0.541945662
1.2	0.623400919	0.715437723	3.8	0.565618740	0.448094947
1.3	0.686333286	0.638550455	3.9	0.475202402	0.422332710
1.4	0.713525077	0.543095784	4.0	0.420515754	0.498426033
1.5	0.697504960	0.445261176	4.1	0.475798257	0.573695632
1.6	0.638887684	0.365461683	4.2	0.563198888	0.541719203
1.7	0.549195940	0.323826876	4.3	0.553995888	0.449441171
1.8	0.450938769	0.333632927	4.4	0.462268016	0.438332941
1.9	0.373347318	0.394470535	4.5	0.434272975	0.526025915
2	0.343415678	0.488253406	4.6	0.516192337	0.567236682
2.1	0.374273359	0.581564135	4.7	0.567145469	0.491426491
2.2	0.455704612	0.636286045	4.8	0.496750219	0.433796582
2.3	0.553151642	0.626561710	4.9	0.435067362	0.500160968
2.4	0.619689965	0.554961406	5.0	0.499191382	0.563631189
2.5	0.619181756	0.457413010	∞	0.500000000	0.500000000

[**解　答**]　(3.4.20) 式を用いた計算からグラフを描くと，図 3.4.13 のようになる．回折の方位角 θ により，強度分布に周期的な変化が見られる

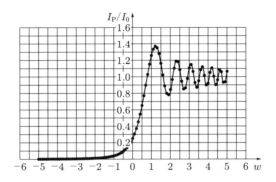

図 3.4.13 ついたてで回折した光の強度分布（相対強度）

4.3 波の干渉

■**極大・極小条件** 振動数も波長も異なる 2 波の重ね合せにおいても，可干渉な条件を満たせば，空間的な極大点，極小点，あるいは，極大線，極小線が現れ得る．これも広義の干渉と呼ぶことができるであろうが，ここでは，振動数，波長の等しい，すなわち，角振動数，波数の等しい 2 波の干渉をおもに考察する．2 波に限ったのは，重なる波の数が増えても，干渉の機構は原理的に変わらないからである．

うなりのときと同様に，空間 1 次元の複素指数波

$$\phi_1 = A_1 e^{i\theta_1}, \quad \phi_2 = A_2 e^{i\theta_2}$$

を考えよう．ただし，振幅 A_1, A_2 は平面波の場合なら定数，球面波の場合では波源からの距離の関数となる．ϕ_1, ϕ_2 は別の経路を通って観測点で重なる．それぞれの波が発生した時刻を $t=0$ とし，そのときの位相を，それぞれ 0, $2\pi\alpha$ $\left(0 < \alpha < \dfrac{1}{2}\right)$ とおく．波数を k，角振動数を ω とし，ϕ_1, ϕ_2 の進行経路の長さを r_1, r_2 とおくと，観測時刻 t における ϕ_1, ϕ_2 の位相 θ_1, θ_2 は

$$\theta_1 = kr_1 - \omega t, \quad \theta_2 = kr_2 - \omega t + 2\pi\alpha$$

となる．同位相の場合の位相差は

$$|\theta_2 - \theta_1| = 0,\ 2\pi,\ 4\pi,\ \ldots$$

となり，逆位相の場合の位相差は

$$|\theta_2 - \theta_1| = \pi,\ 3\pi,\ \ldots$$

となる．これを経路差 $|r_2 - r_1|$ に直すと，極大・極小条件は，それぞれ，

$$\begin{aligned}
\text{極大}: |r_2 - r_1| &= \frac{2\pi\alpha}{k},\ \frac{2\pi(1\mp\alpha)}{k},\ \frac{2\pi(2\mp\alpha)}{k},\ \ldots \\
&= \alpha\lambda,\ (1\mp\alpha)\lambda,\ (2\mp\alpha)\lambda,\ \ldots
\end{aligned} \quad (3.4.21)$$

$$\begin{aligned}
\text{極小}: |r_2 - r_1| &= \frac{2\pi\left(\frac{1}{2}\mp\alpha\right)}{k},\ \frac{2\pi\left(\frac{3}{2}\mp\alpha\right)}{k},\ \ldots \\
&= \left(\frac{1}{2}\mp\alpha\right)\lambda,\ \left(\frac{3}{2}\mp\alpha\right)\lambda,\ \ldots
\end{aligned} \quad (3.4.22)$$

である.

■**2つの波の重ね合せ** ① 2つの波源からくる球面波の場合：波源 S_1, S_2 から時刻 $t=0$ で同位相, k, ω の等しい球面波が, $PS_1 = r_1$, $PS_2 = r_2$ にある点 P で時刻 t に重なったとしよう.

$$\phi_1 = \frac{C_1}{r_1} e^{i(kr_1 - \omega t)}, \quad \phi_2 = \frac{C_2}{r_2} e^{i(kr_2 - \omega t)}$$

の重ね合せ

$$\phi = \phi_1 + \phi_2$$

は,

$$\phi = A e^{i(\gamma - \omega t)} \quad (3.4.23)$$

とまとまる. ただし, ここで, 振幅 A は次の［計算ノート：(3.4.24) 式］のようにして得られ,

$$A = \sqrt{\left(\frac{C_1}{r_1}\right)^2 + \left(\frac{C_2}{r_2}\right)^2 + \frac{2C_1 C_2}{r_1 r_2} \cos k(r_2 - r_1)} \quad (3.4.24)$$

$$e^{i\gamma} = \frac{1}{A}\left(\frac{C_1}{r_1} e^{ikr_1} + \frac{C_2}{r_2} e^{ikr_2}\right)$$

である.

計算ノート：(3.4.24) 式

重ね合わされた波の強度は, すでに繰り返し強調されてきたように, 一般には

$$|\phi|^2 = |\phi_1|^2 + |\phi_2|^2 = \left(\frac{C_1}{r_1}\right)^2 + \left(\frac{C_2}{r_2}\right)^2$$

の形にはならない.

$$\phi^* \phi = (\phi_1^* + \phi_2^*)(\phi_1 + \phi_2)$$

$$= \phi_1^* \phi_1 + \phi_2^* \phi_2 + \phi_1^* \phi_2 + \phi_2^* \phi_1$$
$$= \left(\frac{C_1}{r_1}\right)^2 + \left(\frac{C_2}{r_2}\right)^2 + \frac{C_1 C_2}{r_1 r_2}(e^{ik(r_2-r_1)} + e^{-ik(r_2-r_1)})$$
$$= \left(\frac{C_1}{r_1}\right)^2 + \left(\frac{C_2}{r_2}\right)^2 + \frac{2 C_1 C_2}{r_1 r_2} \cos k(r_2 - r_1)$$

強度は振幅 A の 2 乗である．振幅自体は

$$A = \sqrt{\left(\frac{C_1}{r_1}\right)^2 + \left(\frac{C_2}{r_2}\right)^2 + \frac{2 C_1 C_2}{r_1 r_2} \cos k(r_2 - r_1)}$$

となる．

(3.4.24) 式より，ϕ の極大条件は，m を整数として

$$k(r_2 - r_1) = 2m\pi, \quad \text{すなわち}, \quad r_2 - r_1 = m\lambda$$

である．これは，前パラグラフの (3.4.21) 式で $\alpha = 0$ とおいた結果と一致する．このとき，振幅は

$$A = \frac{C_1}{r_1} + \frac{C_2}{r_2}$$

となる．同様に，極小条件は

$$k(r_2 - r_1) = (2m+1)\pi, \quad \text{すなわち}, \quad r_2 - r_1 = \left(m + \frac{1}{2}\right)\lambda$$

である．これは，前パラグラフの (3.4.22) 式で $\alpha = 0$ とおいた結果と一致する．このとき，振幅は

$$|A| = \left|\frac{C_1}{r_1} - \frac{C_2}{r_2}\right|$$

となる．

② 浅い水槽の水面波の干渉：じゅうぶん広く浅い水槽に水を張って 2 点 S_1，S_2 を同時に叩いて水面の波を作った場合には，円形波と球面波の違いはあるが，その模様は S_1，S_2 と P が同一平面にある場合に近い．極大の軌跡 $r_2 - r_1 = m\lambda$，および，極小の軌跡 $r_2 - r_1 = (m + 1/2)\lambda$ が 双曲線の集まりとなる．特に $C_1 = C_2$ の場合は，極小の曲線は完全に打ち消しあうから，これを**節線**（空間の場合は**節面**）と呼ぶ．この状態は，図 3.4.14 のような平面定常波であり，図の (a) と (b) を比べればわかるように，節線の間は $S_1 S_2$ から遠ざかる方向に振動する．

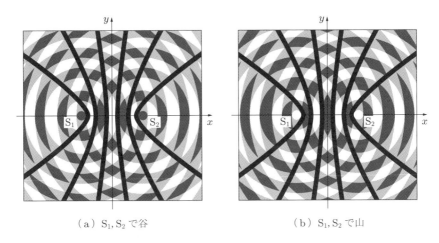

(a) S_1, S_2 で谷 (b) S_1, S_2 で山

図 3.4.14 $S_1S_2 = 3\lambda$ の場合である．図の白黒は波の山と谷の場所を示す．

■**回折格子** 多数のスリットが規則正しく並んでいるものを**回折格子**と呼ぶ．いま，スリットはじゅうぶん長く，N 個とし，図 3.4.15 のように，スリット幅 δ，スリット間隔 d とする．そして，4.2 節の単スリットのフラウンホーファー回折に対応して，じゅうぶん遠方から入射する平面波はスリットの刻まれているついたてに垂直に入射する．このとき同じくじゅうぶん遠方においてついたての法線と角 θ をなす方向に回折する平面波を調べることにする．

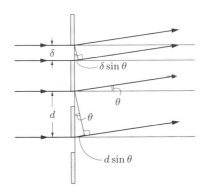

図 3.4.15 回折格子の断面図

ここでも，単スリットの場合にキルヒホッフの回折公式からもたらされた (3.4.5) 式から出発できる．O-xyz 座標のとり方も同じとする．ただし，積分領域は

$$\left[-\frac{\delta}{2}, \frac{\delta}{2}\right], \left[d-\frac{\delta}{2}, d+\frac{\delta}{2}\right], \ldots, \left[(N-1)d-\frac{\delta}{2}, (N-1)d+\frac{\delta}{2}\right]$$

となるから，回折平面波（の合成波）は

$$\phi(\theta) = C \sum_{m=0}^{N-1} \int_{md-\frac{\delta}{2}}^{md+\frac{\delta}{2}} \exp\left(iky\sin\theta\right) dy \tag{3.4.25}$$

である．ただし，$C = \dfrac{iAe^{ik(r'_0+r')}}{\lambda r'_0 r'}$ とおいた．そして，以下の[計算ノート：(3.4.26)式]のように，単スリットの場合の $\theta = 0$ のときの強度を $I_0\ (=|C|^2\delta^2)$ として，強度 $I(\theta)\ (=|\phi(\theta)|^2)$ は

$$I(\theta) = \left\{\frac{\sin(p\sin\theta)}{p\sin\theta}\right\}^2 \left\{\frac{\sin(Nq\sin\theta)}{\sin(q\sin\theta)}\right\}^2 I_0 \tag{3.4.26}$$

となる．ただし，

$$p = \frac{k\delta}{2}, \quad q = \frac{kd}{2}$$

とする．また，$I(0) = N^2 I_0$ となる．

■ 計算ノート：(3.4.26) 式

(3.4.25) 式の積分を実行すると，

$$\phi(\theta) = C \sum_{m=0}^{N-1} \int_{md-\frac{\delta}{2}}^{md+\frac{\delta}{2}} \exp\left(iky\sin\theta\right) dy = C \sum_{m=0}^{N-1} \left[\frac{\exp(iky\sin\theta)}{ik\sin\theta}\right]_{md-\frac{\delta}{2}}^{md+\frac{\delta}{2}}$$

$$= \frac{C}{ik\sin\theta} \sum_{m=0}^{N-1} \exp(imkd\sin\theta)\{\exp(ip\sin\theta) - \exp(-ip\sin\theta)\}$$

ただし，ここで $p = k\delta/2$ とおいた．

公比 $\exp(ikd\sin\theta)$ の等比数列の和の公式を用いると，

$$\sum_{m=0}^{N-1} \exp(imkd\sin\theta) = \frac{1-\exp(iNkd\sin\theta)}{1-\exp(ikd\sin\theta)} = \frac{1-\exp(2iNq\sin\theta)}{1-\exp(2iq\sin\theta)}$$

ただし，ここで $q = kd/2$ とおいた．また，

$$\sin(p\sin\theta) = \frac{1}{2i}\{\exp(ip\sin\theta) - \exp(-ip\sin\theta)\}$$

であるから，これらを使ってさらに積分の答をまとめると，

$$\phi(\theta) = \frac{C\delta}{p\sin\theta} \frac{1-\exp(2iNq\sin\theta)}{1-\exp(2iq\sin\theta)} \sin(p\sin\theta)$$

$$\left|\frac{1-\exp(2iNq\sin\theta)}{1-\exp(2iq\sin\theta)}\right|^2 = \frac{1-\exp(2iNq\sin\theta)}{1-\exp(2iq\sin\theta)} \frac{1-\exp(-2iNq\sin\theta)}{1-\exp(-2iq\sin\theta)}$$

$$= \frac{2-\exp(2iNq\sin\theta)-\exp(-2iNq\sin\theta)}{2-\exp(2iq\sin\theta)-\exp(-2iq\sin\theta)}$$

$$= \frac{2 - 2\cos(2Nq\sin\theta)}{2 - 2\cos(2q\sin\theta)} = \frac{1 - \cos(2Nq\sin\theta)}{1 - \cos(2q\sin\theta)}$$

となる．分母分子それぞれに倍角の公式

$$\cos 2\alpha = 1 - 2\sin^2\alpha$$

を用いると，

$$\left|\frac{1 - \exp(2iNq\sin\theta)}{1 - \exp(2iq\sin\theta)}\right|^2 = \frac{2\sin^2(Nq\sin\theta)}{2\sin^2(q\sin\theta)} = \left\{\frac{\sin(Nq\sin\theta)}{\sin(q\sin\theta)}\right\}^2$$

となるから，

$$|\phi(\theta)|^2 = |C|^2\delta^2\left\{\frac{\sin(p\sin\theta)}{p\sin\theta}\right\}^2\left\{\frac{\sin(Nq\sin\theta)}{\sin(q\sin\theta)}\right\}^2$$

ここで，

$$\lim_{\varphi\to 0}\left(\frac{\sin\varphi}{\varphi}\right)^2 = 1$$

の関係を2回用いると，

$$I(0) = |\phi(0)|^2 = |C|^2\delta^2 N^2$$

となる．単スリットの場合の $\theta = 0$ における強度を I_0 とおくと，$I_0 = |C|^2\delta^2$ であったから，$I(\theta)\,(=|\phi(\theta)|^2)$ と I_0 の関係は

$$I(\theta) = \left\{\frac{\sin(p\sin\theta)}{p\sin\theta}\right\}^2\left\{\frac{\sin(Nq\sin\theta)}{\sin(q\sin\theta)}\right\}^2 I_0$$

となり，(3.4.26) 式が得られる．

【例】ここで，$\lambda/d = 1$，$\lambda/\delta = 3$ ($p = 3\pi$, $q = \pi$) として，強度のグラフを描いてみよう．$x = \sin\theta$ とおいて

① $N = 5$ の場合：

$$I(\theta) = I_0\left\{\frac{\sin(3\pi x)}{3\pi x}\right\}^2\left\{\frac{\sin(5\pi x)}{\sin(\pi x)}\right\}^2$$

② $N = 2$ の場合：2スリットの場合は通常，回折格子とは言わず，**ヤングの干渉計**と呼ぶ．

$$I(\theta) = I_0\left\{\frac{\sin(3\pi x)}{3\pi x}\right\}^2\left\{\frac{\sin(2\pi x)}{\sin(\pi x)}\right\}^2$$

グラフは図 3.4.16 のようになる．この2つの図を比べてわかるように，スクリーンでみる明暗の像は，N が大きいほど鋭くはっきりしてくるが，明線の中心間の距離はどちらも変わらない．

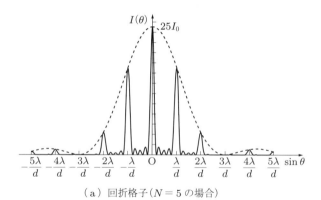
(a) 回折格子 ($N=5$ の場合)

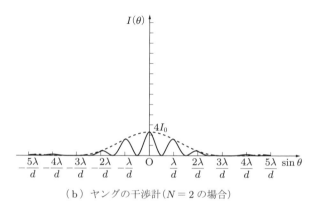
(b) ヤングの干渉計 ($N=2$ の場合)

図 3.4.16　N 個のスリットによる干渉．スリット幅の影響が強度の減衰に現れてくる．

■**干渉の条件**　干渉に関する重要な議論で，ここまではとりあげなかった事項がある．それは干渉が観測されるには，以下に述べるようなさまざまな条件を満たしていなければならない，ということである．鮮明な干渉が起こる波を**コヒーレント**（可干渉）な波と呼ぶ．

　波が可干渉である条件を，これまで見てきたいろいろな干渉計を通して具体的に考察しよう．例えば，第 I 部 3.2 節で説明したジャマンの干渉計，および，マイケルソンの干渉計においては，前者は 2 つの光波の光路長は等しいがその行程の一部で速さの違いが生じたため，後者は光速は互いに等しいが光路長に差があるため，もともとはひとつだった光波が，観測地点では時間的に異なった部分同士が重なり合わされ干渉が起きたことになる．このような光波を時間的コヒーレントであると呼ぶ．

　一方，この節でとりあげている水面波の干渉やヤングの干渉（図 3.4.17）では，前者は波源の異なる 2 波が，後者は 1 光源から発してスリットで分けられた 2 波が，

それぞれ，図 3.4.15，および，図 3.4.18 に見られるように，波の空間的に異なった部分同士が重なり合わされ干渉が起きたことになる．このような 2 波，あるいは，1 波を空間的コヒーレントであると呼ぶ．

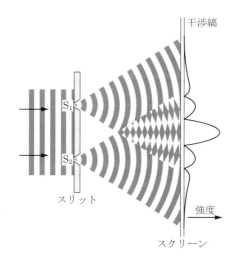

図 3.4.17 ヤングの干渉の実験装置 S_1, S_2 はスリット．図の白黒はある時刻の波の山と谷の部分を示す．

それでは，見かけ上重ねても干渉を生じない，コヒーレントでない波，すなわち，**インコヒーレント**な波と呼ばれる波とは，どのようなものであろうか．

波動方程式の最も基本的な解である平面波は，振幅と波長が一定であり，時間的にも空間的にも，すきまなく，連続である．しかし，現実に波を発生させたとき，理想的な連続性を保つことができるであろうか[†]．

まず，本節のパラグラフ「2 つの波の重ね合せ」①の例として，A，B 二人の人が同じ楽器を演奏する場合を考える．演奏には始まりと終わりがあり，発する音にはそれぞれの時間帯がある．もし A，B のどちらかが楽譜のページを読み違えたとしたら，2 つの音が全く時間的インコヒーレントになることもあり得るであろう．②の「浅い水槽の水面波」の場合でも，2 波がコヒーレントであるのは，水槽のふちから反射波が戻ってこない時間帯に限るし，2 波源間の距離が長過ぎて波の減衰が著しく，鮮明な干渉が得られないという，2 つの水面波が互いに空間的インコヒー

[†] 現実の波では，さらに，振幅のばらつき，および，位相のばらつきが生じる．ただし，この現象は「振幅と位相は同時に厳密に定めることはできない」という量子力学の不確定性原理（本シリーズ第 9 巻『量子力学 I』第 III 部 1.2 節では位置と運動量について不確定性の説明があるが，振幅と位相についても同様な関係がある）に関連する現象なので，本書では深入りしない．

レントとなる場合も起こり得る．

可視光の寿命（連続して発光している時間）は 10^{-8} s 程度と言われている．この光が光速 $c \sim 10^8$ m/s で走ると，波束（波の連続した部分）も長さは数メートル程度で決して連続ではない．しかし，ヤングの干渉で図 3.4.18 のように，同位相で入射した長さ l の波束がついたての法線となす角 θ の方向に，それぞれ S_1, S_2 のスリットをちょうど通過し終わったとする．分かれた波束の重なる距離は $l - d\sin\theta$ である．$l \fallingdotseq 1$ m, $d \fallingdotseq 10^{-3}$ m とすれば，$\sin\theta \leqq 1$ だから，$l - d\sin\theta \fallingdotseq l$ であって，1 光源から出た光は，じゅうぶんコヒーレントであることがわかる．ヤングの干渉縞は鮮明に観測される．

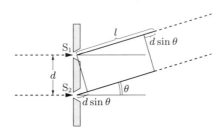

図 3.4.18 ヤングの干渉でスリット S_1, S_2 に同位相で入射した長さ l の波束がついたての法線に対して角度 θ の方向に通過し終わった瞬間．波束の重なる部分は，スリット間隔を d として，$l - d\sin\theta$ である．

原子からの光の放出は確率的な事象であって，ランダムに起こるので位相，振動方向もまちまちである．したがって，2 光源から出る光は相関が低く，一定強度の干渉は得られない．2 つのランプから出た光は，互いに空間的にインコヒーレントである．

ところが，誘導放射から得られるレーザー光は別の性質をもっている．この光は分散が小さく，強度も強く，連続した長い波であり波長も位相もそろっているので，別の光源から発生したレーザーでも干渉する．レーザー光は，時間的にも空間的にもかなりコヒーレントなのである．

この章のまとめ

1. **うなり**

    うなりの周期：$\tau = \dfrac{1}{|f_1 - f_2|}$

    ただし，2 波の振動数：$f_1 \fallingdotseq f_2$.

2. **キルヒホッフの回折公式**

第 2 章のキルヒホッフの公式

$$\psi_P = \psi(\boldsymbol{r}) = \frac{1}{4\pi} \int_S \left\{ \psi \boldsymbol{\nabla} \left(\frac{e^{ikr}}{r} \right) - \frac{e^{ikr}}{r} \boldsymbol{\nabla} \psi \right\} \cdot d\boldsymbol{S}$$

よりついたて面内の開口部における回折波を与える公式は

$$\psi(\boldsymbol{r}) = -\frac{iA}{2\lambda} \iint \frac{e^{ik(r_0+r)}}{r_0 r} (\cos\theta_0 + \cos\theta) \, dy' \, dz'$$

ただし，光源：$P_0(x_0, y_0, z_0)$，開口部内の点：$Q(0, y', z')$，光源の反対側の点 $P(x, y, z)$．$\overrightarrow{P_0Q} = (r_0, \theta_0)$，$\overrightarrow{QP} = (r, \theta)$．

3. **フラウンホーファー回折**

P_0, P がついたてからじゅうぶん遠方にあるとき．

単スリット（幅 δ）のときの相対強度：

$$\frac{I(\theta)}{I(0)} = \left\{ \frac{\sin(p\sin\theta)}{p\sin\theta} \right\}^2$$

ただし，$p = k\delta/2 = \pi\delta/\lambda$．

4. **フレネル回折**

P_0, P がついたてから有限な距離にあるとき．

ついたての端での相対強度：

$$\frac{I_P}{I_0} = \frac{1}{2} \left[\left\{ \mathcal{C}(w) + \frac{1}{2} \right\}^2 + \left\{ \mathcal{S}(w) + \frac{1}{2} \right\}^2 \right]$$

ただし，フレネル積分：

$$\begin{cases} \mathcal{C}(w) = \int_0^w \cos\left(\frac{\pi}{2}\tau^2\right) d\tau \\ \mathcal{S}(w) = \int_0^w \sin\left(\frac{\pi}{2}\tau^2\right) d\tau \end{cases}$$

を用いる．座標 O-$\mathcal{CS}$ 上にはコルニュ・スパイラルが描かれる．

5. **コヒーレントな 2 波の干渉**

極大条件：$|r_2 - r_1| = \alpha\lambda$, $(1 \mp \alpha)\lambda$, $(2 \mp \alpha)\lambda$, ...

極小条件：$|r_2 - r_1| = \left(\frac{1}{2} \mp \alpha\right)\lambda$, $\left(\frac{3}{2} \mp \alpha\right)\lambda$, ...

それぞれの左辺は経路差．経路差が発生した $r_1 = r_2 = 0$, $t = 0$ の位相を，それぞれ 0, $\alpha \left(0 < \alpha < \frac{1}{2}\right)$ としている．

6. **回折格子**

角 θ 方向の強度は，単スリットの場合の $\theta = 0$ のときの強度を I_0 として

$$I(\theta) = \left\{ \frac{\sin(p\sin\theta)}{p\sin\theta} \right\}^2 \left\{ \frac{\sin(Nq\sin\theta)}{\sin(q\sin\theta)} \right\}^2 I_0$$

ただし，$p = k\delta/2$, $q = kd/2$. δ：スリット幅，d：スリット間隔．N：スリット数．$N = 2$ の場合をヤングの干渉と呼ぶ．N が大きいほど明線がシャープとなる．

第5章 幾何光学

この章のテーマ

前章で波の回折を論じたが,回折公式において回折が極めて小さくなる条件を満たす波(可視光がこれにあてはまる)が近似的に直進する訳であるから,ついたてのない場合でも,波の伝播に関しては波の進行原理を表すキルヒホッフの公式(2.2節で論じた)にあてはめ,あるいは,幾何学的にはホイヘンスの原理を用いて考えていけばよいであろう.

原理的にはその通りであるが,光の直進性は≪アイコナール≫と呼ばれる位相概念を用いることによって,上記とは異なる原理から出発して,系統的に取り扱うことができる.この章ではこの路線から幾何光学を論じる.

ところで,一見,幾何光学の特徴と思われる≪反射・屈折の法則≫は,一般の平面波についても成り立つものである.しかし,電磁気学に基づきベクトル波の境界条件からこれを導く議論は,本シリーズ第6巻『電磁気学 II』で電磁波について詳しく議論するので,本巻では割愛した*.

5.1 幾何光学の基礎方程式と幾何光の流れ

■アイコナール 1.3節でとりあげた平面波

$$\phi = Ae^{i\theta}, \quad A: 定数, \quad \theta = \boldsymbol{k} \cdot \boldsymbol{r} - \omega t + \theta_0 \tag{3.5.1}$$

では,与えられた時刻に位相 θ が同じ値となる点をつらねた面,すなわち,波面を考えることができた.

しかし,一般の電磁波は,波の伝わる方向と振幅がどこでも同じとはならず,波面が形成されるとは限らない.その中で空間的にせまい領域,短い時間の間では平面波とみなすことのできる電磁波に関しては,幾何光学という分野で取り扱うことができる.この限りでは,波面が考えられ,波の伝わる方向はこの面に垂直に定まり,**光線**(幾何光)として取り扱うことができる.このような電磁波は $\lambda = 2\pi/|\boldsymbol{k}| \to 0$

---

* また,この議論を通じてしか導けないブリュースターの法則など,偏光の議論も重複を避け,本巻では取り扱わない.

と考えられ，
$$\phi(\boldsymbol{r},t) = A(\boldsymbol{r},t)e^{i\theta} \tag{3.5.2}$$
と表される（ただし，ここで ϕ は $\boldsymbol{E}$，または，$\boldsymbol{B}$ のある成分と考えている）．θ はアイコナールと呼ばれる位相である．ここでは完全な平面波ではないから，

$$\theta \neq \boldsymbol{k} \cdot \boldsymbol{r} - \omega t + \theta_0$$

である．ただし，

$$|\boldsymbol{k}| = \frac{2\pi}{\lambda} \to \infty, \quad \omega = |\boldsymbol{k}|c \to \infty$$

であるから，θ は極めて大きな量となり，時間・空間の小さい領域では，1次の展開まで考えればよく，

$$\theta \approx \theta_0 + \boldsymbol{r} \cdot \boldsymbol{\nabla}\theta + t\frac{\partial \theta}{\partial t}$$

となる．この式を (3.5.1) 式の位相と対応させて考えれば，

$$\boldsymbol{k} = \boldsymbol{\nabla}\theta, \quad \omega = -\frac{\partial \theta}{\partial t} \tag{3.5.3}$$

と与えられる．

(3.5.2) 式を波動方程式 (3.1.1)（ただし，スカラー ϕ として）に代入する．

$$\frac{\partial^2 \phi}{\partial t^2} = c^2 \triangle \phi$$

この左辺は，

$$\begin{aligned}
\frac{\partial^2 \phi}{\partial t^2} &= \frac{\partial}{\partial t}\left(\frac{\partial A}{\partial t}e^{i\theta} + iA\frac{\partial \theta}{\partial t}e^{i\theta}\right) \\
&= \frac{\partial^2 A}{\partial t^2}e^{i\theta} + 2i\frac{\partial A}{\partial t}\frac{\partial \theta}{\partial t}e^{i\theta} + iA\frac{\partial^2 \theta}{\partial t^2}e^{i\theta} - A\left(\frac{\partial \theta}{\partial t}\right)^2 e^{i\theta} \\
&\approx -A\left(\frac{\partial \theta}{\partial t}\right)^2 e^{i\theta} = -\left(\frac{\partial \theta}{\partial t}\right)^2 \phi
\end{aligned}$$

となる．最後の近似は，ω，$\partial \omega/\partial t \ll \omega^2$ とみなせ（ω の変動は小さい．また，ω は大きいが，ω^2 に比べれば無視できる），また，A も時間的に急激な変化はしないから，$\partial^2 A/\partial t^2 \approx 0$ であることによる．同様にして，右辺は，

$$\begin{aligned}
c^2 \triangle \phi &= c^2 \left\{ \triangle A e^{i\theta} + 2i(\boldsymbol{\nabla}A)\cdot(\boldsymbol{\nabla}\theta)e^{i\theta} + iA\triangle\theta e^{i\theta} - A(\boldsymbol{\nabla}\theta)^2 e^{i\theta} \right\} \\
&\approx -c^2 A(\boldsymbol{\nabla}\theta)^2 e^{i\theta} = -c^2 (\boldsymbol{\nabla}\theta)^2 \phi
\end{aligned}$$

となる．これは，$|\boldsymbol{k}|$，$\boldsymbol{\nabla}\cdot\boldsymbol{k} \ll \boldsymbol{k}^2$ とみなせ（ω の場合と同様に考えられるから），また，A も空間的にも急激な変化はしないから，$\triangle A \approx 0$ であることによる．

結果として，次式が得られる．

$$(\boldsymbol{\nabla}\theta)^2 = \frac{1}{c^2}\left(\frac{\partial \theta}{\partial t}\right)^2 \tag{3.5.4}$$

この式を**アイコナール方程式**と呼ぶ．幾何光学の基礎方程式である．

波が一定な角振動数 ω をもつ場合を考える．その場合には，

$$(\boldsymbol{\nabla}\theta_0)^2 = \frac{\omega^2}{c^2} = (\text{一定})$$

となるから，

$$\theta_0(\boldsymbol{r}) = (\text{一定})$$

を満たす曲面が幾何学的な波面となる．

■**フェルマーの原理** 本シリーズの第1巻『力学I』第III部3.2節では，ラグランジュの運動方程式を導くために「最小作用の原理」から出発した．それによると，それぞれの力学系ではそれに応じた作用 S が定まり[†]，物理的に実現するのは，変分

$$\delta S = 0$$

を満たす経路に従う運動であった．その最も簡単な例では，粒子の自由運動の場合，慣性の法則によらずとも，この場合の作用

$$S = \int \frac{1}{2} m v^2 \, dt \tag{3.5.5}$$

の最小値から，経路が直線となることが言えるのである．

ここで，粒子の直進性と光の直進性は，物質と波動の質的な違いにもかかわらず，類似な原理からもたらされることを想定しよう．まず，粒子の直進性に関しては，以下の通りである．

自由運動の作用 (3.5.5) 式は，微小経路 $d\boldsymbol{l}$ として，

$$\boldsymbol{v}\,dt = d\boldsymbol{l}, \quad \text{運動量：} \boldsymbol{p} = m\boldsymbol{v}$$

によって，

$$S = \int \boldsymbol{p} \cdot d\boldsymbol{l}$$

と置き換えられる．これは，

$$\delta S = \frac{1}{2} m \int \delta v^2 \, dt = m \int \boldsymbol{v} \cdot \delta \boldsymbol{v} \, dt = m \int \delta \boldsymbol{v} \cdot d\boldsymbol{l}$$

[†] 第1巻では作用を A と表していたが，ここでは前パラグラフで波の振幅を A で表したので，S とした．

5.1 幾何光学の基礎方程式と幾何光の流れ

$$\delta S = \int \delta \boldsymbol{p} \cdot d\boldsymbol{l} = m \int \delta \boldsymbol{v} \cdot d\boldsymbol{l}$$

と両方の書き方の変分の形が同じになることから言える．

そして，粒子の（等速）直進性の微分としての表現が

$$\frac{d\boldsymbol{p}}{dt} = 0$$

であり，（波の進行方向は $\boldsymbol{k}$ ベクトルで示されることから）光の（等速）直進性の微分としての表現が

$$\frac{d\boldsymbol{k}}{dt} = 0$$

に対応していることから，光の場合の S は，

$$S = \int \boldsymbol{k} \cdot d\boldsymbol{l} \tag{3.5.6}$$

として，物理的に実現する光線の経路は，

$$\delta S = 0$$

であると考えられる．この内容を**フェルマーの原理**と呼ぶ．もちろん，ここで述べたのは原理の説明であり，原理であるから証明ではない．

さらに $|d\boldsymbol{l}| = dl$ とおいて，

$$\boldsymbol{k} \cdot d\boldsymbol{l} = \frac{\omega}{c} dl$$

と置き換え，真空中の光速 c_0 と屈折率 n として，

$$c = \frac{c_0}{n}$$

を使うと，

$$S = \frac{\omega}{c_0} \int n \, dl$$

となるが，c_0 が定数，ω も一定な場合には，$\delta S = 0$ の関係を，ω/c_0 を約して，

$$\delta \int n \, dl = 0 \tag{3.5.7}$$

と表す．この表現の方がより実用的なフェルマーの原理であると言える．

さらに，この $\int n \, dl$ の"作用"は，経路において n が一定ならば

$$\int n \, dl = c_0 \int 1 \, dt$$

と書き換えられ，c_0 は真空中の光速で定数だから，

$$\delta \int 1\, dt = 0 \tag{3.5.8}$$

が成り立つ．この原理は「最小時間の原理」と呼ばれている．

■**幾何光の強度**　ここまでは，光線を考えてきたが，光の強度を考えるには波束を考えなければならない．光の強度 I は，2.3.2 項で導入したポインティングベクトル $\boldsymbol{S}$ の時間平均の絶対値で定義される．

$$I = |\overline{\boldsymbol{S}}| = c\overline{\varepsilon} \tag{3.5.9}$$

エネルギー密度 ε との関係も，ポインティングベクトルの導入とともにみてきた．さらに，2.3 節前半で，電磁場のポインティングベクトルに相当するスカラー波の場合の単位時間，単位断面積を面に垂直方向に通過する流量も $\boldsymbol{S}$ とおいて，エネルギー保存則

$$-\frac{d}{dt}\int_V \varepsilon\, dV = \oint_\sigma \boldsymbol{S} \cdot d\boldsymbol{\sigma}$$

が成り立つこともみてきた．特に一様媒質で左辺が0の場合を考えると，

$$0 = \oint_\sigma \boldsymbol{S} \cdot d\boldsymbol{\sigma} \tag{3.5.10}$$

となる．

幾何光の場合には，図 3.5.1 のような，アイコナール $\theta = \alpha$（一定）である波面上の微小面積 $d\sigma_1$ から入ったすべての光線（強度 I_1）が強度 I_2 で $\theta = \beta$（一定）である波面上の面積 $d\sigma_2$ から出ていくとして，そのような流管を考える．(3.5.10) 式の $\boldsymbol{S}$ を強度で置き換えた式を微小体積について考えれば，

$$0 = I_1\, d\sigma_1 - I_2\, d\sigma_2$$

さらに，微小面積 $d\sigma_1$, $d\sigma_2$ は，半径をそれぞれ r_1, r_2 とすれば，

$$d\sigma_1 = \pi r_1{}^2, \quad d\sigma_2 = \pi r_2{}^2$$

と表すことができるので，

$$\frac{I_2}{I_1} = \frac{d\sigma_1}{d\sigma_2} = \frac{r_1{}^2}{r_2{}^2}$$

となる．結論として，

> 「幾何光のある点における強度は，その点を通る波面の流管の断面の半径の2乗に反比例する」

すなわち，

$$I = \frac{C}{r^2} \quad (C: \text{定数}) \tag{3.5.11}$$

ということがわかった．

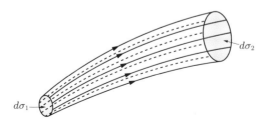

図 **3.5.1**　幾何光の流管

5.2　反射・屈折の法則

■**反射の法則**　同じ媒質内の経路なので，$n =$（一定）だから (3.5.8) 式を考える．図 3.5.2 のように，経路 PAQ に対して x 軸方向に微小距離 δl だけずれた PA'Q をとってその差を考える．PA $= l_1$，AQ $= l_2$．PA，AQ の y 軸とのなす角を，それぞれ，θ_1，θ_2 とする．経路差は

$$\begin{aligned}
&\int_{\mathrm{PA'Q}} dl - \int_{\mathrm{PAQ}} dl \\
&= \sqrt{(l_1\cos\theta_1)^2 + (l_1\sin\theta_1 + \delta l)^2} + \sqrt{(l_2\cos\theta_2)^2 + (l_2\sin\theta_2 - \delta l)^2} \\
&\quad - l_1 - l_2 \\
&\approx l_1\left(1 + \frac{2\delta l}{l_1}\sin\theta_1\right)^{\frac{1}{2}} + l_2\left(1 - \frac{2\delta l}{l_2}\sin\theta_2\right)^{\frac{1}{2}} - l_1 - l_2 \\
&\approx (\sin\theta_1 - \sin\theta_2)\delta l
\end{aligned}$$

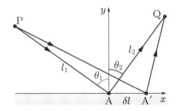

図 **3.5.2**　反射光の経路

ここで，
$$\delta \int_{\mathrm{PQ}} 1\, dl = 0$$
となるには，

$$\sin \theta_1 = \sin \theta_2$$

でなければならない．つまり，反射角は入射角に等しく，**反射の法則**が得られる．

■**屈折の法則** 第 I 部では空気とガラスの境界面でのみ考え，空気の屈折率を 1 とおいたが，ここでは，一般的に，絶対屈折率 n_1 の媒質から絶対屈折率 n_2 の媒質に入射する場合に (3.5.7) 式を考えよう．反射の場合と同じように，図 3.5.3 において，経路 PAQ に対して x 軸方向に微小距離 δl だけずれた PA′Q をとって，その差を考える．PA $= l_1$，AQ $= l_2$，PA，AQ の y 軸とのなす角を，それぞれ θ_1，θ_2 とする．経路差は

$$\int_{\mathrm{PA'Q}} n\, dl - \int_{\mathrm{PAQ}} n\, dl$$
$$= n_1 \sqrt{(l_1 \cos \theta_1)^2 + (l_1 \sin \theta_1 + \delta l)^2} + n_2 \sqrt{(l_2 \cos \theta_2)^2 + (l_2 \sin \theta_2 - \delta l)^2}$$
$$\quad - n_1 l_1 - n_2 l_2$$
$$\approx n_1 l_1 \left(1 + \frac{2\delta l}{l_1} \sin \theta_1\right)^{\frac{1}{2}} + n_2 l_2 \left(1 - \frac{2\delta l}{l_2} \sin \theta_2\right)^{\frac{1}{2}} - n_1 l_1 - n_2 l_2$$
$$\approx (n_1 \sin \theta_1 - n_2 \sin \theta_2) \delta l$$

ここで，
$$\delta \int_{\mathrm{PQ}} n\, dl = 0$$

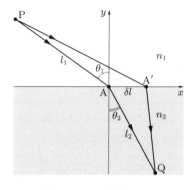

図 **3.5.3** 屈折光の経路

となるには，

$$n_1 \sin\theta_1 = n_2 \sin\theta_2 \tag{3.5.12}$$

でなければならない．つまり，反射角と入射角の正弦にそれぞれの媒質の屈折率をかけた値は等しく，スネルの**屈折の法則**が得られる．

■**全反射**　屈折率 n_1 の媒質と屈折率 n_2 の媒質の間に $n_1 > n_2$ の関係がある場合，特定角以上の入射角のとき，図 3.5.4 のように**全反射**が起きる．ここで，屈折の法則 (3.5.12) で $\theta_1 = \theta_c$ のとき，$\theta_2 = \dfrac{\pi}{2}$ となったとする．

$$n_1 \sin\theta_c = n_2 \sin\frac{\pi}{2} = n_2$$

だから，θ_c は

$$\sin\theta_c = \frac{n_2}{n_1}$$

で与えられる．$\sin\theta_c$ の値が存在するのは $n_2/n_1 \leq 1$ の場合である．$\theta_1 > \theta_c$ で入射した光は全反射する．θ_c を**臨界角**と呼ぶ．

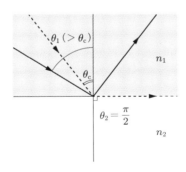

図 **3.5.4**　全反射

5.3　反射・屈折にともなう干渉

■**平行平面板による干渉**　じゅうぶん遠方から入射してきた波長 λ の光線をじゅうぶん遠方で観測する場合，入射光も反射光もともに平行光線とみなしてよい．図 3.5.5 のように，屈折率 n の 2 枚のじゅうぶん厚い媒質（アミのかかった部分）の間に，屈折率 1 の平行で厚さ d のすきま（別の媒質）があり，境界面の法線に対して角 θ_1 をなす方向から平面波の光を入射させた場合を考えよう．この光の波長は，すきまのところで測って λ であるとする．

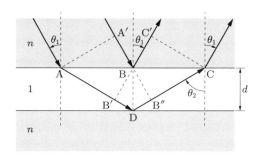

図 3.5.5　屈折率 n の上下の媒質にはさまれた屈折率 1 の平行なすきま

すきまの上面から出ていく光について，直接反射光線（図の BC'）が法線となす角も，反射の法則より，入射光と反対側に θ_1 であり，すきまの下面で反射して点 C で屈折して出ていく光線が法線となす角も，θ_1 をなす．つまり，直接反射光線と平行である．なぜならば，幾何光では経路の可逆性（ある経路に対して，これと全く逆向きの経路も起こりえるということ）が成り立つからである．

このことは，すきまの上面から出ていく波が重なり合って干渉が起きることを意味する．4.3 節で見た干渉は，ヤングの干渉の例のように，光の回折の結果，起こったのであるが，この例は，回折が無視できる幾何光学の法則に従って生じる干渉も起こり得ることを示すものである．

[問題 18]

図 3.5.5 の干渉について，次の問いに答えよ．ただし，屈折率の小さい媒質から入射し，屈折率の大きい媒質との境界面での反射では光線の位相が π 変化するのに対し，この逆の変化では位相が変化しない．また，屈折では光線の位相は変わらないことを用いよ[‡]．

(1) 光線 A → B' → D → B'' → C と光線 A' → B → C' の位相差を $\sin\theta_1$ を用いて表せ．
(2) 干渉光が極大条件を満たす $\sin\theta_1$ の値を求めよ．
(3) 干渉光が極小条件を満たす $\sin\theta_1$ の値を求めよ．
(4) 干渉が起こらない $\sin\theta_1$ の条件を求めよ．

ただし，必要であれば，正の整数を m で表せ．

[解　答]　(1) 図 3.5.5 で，波面 B'B 上の点は同位相である．なぜならば，図に

[‡] 詳しくは本シリーズ第 6 巻『電磁気学 II』第 III 部 5.2 節参照．

は記入していない．光線 A′B からの屈折光線を考えれば，波面 B′B は屈折平面波のはじまりの波面とも考えられるからである．次に，この経路の逆行経路を考えれば，同様にして波面 BB″ 上の点は同位相である．

この結果，光線 A → B′ → D → B″ → C と光線 A′ → B → C′ の経路差は B′D + DB″ であり，経路差に伴う位相差は $2\pi(B'D + DB'')/\lambda$ である．そのほか点 B での反射に伴う位相変化 π もある．

点 A における屈折角（点 C における入射角）を θ_2 とおくと，

$$B'D + DB'' = 2d\cos\theta_2$$

であるが，屈折の法則 $n\sin\theta_1 = 1\sin\theta_2$ を用いると，

$$2d\cos\theta_2 = 2d\sqrt{1 - \sin^2\theta_2} = 2d\sqrt{1 - n^2\sin^2\theta_1} \tag{3.5.13}$$

となる．その結果，求める位相差は

$$\frac{2\pi}{\lambda}(B'D + DB'') + \pi = \frac{4\pi}{\lambda}d\sqrt{1 - n^2\sin^2\theta_1} + \pi$$

(2) 極大条件は，

$$\frac{4\pi}{\lambda}d\sqrt{1 - n^2\sin^2\theta_1} + \pi = 2m\pi \quad (m = 1, 2, \ldots)$$

これを $\sin\theta_1$ について解くと，

$$\sin\theta_1 = \frac{1}{n}\sqrt{1 - \left\{\left(m - \frac{1}{2}\right)\frac{\lambda}{2d}\right\}^2}$$

(3) 極小条件は，

$$\frac{4\pi}{\lambda}d\sqrt{1 - n^2\sin^2\theta_1} + \pi = (2m+1)\pi \quad (m = 1, 2, \ldots)$$

これを $\sin\theta_1$ について解くと，

$$\sin\theta_1 = \frac{1}{n}\sqrt{1 - \left(m\frac{\lambda}{2d}\right)^2}$$

(4) (3.5.13) 式で $\cos\theta_2$ が 0 でない値をもつためには，条件

$$\sin\theta_1 < \frac{1}{n}$$

を満たさなければならない．この条件を満たさない場合（$\sin\theta_1 \geqq 1/n$）には，全反射が起こり干渉はしない．

なお，設問 (2)，および，(3) の答で $\sin\theta_1 < 1$ の条件を満たすことは明らかであるが，それ以外に，根号の中が負にならないという条件も必要である．この条件は，より強い条件である．(3) の場合，

$$m\frac{\lambda}{2d} \leq 1$$

となるが,可視光であるため $\lambda \fallingdotseq 10^{-7}$ m であるから,通常の実験装置では,すきまの間隔 d は

$$d \gg \lambda$$

を満たしている.また,正の整数 m が非常に大きくなるときは,インコヒーレントな光となるため,

$$m > \frac{d}{\lambda}$$

となるような m 次の干渉は,もともと想定していないのである.

■**干渉縞の鮮明度** 多重反射による干渉の場合の振幅の透過率と反射率を問題にする.図 3.5.6 のように,媒質 I から媒質 II に入射したときの透過率,反射率をそれぞれ t, r,媒質 II から媒質 I に入射したときの透過率,反射率をそれぞれ t', r' とする.ここでは,吸収は無視できるとする.

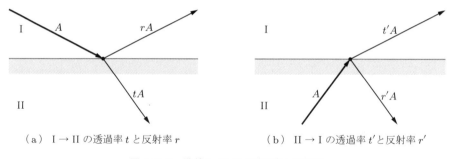

（a）I→II の透過率 t と反射率 r （b）II→I の透過率 t' と反射率 r'

図 **3.5.6** 媒質 I-II 間の透過率と反射率

図 3.5.7 のように,図 3.5.6 (a) と全く逆コースを考えたとき,入射光の振幅に関する次の 2 式の右辺と左辺は同等である.

$$r^2 A + tt'A = A, \quad rtA + tr'A = 0$$

$A \neq 0$ であるから,ゆえに

$$tt' = 1 - r^2, \quad r' = -r$$

同様に,図 3.5.6 (b) と全く逆コースを考えたときも同じ結果が出る.r と r' が異符号なのは,どちらかの反射は位相 π ずれるが,他方は位相変化しないためである.

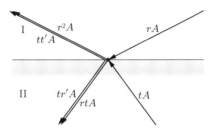

図 3.5.7　逆過程の成立

図 3.5.8 のようにじゅうぶんに長い平行板では，反射波の合成振幅は

$$rA + tt'r'\{1+(r')^2+(r')^4+\cdots\}A = rA + \{1-(r')^2\}r'\frac{1}{1-(r')^2}A$$
$$= rA + r'A = 0$$

で，完全に暗くなる．

次に，透過波の合成振幅は

$$tt'\{1+(r')^2+(r')^4+\cdots\}A = \{1-(r')^2\}\frac{1}{1-(r')^2}A = A$$

となり，入射波の振幅に等しい．このことはもし吸収がなければ，「**透明体では，表面反射がなく透過波が全エネルギーをもってやってくる**」ことを意味している．レンズなどの反射防止膜はこの応用である．

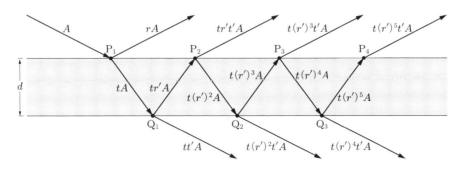

図 3.5.8　平行板の多重反射による干渉

5.4　近軸光線

■**焦　点**　反射望遠鏡の例をとって考えてみる．遠方の星からやってくる光（平行光線とみなせる）を反射させ，1点に集めて観測する1枚鏡の反射望遠鏡の鏡の面の形を，フェルマーの原理から求めてみる．

図 3.5.9 のように,原点 O を通り x 軸に対して回転対称な反射鏡を考える.図はその断面を xy 平面上に表したものである.入射光はいたるところから x 軸に平行にやってくるとするが,最初は x 軸上の点 A$(a, 0)$ を光源としておく.「点 A から出た光線は鏡面上の任意の点 P(x, y)(ただし,ここでは xy 平面上に限って考えるが,回転対称性を考えれば一般性を失わない)で反射し,すべて x 軸上の点 F$(f, 0)$ に集まる.」この条件にあてはまる鏡の曲面を求めよう.媒質の屈折率はいたるところで等しいので,仮に $n = 1$ とおいておこう.

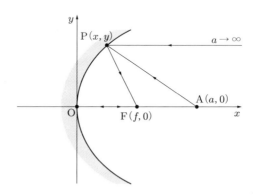

図 3.5.9 反射鏡での光線の経路

鏡で 1 回反射する光線の最小経路のひとつは明らかで,A → O → F の直進コースである.しかし,設定条件が物理的に実現されるためには,フェルマーの原理から他のコース A → P → F をたどる光線もこの最小経路長に等しくなくてはならない.このことを最小時間の原理から言い直せば,光が点 A から点 F に到達する時間の最小値は,

$$t_\mathrm{O} = \frac{\mathrm{AO} + \mathrm{OF}}{c}$$

点 P を通って到達する時間は

$$t_\mathrm{P} = \frac{\mathrm{AP} + \mathrm{PF}}{c}$$

であり,このコースも物理的に実現されるとすれば,

$$t_\mathrm{P} = t_\mathrm{O}$$

でなければならない,ということである.

これはもちろん,a が有限では満たされないが,そのまま式を書いてみれば,

$$\mathrm{AP} + \mathrm{PF} = \mathrm{AO} + \mathrm{OF}$$

$$\sqrt{(a-x)^2+y^2}+\sqrt{(f-x)^2+y^2}=a+f$$

となる．左辺第 1 項を $1/a \ll 1$ として，1 次の微小量 Δ まで（すなわち，$(1+\Delta)^{1/2} \approx 1+\Delta/2$）の近似をする．

$$a\left(1-\frac{2x}{a}+\frac{x^2+y^2}{a^2}\right)^{\frac{1}{2}} \approx a\left(1-\frac{x}{a}+\frac{x^2+y^2}{2a^2}\right) \approx a-x+\frac{x^2+y^2}{2a}$$

この結果をもとの式に代入整理して，$a \to \infty$ の極限をとる．

$$\lim_{a \to \infty}\left(-x+\frac{x^2+y^2}{2a}\right)+\sqrt{(f-x)^2+y^2}=f$$
$$x+f=\sqrt{(f-x)^2+y^2}$$

辺々 2 乗すれば，

$$y^2=4fx$$

という原点 O を頂点，x 軸を対称軸とする放物線が得られる．結論として，この条件を満たす鏡の面は回転放物面だったのである．

点 $(f, 0)$ を幾何学的にも**焦点**と呼ぶが，幾何光学の理論上は，鏡面における吸収を無視すれば，鏡面にやってきた光はすべて焦点に集まることになる．そうすると，(3.5.11) 式で，$r = 0$ となってしまって，強度は無限大となってしまう．もちろん焦点における実際の強度は有限である．確かに，この点付近で強度は急激に増加する．ところで 5.1 節でアイコナール方程式を導いたときの近似は，時間・空間の小さい領域での波動関数の変化がゆるやかであるという条件で成り立つものであった．実際，焦点付近では幾何光学は成り立たないので，強度は無限大になることはない．

■**近軸光線** 前のパラグラフで求めたように，じゅうぶん遠いところからくる光線が焦点に集まるような反射面，屈折面の形を見出すことは比較的簡単であろうが，これとは異なり，近距離にある点光源から向かってくる全光線を 1 点に集める曲面は，かなり複雑な形で，求めるのも簡単ではないであろう．

そこで，向かってくるすべての光線を 1 点に集める代わりに，**近軸光線**と呼ばれる光軸の近くを通る光線のみを考えることにする．ここで，光軸とは，曲面の曲率中心を通り，接平面に垂直な直線のことである．

■**媒質の境界面が球面である場合の光の屈折** 図 3.5.10 のように，球面（中心 C，半径 R）を境界とし，媒質 I（屈折率 n_1）から媒質 II（屈折率 n_2）に入る光線の経路について考えよう．図で，点光源 A の像を B とする．

ふたたび，フェルマーの原理を用いる．$\int n\,dl$ の最小値は直進コース $\mathrm{A} \to \mathrm{O} \to \mathrm{B}$ である．境界面上で光軸 AB に近い点 P を通るコース $\mathrm{A} \to \mathrm{P} \to \mathrm{B}$ も同じく最小値になるとすれば，

$$n_1 \mathrm{AP} + n_2 \mathrm{PB} = n_1 \mathrm{AO} + n_2 \mathrm{OB} \tag{3.5.14}$$

が成り立つ．

さて，図 3.5.10 に示すように，点 P から直線 AB へ下ろした垂線の足を H とおいて，$\mathrm{AP} = a$, $\mathrm{PB} = b$, $\mathrm{PH} = h$ とする．

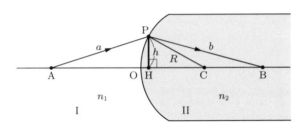

図 **3.5.10** 球面で屈折する光線

計算のため，(3.5.14) 式を次のように書き換える．

$$n_1 \mathrm{AP} + n_2 \mathrm{PB} = n_1(\mathrm{AH} - \mathrm{OH}) + n_2(\mathrm{HB} + \mathrm{OH})$$

$$n_1(\mathrm{AP} - \mathrm{AH}) + n_2(\mathrm{PB} - \mathrm{HB}) = (n_2 - n_1)\mathrm{OH}$$

直角三角形 AHP についてピタゴラスの定理を用いれば，

$$\mathrm{AP} - \mathrm{AH} = a - \sqrt{a^2 - h^2}$$

となり，近軸光線であるから，$h \ll a$．根号の部分に前パラグラフで使った近似式と同じ式を用いれば，

$$\mathrm{AP} - \mathrm{AH} \approx a - a\left(1 - \frac{h^2}{2a^2}\right) = \frac{h^2}{2a}$$

が得られる．直角三角形 BHP，直角三角形 CHP についても，同様な近似をすれば，

$$\mathrm{PB} - \mathrm{HB} = b - \sqrt{b^2 - h^2} \approx \frac{h^2}{2b}$$

$$\mathrm{OH} = \mathrm{OC} - \mathrm{HC} = R - \sqrt{R^2 - h^2} \approx \frac{h^2}{2R}$$

これらを前式に代入すれば，

$$n_1 \frac{h^2}{2a} + n_2 \frac{h^2}{2b} = (n_2 - n_1)\frac{h^2}{2R}$$

となる．これで球面屈折の光線についての公式

$$\frac{n_1}{a} + \frac{n_2}{b} = \frac{n_2 - n_1}{R} \tag{3.5.15}$$

が得られた．

■**薄いレンズの公式**　前パラグラフで得た公式 (3.5.15) を 2 度使えば，レンズの公式が得られる．図 3.5.11 のように，光源 A 側と像 B 側の媒質 I は空気とし，その間に A 側は半径 R_1 の球面，B 側は半径 R_2 の球面の境界面をもつ媒質 II（厚さ d のガラス）がある．レンズの凹凸は図の向きを正，逆なら負と約束する．ここでは，空気の屈折率 1，ガラスの屈折率 n とする．A 側の球面による屈折で像はレンズ内の点 C に作られ，その像からの光線が B 側の球面で 2 度目の屈折をし点 B に最終的な像を作る場合を考える．なお，後に説明するが，光源 A から A 側の球面までの距離 a，そこから点 C までの距離 c，点 C から B 側の球面までの距離 $d-c$，そこから像 B までの距離 b について符号を付して考えるようにすれば，この設定で一般性を失わない（また，これらの距離は (3.5.15) 式を導いたときと異なり，すべて光軸に沿ってとっているが，いまは近軸光線を考えているので，差は出ない）．

(3.5.15) 式より，

$$\begin{cases} \dfrac{1}{a} + \dfrac{n}{c} = \dfrac{n-1}{R_1} \\[2mm] \dfrac{n}{d-c} + \dfrac{1}{b} = \dfrac{1-n}{R_2} \end{cases}$$

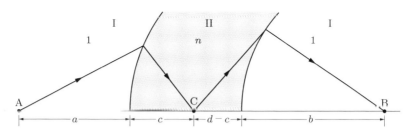

図 **3.5.11**　レンズの公式を得るための作図

2式を辺々加え，レンズは薄いとし $d \approx 0$ とおくと，

$$\frac{1}{a} + \frac{1}{b} = (n-1)\left(\frac{1}{R_1} - \frac{1}{R_2}\right) \equiv \frac{1}{f} \tag{3.5.16}$$

これが，**レンズの公式**である．ただし，導き方からわかるように，この公式は薄いレンズにしか使えない．右辺で定義される定数 f をレンズの焦点距離という．

まず，焦点についてであるが，薄いレンズの場合は両側に等距離 f のところにあることは，公式で a と b を入れ換えても同じ式になることからわかるであろう．$n - 1 > 0$ であるから，次のことがいえる．

$$\frac{1}{R_1} - \frac{1}{R_2} > 0, \quad すなわち \quad f > 0 \text{ のとき，凸レンズ}$$

$$\frac{1}{R_1} - \frac{1}{R_2} < 0, \quad すなわち \quad f < 0 \text{ のとき，凹レンズ}$$

R_1, R_2 の正負およびそれらの値の大小関係から図 3.5.12 に示すようなさまざまな形状のレンズが存在する．

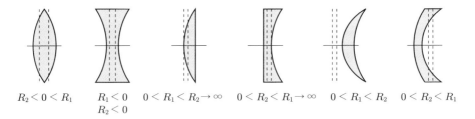

図 **3.5.12** R_1, R_2 の符号と大きさによるレンズの形

次に，レンズから光源までの距離 a，レンズから像までの距離 b は，公式を図 3.5.13 を想定して導いたので，図の場合を基準とする．$a < 0$ の場合は，光軸のまわりに拡がった光がもしレンズがなければ B 側の距離 $|a|$ の位置に集まるように入射する，習慣的には虚光源と呼ばれる場合である．$b < 0$ の場合には，レンズによって屈折した光線が，もしレンズがなければ，像が A 側の距離 $|b|$ の位置にあり，そこから発するとした光線と同じとなる場合で，これも習慣的には虚像と呼ばれている．光線が集まって像を結ぶ場合に「実像」と言っているわけであるが，観測できるという観点から言えば，「虚」とは奇妙な言い方である．レンズの公式は，単一の公式で，このように f, a, b の符号を考えて使う．

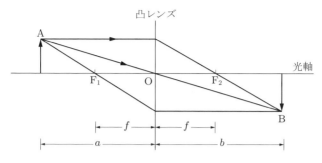

図 **3.5.13** 凸レンズにより実光源から実像を得る場合の図. この図を $f > 0$, $a > 0$, $b > 0$ の基準とする. O はレンズの中心. F_1, F_2 は焦点.

問題 19

図 3.5.14 のような,球状の凹面鏡の反射の法則を,近軸光線について,フェルマーの原理から求めよ(記号の指定は,図のキャプションを参考にせよ).

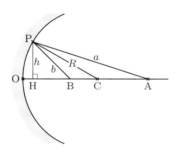

図 **3.5.14** 球状の凹面鏡 A:光源,B:像,C:球の中心,O:球の接平面が光軸と垂直に交わる点,P:光軸に近い鏡面上の点,H:点 P から光軸に下ろした垂線の足. $R = \mathrm{OC} = \mathrm{PC}$, $a = \mathrm{AP}$, $b = \mathrm{PB}$, $h = \mathrm{PH}$.

[**解 答**] 同じ媒質中だから,屈折率の違いを考える必要はない.反射経路の最小値は $\mathrm{A} \to \mathrm{O} \to \mathrm{B}$ である.経路 $\mathrm{A} \to \mathrm{P} \to \mathrm{B}$ も同じ最小値になる条件は,

$$\mathrm{AP} + \mathrm{PB} = \mathrm{AO} + \mathrm{OB} = \mathrm{AH} + \mathrm{OH} + \mathrm{HB} + \mathrm{OH}$$

$$\mathrm{AP} - \mathrm{AH} + \mathrm{PB} - \mathrm{HB} = 2\mathrm{OH} \tag{3.5.17}$$

である.前述と同様に,近軸光線に関しては,

$$\mathrm{AP} - \mathrm{AH} + \mathrm{PB} - \mathrm{HB} \approx \frac{h^2}{2a} + \frac{h^2}{2b}$$

および
$$2\mathrm{OH} = \frac{h^2}{R}$$

の近似が有効である．これらの値を (3.5.17) 式に代入すると，凹面鏡の公式

$$\frac{1}{a} + \frac{1}{b} = \frac{2}{R}$$

が得られる．

■**薄いレンズの場合の作図**　像の倍率を考えるためにも，レンズの公式を拡張するためにも，作図法を知っておく方がよい．

I. 凸レンズの場合
 1° 光源側で光軸に平行に凸レンズに入射した光線は，観測者側の焦点 F_2 を通る．
 2° 光源側の焦点 F_1 を通って凸レンズに入射した光線は，観測者側では光軸に平行な光線となる．
 3° レンズの中心 O に入射した光線は，そのまま直進する．

　この 3 つの規則は独立ではなく，そのうちの 2 つを使えば像の位置が決まる．図 3.5.13 は，この規則を使って作図したものである．光源の位置が $a > f$ の条件にあるときは，倒立の実像となることは，作図であればてっとり早くわかる．

II. 凹レンズの場合
 1° 光源側で光軸に平行に凹レンズに入射した光線は，観測者側では光源側の焦点 F_1 から出たように屈折する．
 2° 観測者側の焦点 F_2 に向かって凹レンズに入射した光線は，観測者側では光軸に平行な光線となる．
 3° レンズの中心 O に入射した光線は，そのまま直進する．

　証明は I, II 共通に，次のようにできる．
　1° はレンズの公式 (3.5.16)
$$\frac{1}{a} + \frac{1}{b} = \frac{1}{f}$$
で，光源はじゅうぶん遠いとし，$a \to \infty$ を公式に代入すると，$b \to f$ となる．この場合は $b = f$ の像を結ぶのであるが，光源が有限な位置にあってもこれに重なる，つまり，平行光線は，レンズを通って焦点の方向に向かうこともわかるであろう．ただし，凹レンズの場合には $f < 0$ と約束したから，$b < 0$ で，この焦点は光源側にあって，光線は向かうのではなく通ってきたかのように進行するのである．

　2° では，凸レンズの場合，$a \to f$ を公式に代入すると，$b \to \infty$ となる．説明は

もういらないであろう．凹レンズの場合には $a<0$ となって，$a=f\ (<0)$ のとき，観測者側の焦点に向かう入射光線はレンズに入射後は $b\to\infty$，つまり光軸に平行に進行するのである．

3° が成り立つのは，レンズがじゅうぶん薄いことによる．

■**倍率と厚いレンズ**　薄いレンズの場合の倍率に対応するのは，ここでは**横倍率**と呼ばれる．光軸に垂直な方向の倍率は，作図によって $|b/a|$ と簡単に求められる．ここでは，厚いレンズの場合にも成り立つ倍率の式を求めよう．

薄いレンズの作図においては，レンズを光軸に垂直な1枚の平面とみたてて，前パラグラフのような規則で作図を実行した．厚いレンズの場合には，図 3.5.15 のように，**主面**と呼ばれる，レンズの表裏面にごく接近した2枚の平面を考える．薄いレンズの場合には，この2枚の主面が重なってしまったといえる．

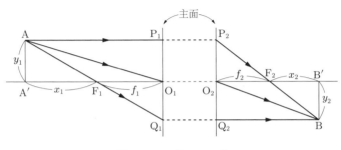

図 **3.5.15**　厚いレンズ

焦点距離 f_1, f_2 は各主面から測るものとし，それらは薄いレンズの焦点距離と異なり，一般に等しくない．光源 AA' の光軸方向の距離は，焦点 F_1 から測って x_1，高さは y_1，像 BB' の光軸方向の距離は，焦点 F_2 から測って x_2，高さは y_2 とする．
相似三角形 $AA'F_1$ と $Q_1O_1F_1$ の関係から，
$$\frac{y_1}{x_1}=\frac{y_2}{f_1}$$
同様に，相似三角形 $BB'F_2$ と $P_2O_2F_2$ の関係から，
$$\frac{y_2}{x_2}=\frac{y_1}{f_2}$$
2つの式から，横倍率は

$$\frac{y_2}{y_1}=\frac{f_1}{x_1}=\frac{x_2}{f_2} \tag{3.5.18}$$

と求められる．

また，一般的なレンズの公式は，(3.5.18) 式を用いて

$$x_1 x_2 = f_1 f_2 \tag{3.5.19}$$

と与えられる．

横倍率に対して，像の光軸に平行な方向の長さに対する**縦倍率**は，x_1, x_2 が単純な比例関係にないから，微小な長さの比として，

$$\left|\frac{dx_2}{dx_1}\right| = \frac{f_1 f_2}{x_1{}^2} = \frac{x_2}{x_1} = \left(\frac{y_2}{y_1}\right)^2 \frac{f_2}{f_1}$$

となる．一般に，横倍率と縦倍率は等しくない．これによって，ごく小さい物体に対してさえ，相似な像とはならない．このようにして，

「レンズを通した像には歪（ゆがみ）が現れる」

[問題 20]

図 3.5.16 の正方形の光源の像を，薄いレンズの作図規則を使って描いてみよ．ただし，$F_1O = OF_2 = A_4F_1 = 2A_1F_1$.

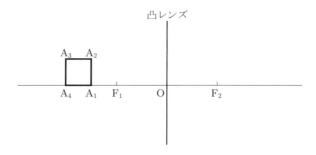

図 **3.5.16** 正方形の光源：$A_1 A_2 A_3 A_4$，F_1, F_2：焦点，O：凸レンズの中心

[**解 答**] 像は倒立するだけでなく，前後方向にも逆転する．そして，横方向の辺は内側に歪む．この例では，図 3.5.17 のように横倍率は前の辺 A_1A_2 で 2 倍，後の辺 A_3A_4 で 1 倍となり，縦倍率はそれぞれ 4 倍と 1 倍となっている．

■**収 差** 実際のレンズは大きさがあるから，近軸光線という近似は厳密には成り立たない．このずれを**収差**と呼ぶ．いろいろな収差があるが，そのうち，2 つだけとりあげよう．収差を考察するために，図 3.5.18 のように，レンズを三角形と台形の集まりと近似する．

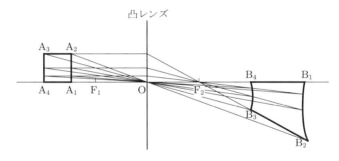

図 3.5.17 像の作図

図 3.5.18 レンズをプリズムに分けて考える

［計算ノート：(3.5.20) 式］に示すように，屈折率 n，頂角 γ の断面が二等辺三角形のプリズムを考える．入射光線がプリズムの底辺の延長に対して角 α をなし，射出光線が同じ直線に対して角 β をなすとすると，α, β, γ の間に $\gamma \ll 1$ のとき，

$$\alpha + \beta \approx (n-1)\gamma \tag{3.5.20}$$

の関係がある．ただし，プリズムのまわりの空気の屈折率は 1 とする．$\alpha + \beta$ は入射光線と射出光線のなす角であるから，**ふれの角**と呼ばれる．

レンズの形を考えると，光軸から離れた部分をなすプリズムほど，頂角 γ がしだいに大きくなる．(3.5.20) 式の関係を考えると，同じ入射角 α に対して，射出角 β は大きくなる．したがって，レンズの光軸から離れたところを通ってくる光線は，光軸に近い光線に比べて手前に曲がるようになり，像が 1 点に集まらずにぼけてくることがわかる．この効果を「球面収差」という．

計算ノート：(3.5.20) 式

図 3.5.19 のように $\angle A = \alpha$, $\angle B = \beta$ の $\triangle ABC'$ を作れば，$\angle C'$ の外角が $\alpha + \beta$ となる．一方，$AC' \parallel AP$，および，$C'B \parallel QB$ だから，この角がふれの角になる．

△CPQ において，∠C = γ，また，次が成り立つ．

$$\angle P = \frac{\pi}{2} - \phi_1, \quad \angle Q = \frac{\pi}{2} - \phi_2$$

ただし，ϕ_1 は入射光の点 P での屈折角，ϕ_2 は射出光の点 Q での入射角である．

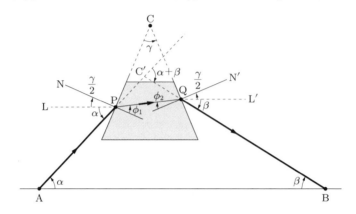

図 **3.5.19** プリズムにおけるふれの角

$$\angle C + \angle P + \angle Q = \pi$$

だから，

$$\gamma + \left(\frac{\pi}{2} - \phi_1\right) + \left(\frac{\pi}{2} - \phi_2\right) = \pi$$

ゆえに，

$$\phi_1 + \phi_2 = \gamma \tag{3.5.21}$$

次に，入射光 AP と PC のプリズム面に立てた法線 NP とのなす角，すなわち，入射角 $\theta_1 = \alpha + \gamma/2$ であること，同様に，射出光 QB と QC のプリズム面に立てた法線 N$'$Q とのなす角，すなわち，光線がプリズムから出るときの屈折角 $\theta_2 = \beta + \gamma/2$ であることを示そう．点 P，Q のところに，AB に平行な直線 LP，L$'$Q を引く．

PC は ∠C の 2 等分線と $\gamma/2$ をなしているから，この 2 等分線に垂直な直線 NP となす角も $\gamma/2$ となる．一方，LP と AP のなす角は，AB と AP のなす角と錯角にあたり等しく，α であるから，この 2 つの角の和が θ_1 となる．θ_2 についての証明も同様である．

これらを用いると，屈折の法則より，

$$\begin{cases} 点 P において：1 \cdot \sin\left(\alpha + \dfrac{\gamma}{2}\right) = n \sin \phi_1 \\ 点 Q において：1 \cdot \sin\left(\beta + \dfrac{\gamma}{2}\right) = n \sin \phi_2 \end{cases}$$

となり，γ が小さいとき，α，β，ϕ_1，ϕ_2 のすべてが小さくなるから，三角関数の

近似式 $\sin\Delta \approx \Delta$, $(\Delta \ll 1)$ を用いると,

$$\begin{cases} \alpha + \dfrac{\gamma}{2} \approx n\phi_1 \\ \beta + \dfrac{\gamma}{2} \approx n\phi_2 \end{cases}$$

となる. これらの 2 式を辺々加えて (3.5.21) 式に代入すれば,

$$\left(\alpha + \frac{\gamma}{2}\right) + \left(\beta + \frac{\gamma}{2}\right) \approx n(\phi_1 + \phi_2) = n\gamma$$

ゆえに,

$$\alpha + \beta \approx (n-1)\gamma$$

さて, プリズムは, 光を分散させスペクトルを生じさせるわけであるが, α, γ が一定な場合, 赤い光の射出角より青い光の射出角は大きくなる. つまり, 赤い光の屈折率に比べて青い光の屈折率はより大きい. これも (3.5.20) 式からわかることであるが, このように白い光はレンズを通って像に色がつく. この性質を「色収差」という.

■**分解能** 光学系をうまく設計すれば, 光学系のいろいろな収差はかなり修正される. しかし, それでもなお, 極めて接近した 2 点は, 光学系を通して見ると見分けられなくなる. これは幾何光学そのものの限界である. どのくらい接近した 2 点を見分けることができるかを示すのに, ≪分解能≫という量を使う. 距離 d 離れた光線の経路差は角 θ で $d\sin\theta$ である. m を整数として極大条件は

$$d\sin\theta = m\lambda$$

であるが, 波長 λ の極大の位置が幅 $\Delta\lambda$ に拡がっている場合, 波長 $\lambda + \Delta\lambda$ の m 次の極大の位置と波長 λ の m 次の位置がちょうど一致しているときが, 2 つの極大が見分けられるかどうかの境目である.

$$d\sin\theta = m(\lambda + \Delta\lambda) = (m+1)\lambda$$

これより,

$$\frac{\lambda}{\Delta\lambda} = m$$

すなわち, ある波長に対して, その波長がどの程度拡がっているかという割合が, 何次まで分解可能かを示す指標なのである. 左辺の値 $\dfrac{\lambda}{\Delta\lambda}$ を**分解能**と呼ぶ.

ここでもプリズムの分解能をみてみよう. プリズムに平行光線が入射した場合を考えれば, プリズムは一種の単スリットとみなされ, 4.2 節で論じたフラウンホーファー回折の公式 (3.4.6)

が使える．ただし，図 3.5.20 (a) の単スリットの場合の経路を (b) のプリズムの場合の経路に書き換える必要がある．関係する $p\sin\theta$ の部分が，図 (a) では経路差 $(\delta/2)\sin\theta$ であったものを，図 (b) では P_0QP と屈折率 n の経路 $\overline{P_0}\,\overline{P}$ の差とするので，次の対応が成り立つ．

$$p\sin\theta = \frac{1}{2}k\delta\sin\theta \longrightarrow k(p_0 + p - nd)$$

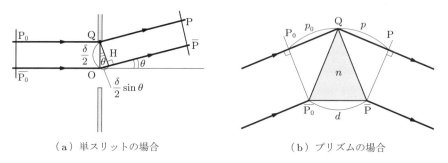

$$I = I(0)\left\{\frac{\sin(p\sin\theta)}{p\sin\theta}\right\}^2, \quad p = \frac{1}{2}k\delta$$

（a）単スリットの場合　　　（b）プリズムの場合

図 3.5.20　平行光線の経路差．プリズムでの経路長を $P_0Q = p_0$，$QP = p$，$\overline{P_0}\,\overline{P} = d$ とおく．

強度のグラフは 4.2 節の図 3.4.7 と同じになるから，図をみて，最初の極小が

$$\sin\theta = \frac{\lambda}{\delta}, \quad \text{すなわち，} \quad \frac{1}{2}\delta\sin\theta = \frac{\lambda}{2}$$

となっているのを置き換えれば，プリズムでの最初の極小は

$$p_0 + p - nd = \frac{\lambda}{2}$$

である．波長 λ，屈折率 n の光と波長 $\lambda + \Delta\lambda$，屈折率 $n + \Delta n$ の光の 2 種類が分離されるためには，後者の波の最大強度の条件が

$$p_0 + p - (n + \Delta n)d = 0$$

であるから，両者条件から限界として，次が得られる．

$$p_0 + p = nd + \frac{\lambda}{2} = (n + \Delta n)d$$
$$\therefore \quad \lambda = 2d\Delta n$$

したがって，プリズムの分解能は，

$$\boxed{\frac{\lambda}{\Delta\lambda} = 2d\frac{\Delta n}{\Delta\lambda}}$$

である[§].

この章のまとめ

1. **アイコナール**

    アイコナールと呼ばれる位相 θ をもつ電磁波：
    $$\phi(\bm{r}, t) = A(\bm{r}, t) e^{i\theta}$$
    $\theta \neq \bm{k} \cdot \bm{r} - \omega t + \theta_0$ であるが，空間的にせまい領域において，短い時間の間，光線として取り扱うことができる．
    $$|\bm{k}| = \frac{2\pi}{\lambda} \to \infty, \quad \omega = |\bm{k}|c \to \infty$$
    である．

2. **アイコナール方程式**
    $$(\bm{\nabla}\theta)^2 = \frac{1}{c^2}\left(\frac{\partial\theta}{\partial t}\right)^2, \quad \bm{k} = \bm{\nabla}\theta, \quad \omega = -\frac{\partial\theta}{\partial t}$$
    ω が一定な場合
    $$(\bm{\nabla}\theta_0)^2 = \frac{\omega^2}{c^2} = (\text{一定})$$
    であり，$\theta = (\text{一定})$ の曲面が波面となる．

3. **フェルマーの原理**

    (1) 光の場合の作用：
    $$S = \int \bm{k} \cdot d\bm{l} = \frac{\omega}{c_0} \int n \, dl$$
    c_0：真空の光速，n：屈折率．

    (2) フェルマーの原理：
    $$\delta S = 0 \quad \text{より} \quad \delta \int n \, dl = 0$$

4. **幾何光の強度**
    $$I = \frac{C}{r^2}$$
    C：定数，r：波面の流管の断面の半径．

5. **反射・屈折の法則**

    フェルマーの原理から導くことができる．

    (1) 反射の法則：
    $$\sin\theta_1 = \sin\theta_2$$

---

§ 他の考察から求めたプリズムの分解能は $d\Delta n/\Delta\lambda$ となるが，ここでは極めて微細な量を取り扱っているので，変数の組み合わせとオーダーの一致でよいとし，このままにしておく．

θ_1：入射角，θ_2：反射角．
(2) 屈折の法則：
$$n_1 \sin\theta_1 = n_2 \sin\theta_2$$
θ_1：入射角，θ_2：屈折角，n_1：入射媒質の屈折率，n_2：屈折媒質の屈折率．
(3) 全反射：臨界角 θ_c．入射角 θ_1．$\theta_c < \theta_1$ で起きる．
$$\sin\theta_c = \frac{n_2}{n_1} \quad (n_1 > n_2)$$
(4) 回折光をともなわず，直進・反射・屈折によっても干渉は起きる．
　干渉波の鮮明度：じゅうぶん長い透明な平行板では反射波の合成振幅 0，透過波の合成振幅は入射振幅と変わらない（吸収がない場合）．

6. 近軸光線
(1) 薄いレンズの公式：
$$\frac{1}{a} + \frac{1}{b} = \frac{1}{f}$$
a：レンズ前を正とするレンズ・光源間の距離．b：レンズ後を正とするレンズ・像間の距離．f：凸レンズを正とする焦点距離．
(2) 凹面鏡の公式：
$$\frac{1}{a} + \frac{1}{b} = \frac{2}{R}$$
R：曲率半径
(3) 厚いレンズの公式：
$$x_1 x_2 = f_1 f_2$$
厚いレンズにはレンズ前後の 2 枚の主面を想定する．f_1：レンズ前の焦点距離，f_2：レンズ後の焦点距離，x_1：レンズ前の焦点から光源までの距離，x_2：レンズ後の焦点から光源までの距離．
横倍率と縦倍率は異なる．

7. 幾何光の限界
(1) 収差：実際の光学器械ではレンズをある程度大きくしないと，明るさも視野も得られない．一方，それにともないレンズの収差も問題となってくる．ここでは，2 種類の収差をとりあげた．
(i) 球面収差：レンズの光軸から離れたところを通ってくる光線ほど手前に曲がるため，像がぼやけてくる．
(ii) 色収差：屈折率が波長によって異なるため，白色のはずの像が色づいてしまう．
(2) 分解能：接近した 2 点を見分けられる程度を分解能と呼ぶ．この量は
$$\frac{\lambda}{\Delta\lambda}$$
と表される．$\Delta\lambda$ は波長 λ の観測幅を表す．

第6章　非線型波動

この章のテーマ

これまでの章で扱ってきた波動は，古典的な波動方程式に従う波動，すなわち重ね合せの原理が成り立つ波動であった．他方，自然界にはさまざまな非線型波動も存在し，その分析のために数値計算が大きな力を発揮する．

この章では，まず分散と非線型性をあわせもつ波動方程式である KdV 方程式を導入し，その解のふるまいを調べる．続いて，KdV 方程式の数値解からソリトンが見出されるプロセスを示す．最後に，そこで必要となる計算機による数値計算の手法を簡単に紹介し，数値計算を行う上で必要となる注意をまとめておく．

6.1　波動方程式の "拡張"

■**波動方程式の分解**　波動方程式を次のように

$$\frac{\partial^2 u}{\partial t^2} - c^2 \frac{\partial^2 u}{\partial x^2} = \left(\frac{\partial}{\partial t} - c\frac{\partial}{\partial x}\right)\left(\frac{\partial}{\partial t} + c\frac{\partial}{\partial x}\right)u = 0 \quad (c > 0) \tag{3.6.1}$$

と分解して書けば，その解は

$$\frac{\partial u}{\partial t} - c\frac{\partial u}{\partial x} = 0 \tag{3.6.2}$$

または

$$\frac{\partial u}{\partial t} + c\frac{\partial u}{\partial x} = 0 \tag{3.6.3}$$

を満たすことがわかる．したがって，方程式 (3.6.2)，(3.6.3) の解は，それぞれ 2 階連続微分可能な任意関数 $f(\xi)$ を用いて，

$$u(x,t) = f(x+ct), \ f(x-ct) \tag{3.6.4}$$

と表される．それぞれ $-x$，$+x$ 方向に速さ c で進行する波動に対応する．

以下では，この方程式 (3.6.3) を出発点に議論しよう．

■**非線型な波動**　まず，方程式 (3.6.3) で c を u に置き換え，u に関する非線型方程式

$$\frac{\partial u}{\partial t} + u\frac{\partial u}{\partial x} = 0 \tag{3.6.5}$$

を考える．一般に関数 $\varphi(x,t)$ に対する微分方程式

$$\frac{\partial \varphi}{\partial t} + u\frac{\partial \varphi}{\partial x} = 0 \tag{3.6.6}$$

を**移流方程式**という．(3.6.6) 式では u を一定とする．この式は，一定の流れ u に乗って運ばれる量 φ が保存することを表しているため，こう呼ばれる．この方程式は線型である．

これに対して，方程式 (3.6.5) では重ね合せの原理は成り立たない．しかし，線型方程式 (3.6.3) の解 (3.6.4) の右辺第 2 項において c を u に置き換えた

$$u(x,t) = f(x - ut) \tag{3.6.7}$$

は，非線型方程式 (3.6.5) を満たしている．

[問題 21]

(3.6.7) 式の $u(x,t)$ が方程式 (3.6.5) を満たすことを示せ．

[解答]

(3.6.7) 式より，$\xi = x - ut$ とおいて

$$\frac{\partial u}{\partial t} = \frac{df(\xi)}{d\xi}\frac{\partial \xi}{\partial t} = \frac{df(\xi)}{d\xi}\left(-u - \frac{\partial u}{\partial t}t\right) \tag{3.6.8}$$

$$\frac{\partial u}{\partial x} = \frac{df(\xi)}{d\xi}\frac{\partial \xi}{\partial x} = \frac{df(\xi)}{d\xi}\left(1 - \frac{\partial u}{\partial x}t\right) \tag{3.6.9}$$

となるから，

$$\frac{\partial u}{\partial t} + u\frac{\partial u}{\partial x} = -\frac{df(\xi)}{d\xi}\left(\frac{\partial u}{\partial t} + u\frac{\partial u}{\partial x}\right)t \tag{3.6.10}$$

であり，これを整理して，

$$\left(1 + \frac{df(\xi)}{d\xi} \cdot t\right)\left(\frac{\partial u}{\partial t} + u\frac{\partial u}{\partial x}\right) = 0 \tag{3.6.11}$$

となる．$f(\xi)$ が任意関数であることに注意して，

$$\frac{\partial u}{\partial t} + u\frac{\partial u}{\partial x} = 0 \tag{3.6.12}$$

を得る．

(3.6.7) 式は右辺に u 自身を含んでいるから解としては不満足であるが，解のふるまいを調べるのに役に立つ．具体的に初期条件

$$u(x, 0) = \cos \pi x \tag{3.6.13}$$

のもとで解

$$u(x, t) = \cos \pi (x - ut) \tag{3.6.14}$$

を調べてみよう．まず，方程式 (3.6.5) から変位 $u = 0$ を満たす点は移動しないことがわかる．この条件を満たす点 $x = 1/2$ に注目しよう．方程式 (3.6.13) より $x < 1/2$ では $u > 0$ であるから，波は $+x$ 方向に，$x > 1/2$ では $u < 0$ であるから，波は $-x$ 方向に進む．その結果，波形は $x = 1/2$ で直立するように変形することが予想される．実際，(3.6.9) 式から

$$\frac{\partial u}{\partial x} = \frac{df(\xi)}{d\xi} \left(1 + \frac{df(\xi)}{d\xi} t\right)^{-1} = -\frac{\pi \sin \pi (x - ut)}{1 - \pi t \sin \pi (x - ut)} \tag{3.6.15}$$

であり，$x = 1/2$ で $u = 0$ であるから，

$$\left.\frac{\partial u}{\partial x}\right|_{x=1/2} = \frac{1}{t - 1/\pi} \tag{3.6.16}$$

となって，$t \to 1/\pi$ の極限で，波面が完全に直立することがわかる．図 3.6.1 には数値計算の結果を示してある．計算の詳細については 6.3 節をあわせて参照されたい．$t = 1/\pi$ をこえると波は不安定になる．図に示された計算結果からその様子が読み取れるだろう．

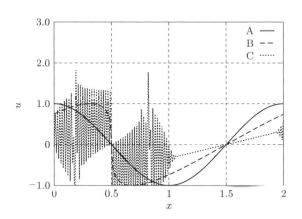

図 3.6.1 数値計算の結果：$t = 0$（曲線 A），$t = 1/\pi$（$= T_\mathrm{B}$）（曲線 B），$t = 3.6 T_\mathrm{B}$（曲線 C）における波動．$x = 1/2$ でのグラフの傾きに注意しよう．$t > 1/\pi$ では波動は不安定になっている様子が見てとれる．

■**分散のある波動** ふたたび線型の方程式を取り上げよう．ただし，次のように方程式 (3.6.3) に対して空間座標の 3 階微分の項が加わっているものとする．

$$\frac{\partial u}{\partial t} + c\left(\frac{\partial u}{\partial x} + \beta \frac{\partial^3 u}{\partial x^3}\right) = 0 \tag{3.6.17}$$

方程式 (3.6.3) の解

$$u(x,t) = e^{i(kx-\omega t)}, \quad \omega = kc \tag{3.6.18}$$

にならって，方程式 (3.6.17) の解を

$$u(x,t) = e^{i(kx-\omega t)} \tag{3.6.19}$$

としてみると（1.3 節参照），方程式 (3.6.17) に代入することにより，ω, k の間に

$$\omega = ck(1 - \beta k^2) \tag{3.6.20}$$

という関係が成り立つことがわかる．これは，位相速度

$$c_{\mathrm{p}} \equiv \frac{\omega}{k} = c(1 - \beta k^2) \tag{3.6.21}$$

が波数 k に依存する，すなわち分散をもつことを意味している．

6.2 KdV 方程式と孤立波

■**非線型効果と分散** 前節では，ほんの一例であるが，非線型効果，そして分散を示す波が満たす方程式を紹介した．この 2 つの要素をともに含んでいるのが KdV 方程式

$$\frac{\partial u}{\partial t} + u\frac{\partial u}{\partial x} + \mu \frac{\partial^3 u}{\partial x^3} = 0$$

である．非線型効果と分散の相乗作用の結果，以下に示すように，孤立しつつなおも形の崩れない波があらわれる．

ところで，本章のここまでの内容は，数式上の議論に過ぎなかった．現実の物理世界にそのような方程式で記述される現象が存在するのだろうか，疑問を感じた読者もいるだろう．これに関連して，少しだけ歴史的な話を紹介しよう．

■**スコット＝ラッセルの発見** ことの始まりは，1834 年のスコットランドの技師スコット＝ラッセル (J. Scott–Russell) の発見にさかのぼる．彼は，水路に生じる水面の盛り上がりが形を変えることなく，一定の速度で進み続けることを発見し，これを**孤立波**と名づけた．孤立波の進行速度は，水深 h の水路で平均水面からの波面の高さを η_0 として，

$$c = \sqrt{g(h+\eta_0)} \tag{3.6.22}$$

と実験的に与えられた．

■**コルテヴェークとド・フリースのモデル**（1895）　スコット＝ラッセルの発見による孤立波の存在については見解の一致をみないままであったが，半世紀以上経った後に**コルテヴェーク**（D. J. Korteweg）と**ド・フリース**（G. de Vries）によって，その基礎となる理論が与えられた．

1方向に伝わる浅い水の波の近似理論によれば，水路に生じる波を，水路に対して速さ $c_0 (=\sqrt{gh})$ で動いている座標 ξ および時刻 τ で表すと，次のようになる．

$$\frac{\partial \eta}{\partial \tau} + \frac{3c_0}{2h}\eta \frac{\partial \eta}{\partial \xi} + \frac{c_0 h^2}{6}\frac{\partial^3 \eta}{\partial \xi^3} = 0 \tag{3.6.23}$$

現在では，これをコルテヴェークとド・フリースの名前にちなんで **KdV 方程式**と呼んでいる．この方程式において，無次元の定数 μ を用いて

$$\eta = \frac{h\mu}{9}u, \quad \xi = \frac{h}{\mu}x, \quad \tau = \frac{6h}{c_0 \mu^2}t \tag{3.6.24}$$

と変数変換すると，

$$\frac{\partial u}{\partial t} + u\frac{\partial u}{\partial x} + \mu \frac{\partial^3 u}{\partial x^3} = 0 \tag{3.6.25}$$

となる．ここで，u, x, t いずれも無次元になることに注意しておく．また，$\mu > 0$ であるとしてよいので，実数 δ を用いて $\mu = \delta^2$ とおくこともある．以後，これらの式をもとに話を進める．

■**KdV 方程式の解**　KdV 方程式 (3.6.25) の解を

$$u(x,t) = u(\zeta), \quad \zeta = x - \sigma t \tag{3.6.26}$$

とおく．すると，方程式 (3.6.25) は常微分方程式

$$-\sigma \frac{du}{d\zeta} + u\frac{du}{d\zeta} + \mu \frac{d^3 u}{d\zeta^3} = 0 \tag{3.6.27}$$

になる．この式の両辺を ζ で積分して

$$\mu \frac{d^2 u}{d\zeta^2} = -\frac{u^2}{2} + \sigma u + C_1 \tag{3.6.28}$$

とし，さらに $du/d\zeta$ をかけて積分すると，

$$\frac{1}{2}\mu \left(\frac{du}{d\zeta}\right)^2 = -\frac{u^3}{6} + \frac{\sigma u^2}{2} + C_1 u + C_2 \tag{3.6.29}$$

となる．C_1, C_2 は積分定数である．ここで，(3.6.29) 式の右辺が

$$F(u) = -\frac{1}{6}(u-u_1)(u-u_2)(u-u_3) \quad (u_1 < u_2 < u_3) \tag{3.6.30}$$

と与えられる場合をとりあげよう．このとき，

$$\sigma = \frac{1}{3}(u_1+u_2+u_3),\ C_1 = -\frac{1}{6}(u_1u_2+u_2u_3+u_3u_1),\ C_2 = \frac{1}{6}u_1u_2u_3 \tag{3.6.31}$$

である．$F(u)$ の変化の様子を図 3.6.2 に描いた．

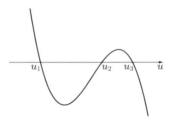

図 **3.6.2**　関数 $F(u)$ のグラフ

物理的に意味があるのは，$F(u) > 0$ となる場合であるが，このうち $u_2 \leqq u \leqq u_3$ の区間を考えてみよう．

(3.6.29), (3.6.30) 式から得られる

$$\frac{du}{d\zeta} = \pm\sqrt{\frac{-(u-u_1)(u-u_2)(u-u_3)}{3\mu}} \tag{3.6.32}$$

の両辺を，$u_2 = u(\zeta_2)$ として ζ で積分する．

$$\pm\frac{1}{\sqrt{3\mu}}(\zeta-\zeta_2) = \int_{u_2}^{u} \frac{1}{\sqrt{-(u-u_1)(u-u_2)(u-u_3)}}\,du \tag{3.6.33}$$

ここで，

$$z = \sqrt{\frac{u_3-u}{u_3-u_2}},\quad U = u_3-u_2\ (\geqq 0),\quad k^2 = \frac{u_3-u_2}{u_3-u_1}\ (\leqq 1) \tag{3.6.34}$$

とおくと，

$$u-u_3 = -Uz^2,\quad u-u_2 = U(1-z^2),\quad u-u_1 = \frac{U}{k^2}(1-k^2z^2) \tag{3.6.35}$$

また，

$$du = -2Uz\,dz,\quad z = \sqrt{1-\frac{u-u_2}{U}} \tag{3.6.36}$$

となるから,
$$\int_{u_2}^{u} \frac{1}{\sqrt{-(u-u_1)(u-u_2)(u-u_3)}} du$$
$$= -\sqrt{\frac{4k^2}{U}} \int_{1}^{\sqrt{1-(u-u_2)/U}} \frac{1}{\sqrt{(1-z^2)(1-k^2z^2)}} dz$$

すなわち,
$$\pm\sqrt{\frac{U}{12\mu k^2}}(\zeta - \zeta_2) = -\int_{1}^{\sqrt{1-(u-u_2)/U}} \frac{1}{\sqrt{(1-z^2)(1-k^2z^2)}} dz$$
$$= K(k) - \int_{0}^{\sqrt{1-(u-u_2)/U}} \frac{1}{\sqrt{(1-z^2)(1-k^2z^2)}} dz \quad (3.6.37)$$

を得る. ただし,
$$K(k) = \int_{0}^{1} \frac{1}{\sqrt{(1-z^2)(1-k^2z^2)}} dz \quad (3.6.38)$$

は第 1 種完全**楕円積分**である. ここで,
$$\pm\sqrt{\frac{U}{12\mu k^2}}\zeta_2 + K(k) = 0 \quad (3.6.39)$$

となるように ζ のゼロ点を調節すると, (3.6.37) 式は, ヤコービの**楕円関数** cn を用いて
$$u = u_2 + U\,\text{cn}^2\left(\mp\sqrt{\frac{U}{12\mu k^2}}\,\zeta,\ k\right) \quad (3.6.40)$$

となる. ヤコービの楕円関数については, [計算ノート: ヤコービの楕円関数] を参照しよう. 以下では, ＋の符号を選んで
$$u = u_2 + U\,\text{cn}^2\left(\sqrt{\frac{U}{12\mu k^2}}\,\zeta,\ k\right) \quad (3.6.41)$$

とする. (3.6.31) 式から位相速度 σ は
$$\sigma = u_2 + \frac{1}{3}(2 - k^{-2})U \quad (3.6.42)$$

であるから, もとの x, t を用いて表すと,
$$u = u_2 + U\,\text{cn}^2\left(\sqrt{\frac{U}{12\mu k^2}}\left\{x - \left(u_2 + \frac{1}{3}(2-k^{-2})U\right)t\right\},\ k\right) \quad (3.6.43)$$

となる. これは一般に一定周期をもつ波連で, **クノイド波**と呼ばれる. ここで, k^2 の値が満たす範囲は $(0 \leqq)\,k^2 \leqq 1$ であることにもう一度注意しよう.

特に $u_2 \to u_3$ の極限では $k \to 0$ となり,楕円関数 cn は三角関数 cos に近づく.この極限の様子を調べてみよう.

$$\frac{U}{k^2} = u_3 - u_1 \tag{3.6.44}$$

に注意すると

$$u \to u_3 + U\cos^2\sqrt{\frac{u_3 - u_1}{12\mu}}\left\{x - \frac{1}{3}(2U + 2u_3 + u_1)t\right\} \tag{3.6.45}$$

となるが,同時に $U \to 0$ となる.すなわち,振幅を小さくしつつ cos 波に近づいていくことがわかる.

他方,$u_2 = u_1$ とすると $k = 1$ となり,

$$u = u_1 + U\operatorname{sech}^2\sqrt{\frac{U}{12\mu}}\left\{x - \left(u_1 + \frac{1}{3}U\right)t\right\} \tag{3.6.46}$$

という孤立した波があらわれる.

計算ノート:ヤコービの楕円関数

z の関数 $F(z, k)$ が積分

$$F(z, k) = \int_0^z \frac{1}{\sqrt{(1-x^2)(1-k^2x^2)}}\,dx \tag{3.6.47}$$

で表されるとき,関数 $u = F(z, k)$ の逆関数 $z = F^{-1}(u, k)$ を考え,

$$\begin{aligned}
\operatorname{sn}(u, k) &= F^{-1}(u, k) \\
\operatorname{cn}(u, k) &= \sqrt{1 - \operatorname{sn}^2(u, k)} \\
\operatorname{dn}(u, k) &= \sqrt{1 - k^2 \operatorname{sn}^2(u, k)}
\end{aligned} \tag{3.6.48}$$

とおく.これら一連の関数をヤコービの楕円関数という.ここで,k は母数と呼ばれる.さらに,

$$\operatorname{cd}(u, k) = \frac{\operatorname{cn}(u, k)}{\operatorname{dn}(u, k)}, \quad \operatorname{nd}(u, k) = \frac{1}{\operatorname{dn}(u, k)}, \quad \operatorname{sd}(u, k) = \frac{\operatorname{sn}(u, k)}{\operatorname{dn}(u, k)} \tag{3.6.49}$$

などの関数が定義される.

また,上の定義から

$$u = \int_0^{\sqrt{1-y^2}} \frac{1}{\sqrt{(1-x^2)(1-k^2x^2)}}\,dx \quad \text{のとき} \quad y = \operatorname{cn}(u, k) \tag{3.6.50}$$

$$u = \int_0^{\sqrt{1-y}} \frac{1}{\sqrt{(1-x^2)(1-k^2x^2)}}\,dx \quad \text{のとき} \quad y = \operatorname{cn}^2(u, k) \tag{3.6.51}$$

がすぐに導かれる.これらの関係は,次のような置き換えを考えれば明らかだろう.

$\mathrm{sn}(u,k) = \sqrt{1-y^2}$ とおくとき
$$y = \sqrt{1-\mathrm{sn}^2(u,k)} = \mathrm{cn}(u,k)$$
$\mathrm{sn}(u,k) = \sqrt{1-y}$ とおくとき
$$y = 1 - \mathrm{sn}^2(u,k) = \mathrm{cn}^2(u,k)$$

特に (3.6.51) 式の関係は, (3.6.37)〜(3.6.39) 式から (3.6.40) 式への展開で利用されている.

次に母数 k に注目しよう. まず, $k=0, 1$ において, 楕円関数は次の関数に一致することがわかる.

$$\mathrm{sn}(u,0) = \sin u, \quad \mathrm{cn}(u,0) = \cos u, \quad \mathrm{dn}(u,0) = 1 \tag{3.6.52}$$

$$\mathrm{sn}(u,1) = \tanh u, \quad \mathrm{cn}(u,1) = \mathrm{sech}\, u, \quad \mathrm{dn}(u,1) = \mathrm{sech}\, u \tag{3.6.53}$$

また, 次の関係式 (3.6.54)〜(3.6.56) を下降**ランデン変換**, 関係式 (3.6.57)〜(3.6.59) を上昇ランデン変換という.

$$\mathrm{sn}(u,k) = \frac{2/(1+k')\,\mathrm{sn}((1+k')u/2, k^*)}{1 + k^* \mathrm{sn}^2((1+k')u/2, k^*)} \tag{3.6.54}$$

$$\mathrm{cn}(u,k) = \frac{\mathrm{cn}((1+k')u/2, k^*)\,\mathrm{dn}((1+k')u/2, k^*)}{1 + k' \mathrm{sn}^2((1+k')u/2, k^*)} \tag{3.6.55}$$

$$\mathrm{dn}(u,k) = \frac{k^* - (1 - \mathrm{dn}^2((1+k')u/2, k^*))}{k^* + (1 - \mathrm{dn}^2((1+k')u/2, k^*))} \tag{3.6.56}$$

$$\mathrm{sn}(u,k) = \frac{\mathrm{sn}(k''u, \sqrt{k}/k'')\,\mathrm{cn}(k''u, \sqrt{k}/k'')}{k''\,\mathrm{dn}(k''u, \sqrt{k}/k'')} \tag{3.6.57}$$

$$\mathrm{cn}(u,k) = \frac{k''\,\mathrm{dn}^2(k''u, \sqrt{k}/k'') - k''k'''}{k\,\mathrm{dn}(k''u, \sqrt{k}/k'')} \tag{3.6.58}$$

$$\mathrm{dn}(u,k) = \frac{kk''\,\mathrm{dn}^2(k''u, \sqrt{k}/k'') + k''k'''}{k\,\mathrm{dn}(k''u, \sqrt{k}/k'')} \tag{3.6.59}$$

ただし,

$$k' = \sqrt{1-k^2},\ k^* = \frac{1-k'}{1+k'} = \frac{1-\sqrt{1-k^2}}{1+\sqrt{1-k^2}},\ k'' = \frac{1+k}{2},\ k''' = \frac{1-k}{2} \tag{3.6.60}$$

である.

これらの関係式は, 楕円関数の値を計算するときに威力を発揮する[*].

---

[*] Milton Abramowitz, Irene A. Stegun "Handbook of Mathematical Functions: with Formulas, Graphs, and Mathematical Tables" Dover Books on Mathematics Paperback (1965). 参照.

[**問題 22**]

ランデン変換を利用して，$0 < k < 1$ における楕円関数のふるまいを調べよ．

[**解　答**]　たとえば関数 $\mathrm{sn}(u,k)$ の場合，(3.6.52) 式より $\mathrm{sn}(u,0) = \sin u$ となるので，下降ランデン変換を利用して近似値を求めることができる．実際，(3.6.60) 式より

$$k_{n+1} = \frac{1 - \sqrt{1 - k_n{}^2}}{1 + \sqrt{1 - k_n{}^2}} \tag{3.6.61}$$

とし，初期値を $k_1 = 0.9999$ とおいて逐次計算してみると，

$$k_1 = 0.9999, \quad k_2 = 0.9721, \quad k_3 = 0.6201, \quad k_3 = 0.1207, \quad k_4 = 0.0004 \tag{3.6.62}$$

と急速に 0 に近づいていくことから，この近似方法は極めて効率がよいことがわかる．同様に，上昇ランデン変換を利用すれば，$\mathrm{sn}(u,1) = \tanh u$ をもとに計算することもできる．

この手の計算はコンピュータが得意とするところである．コンピュータプログラムにおいて，(3.6.54) 式のように，関数 $\mathrm{sn}(u,k)$ を再帰的に定義することができれば，関数の値は容易に得られる．こうした数値計算によって得られたグラフを図 3.6.3 に示す．参考プログラムを 6.5 節のプログラム 6.1 に示した．また，これをもとにして計算された $\mathrm{cn}^2(u,k)$ のグラフを図 3.6.4 に示す（参考プログラム 6.2）．

■**孤立波**　(3.6.46) 式において $u_1 = 0$ とすると

$$u = U \operatorname{sech}^2 \sqrt{\frac{U}{12\mu}} \left(x - \frac{U}{3} t \right) \tag{3.6.63}$$

となり，もとの (3.6.23) 式に立ち返って，座標 ξ と時刻 τ を用いて表すと，

$$\eta = \eta_0 \operatorname{sech}^2 \sqrt{\frac{3\eta_0}{4h^3}} \left(\xi - \frac{\eta_0 c_0}{2h} \tau \right), \quad \operatorname{sech} y = \frac{1}{\cosh y} = \frac{2}{e^y + e^{-y}} \tag{3.6.64}$$

となる．ここで，$\eta_0 = (h\mu/9)U$ とした．これがスコット＝ラッセルの孤立波である．さらに，この ξ–τ は水路に対して速さ $c_0 = \sqrt{gh}$ で動いている座標系であったことを思い出そう．この波が水路に対してもつ速さは

$$c = c_0 \left(1 + \frac{\eta_0}{2h} \right) \tag{3.6.65}$$

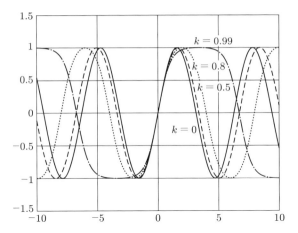

図 **3.6.3** 楕円関数 sn(u,k) のふるまい：$k=0$ の sin u からランデン変換を利用して計算しているが，$k \to 1$ で tanh u に近づいていくことがわかる．

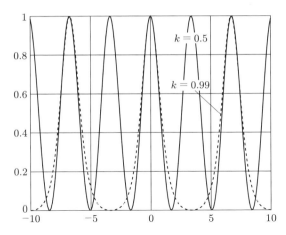

図 **3.6.4** 楕円関数 cn$^2(u,k)$ のふるまい：$k \to 1$ で sech$^2 u$ に近づく．

となるのである．

(3.6.64) 式から，ξ–τ 系でみると波が進む速さが $\eta_0 c_0/2h$ となって，波高 η_0 に依存していることがわかる．また，波の広がりの程度が η_0/h^3 で決まることにも注意しておこう．

水深 h，波高 η_0 の値に従って波形が変化する様子を，$\tau=0$ における波形

$$\frac{\eta}{\eta_0} = \text{sech}^2\left(\sqrt{\frac{3\eta_0}{4h}}\,\frac{\xi}{h}\right) \tag{3.6.66}$$

のグラフで示しておく（図 3.6.5）．

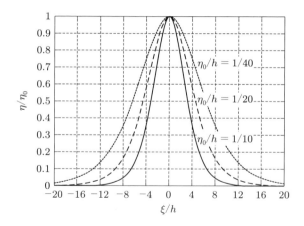

図 3.6.5 KdV 方程式の孤立波解: (3.6.66) 式で表される孤立波. 波高 η_0, 水深 h による波形の変化を示す.

6.3　ザブスキー‐クルスカルの数値計算とソリトン

■**微分方程式から差分方程式へ**　前節の計算によって，水面に生じる波として孤立した波が存在しうることが明らかになったが，この特別な形の波はどのようにできるのだろうか．この問いに対しては，以下の数値計算が答えてくれる．

数値計算によって，(3.6.25) 式

$$\frac{\partial u}{\partial t} + u\frac{\partial u}{\partial x} + \delta^2 \frac{\partial^3 u}{\partial x^3} = 0, \quad \delta^2 = \mu$$

の初期値問題を解いてみよう．

この非線型偏微分方程式は，時刻 t に関する一階の微分方程式になっていることに注意してほしい．適当な初期条件 $u(0,x)$ のもとで数値積分すれば，システムの時間発展 $u(t,x)$ を追っていくことができるのである．コンピュータを使った数値計算によって実際に調べてみよう．$t \to t_i = i\Delta t$, $x \to x^j = j\Delta x$ として，微分方程式 (3.6.25) を差分化すると，$u_i{}^j = u(t_i, x^j)$ が満たすべき式は次のようになる[†].

$$u_{i+1}{}^j = u_i{}^j + \left(u_i{}^j \cdot \frac{u_i{}^{j+1} - u_i{}^{j-1}}{2\Delta x} \right.$$
$$\left. + \delta^2 \cdot \frac{u_i{}^{j+2} - 2u_i{}^{j+1} + 2u_i{}^{j-1} - u_i{}^{j-2}}{2(\Delta x)^3} \right) \Delta t$$

(3.6.67)

[†] ここで，添え字 i, j を上下に分けたが，見やすくするという目的以外に特別な意味はない．

この式に従って，初期条件 $u_0{}^j$ から $u_i{}^j$ を順に求めていくことができる．

■ **ザブスキーとクルスカルの方法** 1965 年に，ザブスキー (N. J. Zabusky) とクルスカル (M. D. Kruskal) は KdV 方程式の数値解を示した．ここでは，彼らの方法に従って数値解を求めてみよう．彼らは (3.6.67) 式の代わりに次式に基づいて数値計算を行っている．

$$u_{i+1}{}^j = u_{i-1}{}^j + \left(\frac{u_i{}^{j+1} + u_i{}^j + u_i{}^{j-1}}{3} \cdot \frac{u_i{}^{j+1} - u_i{}^{j-1}}{2\Delta x} \right.$$
$$\left. + \delta^2 \cdot \frac{u_i{}^{j+2} - 2u_i{}^{j+1} + 2u_i{}^{j-1} - u_i{}^{j-2}}{2(\Delta x)^3} \right) 2\Delta t$$
(3.6.68)

(3.6.67) 式との違いは 2 つある．まず第一に，右辺の $u_i{}^j$ を空間的に隣接する 3 項の平均に置き換えているということである．第二に，$u_{i+1}{}^j$ を求めるのに，$u_i{}^j$ でなく，$u_{i-1}{}^j$ からの増分を利用していて，その増分は中間の時刻における $u_i{}^j$ およびその空間微分（差分）から求められている（**蛙跳び法**）という点である．詳しい説明は 6.4 節で与えるが，方程式 (3.6.25) を数値積分しているという本質に変わりはない．彼らは，初期条件を $u(0, x) = \cos \pi x$ $(0 < x < 2)$ とし，周期境界条件 $u(t, x+2n) = u(t, x)$ $(n = 1, 2, \ldots)$ のもとで，$\delta = 0.022$ とした (3.6.68) 式による数値計算を行っている（参考プログラム 6.3 (6.5 節)）．同じプログラムで $\delta = 0$ とした結果が図 3.6.1 に示されたものである．次に示す結果と比較すると，δ^2 項，つまり分散の効果が理解されるだろう．

図 3.6.6 には，ザブスキーとクルスカルにならって時刻 $t = 0$（曲線 A），$t = 1/\pi$ $(= T_B)$（曲線 B），$t = 3.6 T_B$（曲線 C）における波形のみを示しておくが，この間の変化を少し詳しく解説しておこう．まず，時刻 $t = 0$ における三角関数 $u = \cos \pi x$ のなめらかな曲線が時間の経過とともに徐々に形を変えている．具体的に言うと，$x = 0.5$ 付近でグラフの傾きが急になり，他の区間ではゆるやかな傾きになってくる．そして，時刻 $t = T_B$ になると，$x = 0.5$ 付近に振動が見えてくる．この振動は分散のない方程式のもとでの波（図 3.6.1）にはなかったものである．これ以後，このような振動が成長し，いくつかの孤立した山ができる．分散項のおかげで時刻 $t = T_B$ 以降も波が安定して存在できるのである．これらの山は固有の波高と速度をもって互いに独立に進行する．時刻 $t = 3.6 T_B$ においては，これらの山がほぼ等間隔に並んでいる．

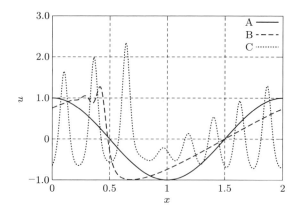

図 3.6.6 ザブスキー–クルスカルの数値解：時刻 $t=0$ における波（曲線 A: $u=\cos\pi x$）が時間の経過とともにその波形に歪みを生じ，時刻 $t=1/\pi\,(=T_\mathrm{B})$ には $x=0.5$ 付近に振動が現れる（曲線 B）．さらに時間が経過すると，これらの振動が成長し，それぞれ異なる速度で伝播する．時刻 $t=3.6T_\mathrm{B}$ にはこれらがほぼ等間隔に並んでいることが確認できる（曲線 C）．

■**ソリトンと FPU の再帰現象** 明晰な読者の皆さんは気づいていることだろうが，図 3.6.6 に現れている個々の山が (3.6.46) 式で表される孤立波に対応しているのである．これを**ソリトン**という．この計算例では，初期条件を $u(0,x)=\cos\pi x$ $(0<x<2)$ としたが，さまざまな初期条件のもとでソリトンがあらわれることがわかっている．また，現在では，KdV 方程式の解以外にさまざまなソリトンの存在が知られている．

[問題 23]

図 3.6.6 に現れる個々の山が (3.6.46) 式の孤立波に対応していることを，波高と幅の関係から確かめよ．

[解 答]

図 3.6.6 の曲線 C を分析の対象とする．図 3.6.7 にはデータから得られた値が記してある．それぞれの山の波高 U の評価はやや微妙なところがあるが，とりあえず両側の谷の平均を基準レベル u_1 として，ここを基準にして測定した高さを U としておく．これで推定された波高と，それをもとにグラフから得られた幅（半値全幅）w を表 3.6.1 に与えてある．この波高 U と幅 w の関係をグラフにしたものが図 3.6.8 である．横軸・縦軸ともに対数にしてプロットしている．ところで，(3.6.46) 式によると，$w\propto 1/\sqrt{U}$ である．これを考慮して参考のため $w\propto 1/\sqrt{U}$ のグラフもあ

6.3 ザブスキー–クルスカルの数値計算とソリトン

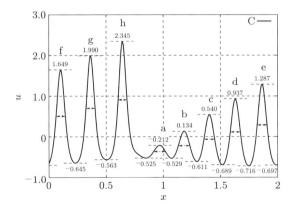

図 **3.6.7** ザブスキー–クルスカルの数値解の分析：波の重なりが大きい a, b, c, d では基準レベル u_1 の推定が難しいが，便宜的に両側の谷の平均を数値解のデータから算出することにする．幅は数値が示されていないが，このグラフから読み取る．

表 **3.6.1** 孤立波の波高と幅

	ピーク	基準線 u_1	波高 U	半値全幅 w
a	-0.212	-0.527	0.315	0.104
b	0.134	-0.570	0.704	0.098
c	0.540	-0.650	1.190	0.090
d	0.917	-0.703	1.620	0.084
e	1.287	-0.707	1.994	0.080
f	1.649	-0.671	2.320	0.076
g	1.990	-0.604	2.594	0.072
h	2.345	-0.544	2.889	0.068

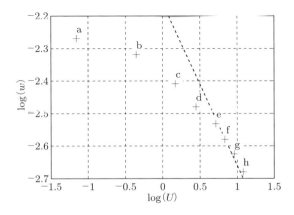

図 **3.6.8** ザブスキー–クルスカルの数値解の分析（波高と幅の関係）：破線は，適当な係数を仮定した $w \propto 1/\sqrt{U}$ のグラフである．e, f, g, h はほぼ理論通りになっている．

わせて描いてある．これらを見ると，それぞれの山が比較的分離されている e, f, g, h については理論通りになっていることがわかる．他方，a, b, c, d では理論から大きくずれている．これは，それぞれの山が十分に分離せず，重なり合って波高の評価が不正確になっているためと考えられる．

(3.6.46) 式からわかるように，波高が高くなるほど速く進むので，波高が高いソリトンは，低いソリトンに追いつき追い越すことになる．時刻 $t = 0$ から $t = 2$ にいたるまでの変化を 3D プロットで示したのが図 3.6.9 である．それぞれの山が異なる速度で進行している様子がよくわかるだろう．ここで，x に関して周期境界条件を課していること，また，波の位相速度 $c_0 = \sqrt{gh}$ で運動する座標系を使っていることを思い出しておこう．

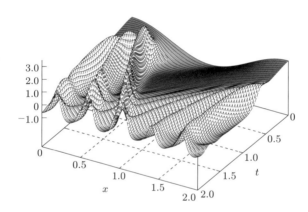

図 3.6.9 ザブスキー–クルスカルの数値解：時刻 t，座標 x における変位 $u(x,t)$ を 3D プロットした．時間の経過とともに波形が変化している様子がわかる．最後にあらわれているひとつひとつの山は，図 3.6.7 に示された山に対応している．

驚くべきことに，各ソリトンは衝突の間も独立に進行し，衝突後も衝突前の波形を保ったままである．この様子が粒子の散乱を思い起こさせるため，ソリトンと名づけられたのである[‡]．つまり，ソリトンとは，一定の波形と速さを保つ局在した波であって，衝突の前後でもその性質を失わないものである．このソリトンのもつ衝撃的な性質を示したのがザブスキーとクルスカルの数値計算だったのである．

ソリトンの衝突前後の様子を図 3.6.10 に示した．上から，時刻 $t = t_\mathrm{D} = 1.25$（曲線 D），時刻 $t = t_\mathrm{E} = 1.375$（曲線 E），時刻 $t = t_\mathrm{F} = 1.5$（曲線 F）における

[‡] 孤立を意味する solitary と粒子につける接尾辞 on から合成された用語である．

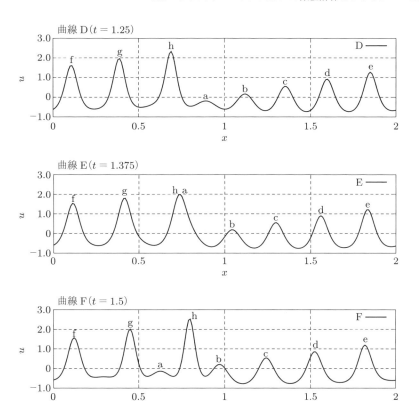

図 3.6.10 ソリトンの衝突：山 h と山 a の衝突直前 (D) から合体 (E) を経て衝突直後 (F) までの様子．衝突前後で波形が変わらず，何事もなかったかのように互いにすり抜けている．

変位が描かれている．この間に山 a が山 h に追い越されているが，波形は保たれていることが確かめられるだろう．

[問題 24]

図 3.6.10 から各ソリトンの速さを読み取って，(3.6.46) 式の関係を満たしていることを確かめよ．

[解 答] 図 3.6.10 の曲線 D, E, F の各ピーク位置を読み取った結果，およびそれに基づき算出された速度 v を表 3.6.2 に示す．ただし，

$$v = \frac{x_\mathrm{F} - x_\mathrm{D}}{t_\mathrm{F} - t_\mathrm{D}}, \quad t_\mathrm{F} - t_\mathrm{D} = 1.5 - 1.25 = 0.25 \tag{3.6.69}$$

である．表中 x_D, x_E, x_F の値を見比べると，この間，速度はほぼ一定であるこ

とが数値的にも確認できる．また，表 3.6.1 に基づいて求められるソリトンの速度 $u_1+U/3$ をあわせて示しておく．これをみると，やはり波高の評価が不正確な a〜d の山で v と $u_1+U/3$ の一致が悪いことがわかる．山が (3.6.46) 式で表されることを前提にして考えると，図 3.6.6 からもう少し丁寧にデータ u_1, U を読み取ることができると思われるが，それは読者の課題としておこう．

表 **3.6.2** 孤立波の速度

	x_D	x_E	x_F	v	$u_1+U/3$
a	0.90	0.75	0.64	-1.04	-0.42
b	1.11	1.05	0.98	-0.52	-0.34
c	1.36	1.31	1.25	-0.44	-0.25
d	1.61	1.57	1.54	-0.28	-0.16
e	1.86	1.85	1.83	-0.12	-0.04
f	0.12	0.12	0.13	0.04	0.10
g	0.40	0.43	0.46	0.24	0.26
h	0.70	0.75	0.81	0.44	0.42

このような衝突を繰り返した後，波が元の状態に戻ることがある．このような現象は，フェルミ (E. Fermi)，パスタ (J. R. Pasta)，ウラム (S. M. Ulam) が行った非線型格子に関する計算機実験によって見出されたもので，彼らの名前にちなんで **FPU の再帰現象**と呼ばれている．一般に，非線型効果が存在するもとでは系のエネルギーが分散され，同じ状態に戻ることなく熱平衡に達することが期待されるが，驚くべきことに，ここではそうなっていないのである．

実際に t の範囲を広げた数値計算によって，これを確かめてほしいところであるが，本書では，正確な数値実験を進めるために必要と思われる事柄をいくつか簡単にまとめるだけにとどめておこう．

6.4 数値計算法

6.4.1 微分積分と計算誤差

■**差 分** 数値計算の中心的課題の基本は微積分にある.微分は次のように差分の形で取り扱われる.

$x_{i+1} - x_i = h$(一定)とし,関数 $u = u(x)$ の $x = x_i$ ($i = 0, 1, 2, 3, \ldots$)における値を $u_i = u(x_i)$ とする. $x = x_i$ における導関数の値は**中心差分**と呼ばれる次のような差分に従って求められることが多い.

$$\frac{du(x_i)}{dx} \to \frac{u_{i+1} - u_{i-1}}{x_{i+1} - x_{i-1}} = \frac{u_{i+1} - u_{i-1}}{2h} \tag{3.6.70}$$

KdV 方程式の数値解を求める計算においても,(3.6.67), (3.6.68) 式のように中心差分で計算されているが,

$$\frac{du(x_i)}{dx} \to \frac{u_{i+1} - u_i}{x_{i+1} - x_i} = \frac{u_{i+1} - u_i}{h} \tag{3.6.71}$$

$$\frac{du(x_i)}{dx} \to \frac{u_i - u_{i-1}}{x_i - x_{i-1}} = \frac{u_i - u_{i-1}}{h} \tag{3.6.72}$$

と計算することもできる.これらの意味については,6.4.3 項(風上差分・風下差分)で少し詳しく説明することにしよう.

2 階導関数は (3.6.71), (3.6.72) 式より次のように求められる.

$$\frac{d^2 u(x_i)}{dx^2} \to \frac{1}{h}\left(\frac{u_{i+1} - u_i}{h} - \frac{u_i - u_{i-1}}{h}\right) = \frac{u_{i+1} - 2u_i + u_{i-1}}{h^2} \tag{3.6.73}$$

3 階導関数は,(3.6.73) 式に対して中心差分を計算して

$$\frac{d^3 u(x_i)}{dx^3} \to \frac{u_{i+2} - 2u_{i+1} + 2u_{i-1} - u_{i-2}}{2h^3} \tag{3.6.74}$$

と計算される.さらに 4 階導関数は,$\dfrac{d^2 u(x_i)}{dx^2} = u_i''$ に対する (3.6.73) 式を繰り返し用いて

$$\frac{d^4 u(x_i)}{dx^4} \to \frac{u_{i+1}'' - 2u_i'' + u_{i-1}''}{h^2} = \frac{u_{i+2} - 4u_{i+1} + 6u_i - 4u_{i-1} + u_{i-2}}{h^4} \tag{3.6.75}$$

となる.これらは h のオーダーまで正しい,すなわち h^2 の程度の誤差を含む式である.

以上をまとめておこう.

$$
\begin{aligned}
u'(x_i) &= \frac{1}{2h}(\quad\quad u_{i+1} \quad\quad - u_{i-1} \quad\quad) + O(h^2) \\
u''(x_i) &= \frac{1}{h^2}(\quad\quad u_{i+1} - 2u_i + u_{i-1} \quad\quad) + O(h^2) \\
u'''(x_i) &= \frac{1}{2h^3}(u_{i+2} - 2u_{i+1} \quad\quad + 2u_{i-1} - u_{i-2}) + O(h^2) \\
u^{(4)}(x_i) &= \frac{1}{h^4}(\quad u_{i+2} - 4u_{i+1} + 6u_i - 4u_{i-1} + u_{i-2}) + O(h^2)
\end{aligned}
$$

(3.6.76)

より精度のよい計算は関数 $u(x)$ のテイラー展開を利用して求めることができる。$u(x_i) = u_i$, $u(x_i + h) = u_{i+1}$ などとして,

$$
\begin{aligned}
u_{i+2} &= u_i + 2hu'(x_i) + \frac{4h^2}{2}u''(x_i) + \frac{8h^3}{3!}u'''(x_i) + \frac{16h^4}{4!}u^{(4)}(x_i) + O(h^5) \\
u_{i+1} &= u_i + hu'(x_i) + \frac{h^2}{2}u''(x_i) + \frac{h^3}{3!}u'''(x_i) + \frac{h^4}{4!}u^{(4)}(x_i) + O(h^5) \\
u_{i-1} &= u_i - hu'(x_i) + \frac{h^2}{2}u''(x_i) - \frac{h^3}{3!}u'''(x_i) + \frac{h^4}{4!}u^{(4)}(x_i) + O(h^5) \\
u_{i-2} &= u_i - 2hu'(x_i) + \frac{4h^2}{2}u''(x_i) - \frac{8h^3}{3!}u'''(x_i) + \frac{16h^4}{4!}u^{(4)}(x_i) + O(h^5)
\end{aligned}
$$

(3.6.77)

であるから,

$$-u_{i+2} + 8u_{i+1} - 8u_{i-1} + u_{i-2} = 12hu'(x_i) + O(h^5) \tag{3.6.78}$$

よって,

$$u'(x_i) = \frac{1}{12h}(-u_{i+2} + 8u_{i+1} - 8u_{i-1} + u_{i-2}) + O(h^4) \tag{3.6.79}$$

のように h^3 のオーダーまで正しい式となる。同様に, $u''(x_i)$ なども以下のように与えることができる。

$$
\begin{aligned}
u'(x_i) &= \frac{1}{12h}(\quad\quad -u_{i+2} \quad +8u_{i+1} \quad\quad\quad -8u_{i-1} +u_{i-2}\quad\quad\quad) \\
u''(x_i) &= \frac{1}{12h^2}(\quad\quad -u_{i+2} +16u_{i+1} -30u_i +16u_{i-1} -u_{i-2}\quad\quad\quad) \\
u'''(x_i) &= \frac{1}{8h^3}(-u_{i+3} +8u_{i+2} -13u_{i+1} \quad\quad +13u_{i-1} -8u_{i-2} +u_{i-3}) \\
u^{(4)}(x_i) &= \frac{1}{6h^4}(-u_{i+3} +12u_{i+2} -39u_{i+1} +56u_i -39u_{i-1} +12u_{i-2} -u_{i-3})
\end{aligned}
$$
(3.6.80)

■**区分求積** 積分も，差分に基づく区分求積によって計算される．

定積分は

$$\int_{t_0}^{t_n} f(t)\,dt \approx \sum_{i=0}^{n-1} h f(t_i) \quad (h = t_{i+1} - t_i) \tag{3.6.81}$$

と数値計算される．ここで，h を小さくすれば，計算精度をよくすることができるが，h を限りなく小さくすることはできない．実際の計算機では有効数字が有限であるからである．有効数字が p 桁（通常の計算機では倍精度の変数に対して 10 進表現で 16 桁）であるとすると，$|hf(t_i)/u_i| < 10^{-p}$ を満たすような h で計算の結果 $u_{i+1} = u_i$ となってしまう．ここで，u_j は部分和

$$u_j = \sum_{i=0}^{j} h f(t_i) \tag{3.6.82}$$

である．このような計算誤差を丸め誤差という．

■**ニュートン-コーツの公式** 数値積分において計算誤差を小さくするためにいくつかの公式が知られているが，これらは以下のように整理することができる．

まず，被積分関数 $f(t)$ を

$$p_m(t) = \sum_{j=0}^{m} f(t_j) l_j(t) \quad (m = 1, 2, 3, \ldots) \tag{3.6.83}$$

$$l_j(t) = \frac{(t - t_0)(t - t_1)\cdots(t - t_{j-1})(t - t_{j+1})\cdots(t - t_m)}{(t_j - t_0)(t_j - t_1)\cdots(t_j - t_{j-1})(t_j - t_{j+1})\cdots(t_j - t_m)} \tag{3.6.84}$$

と m 次の多項式 $p_m(t)$ で近似する．これを**ラグランジュ補間**という．

積分はこの多項式を使って

$$\int f(t)\,dt \approx \int p_m(t)\,dt = \sum_{j=0}^{m} w_j f(t_j) \tag{3.6.85}$$

$$w_j = \int l_j(t)\,dt \tag{3.6.86}$$

と計算される.これをニュートン-コーツ(**Newton–Cotes**)の公式という.特に $p_0(t) = f(t_0)$ とすれば,$m = 0, 1, 2$ とするときの式

$$\int_{t_0}^{t_1} f(t)\,dt \approx h f(t_0) \tag{3.6.87}$$

$$\int_{t_0}^{t_1} f(t)\,dt \approx \frac{h}{2}\bigl(f(t_0) + f(t_1)\bigr) \tag{3.6.88}$$

$$\int_{t_0}^{t_2} f(t)\,dt \approx \frac{h}{3}\bigl(f(t_0) + 4f(t_1) + f(t_2)\bigr) \tag{3.6.89}$$

は,それぞれ**矩形公式**,**台形公式**,**シンプソンの公式**と呼ばれる.

現実の計算においては,積分区間を n 区間に分割し,m 次多項式を連結して計算する.(3.6.81) 式は $m = 0$ としたときの式になっていることは明らかであろう.これに対し,$m = 1$ のときは

$$\int_{t_0}^{t_n} f(t)\,dt \approx \frac{h}{2}\left(f(t_0) + 2\sum_{i=1}^{n-1} f(t_i) + f(t_n)\right) \tag{3.6.90}$$

$m = 2$ のときは,n を 2 の倍数として

$$\int_{t_0}^{t_n} f(t)\,dt \approx \frac{h}{3}\left(f(t_0) + 4\sum_{i=1}^{n/2} f(t_{2i-1}) + 2\sum_{i=1}^{n/2-1} f(t_{2i}) + f(t_n)\right) \tag{3.6.91}$$

と与えられる.

6.4.2 常微分方程式

■**オイラー法** まず,常微分方程式

$$\frac{du}{dt} = f(u, t) \tag{3.6.92}$$

を考える.微分をその定義から単純に差分に置き換えると,$h = t_{n+1} - t_n$,$u_n = u(t_n)$ として,

$$u_{n+1} = u_n + h f(u_n, t_n) \tag{3.6.93}$$

となる.この計算を繰り返すことによって解 u_n が得られる.この方法をオイラー(Euler)法という.

ここで,積分計算と同様に,丸め誤差を評価することができる.

6.4 数値計算法

■**改良された積分計算法**　状況に応じて h を最適な大きさにすることは重要であるが，これだけでは不十分であることが多い．常微分方程式の解法においてもさまざまな工夫が考えられている．

①**蛙跳び法**　蛙跳び（leap–frog）法は，ザブスキーとクルスカルの方法でも採用された方法である．オイラー法に少しだけ変更を加えて，微分 du/dt を中心差分 $(u_{n+1} - u_{n-1})/2h$ で置き換え，

$$u_{n+1} = u_{n-1} + 2hf(u_n, t_n) \tag{3.6.94}$$

を計算する．逐次計算の形はオイラー法とよく似ているが，初期値として u_0 の他に u_1 が必要となる．通常，u_1 は u_0 からオイラー法によって計算されるが，これが計算を不安定にすることがある．(3.6.94) 式は次のように書けるから，h の 2 次のオーダーまで正しい計算であることがわかる．

$$u_{n+1} = u_{n-1} + 2hu'(t_{n-1}) + \frac{(2h)^2}{2} u''(t_{n-1}) \tag{3.6.95}$$

②**アダムズ法**　逐次計算を次のように行うこともできる．

$$u_{n+1} = u_n + \frac{3}{2} hf(u_n, t_n) - \frac{1}{2} hf(u_{n-1}, t_{n-1}) \tag{3.6.96}$$

これを 2 次のアダムズ（Adams）法と呼んでいる．これは

$$u_{n+1} = u_n + hu'(t_n) + \frac{h^2}{2} u''(t_n) \tag{3.6.97}$$

と展開され，h の 2 次のオーダーまでとった計算となっている．

③**ルンゲ–クッタ法**　2 次のルンゲ–クッタ（Runge–Kutta）法では，次のように計算処理される．

$$k_1 = hf(u_n, t_n) \tag{3.6.98}$$

$$k_2 = hf(u_n + k_1/2, t_n + h/2) \tag{3.6.99}$$

$$u_{n+1} = u_n + k_2 \tag{3.6.100}$$

やはり，h の 2 次のオーダーまで正しい計算である．

よく利用されるのは，次式であらわされる 4 次のルンゲ–クッタ法である．

$$k_1 = hf(t_n, x_n) \tag{3.6.101}$$

$$k_2 = hf(t_n + h/2, x_n + k_1/2) \tag{3.6.102}$$

$$k_3 = hf(t_n + h/2, x_n + k_2/2) \tag{3.6.103}$$

$$k_4 = hf(t_n + h, x_n + k_3) \tag{3.6.104}$$

$$x_{n+1} = x_n + \frac{k_1}{6} + \frac{k_2}{3} + \frac{k_3}{3} + \frac{k_4}{6} \tag{3.6.105}$$

6.4.3　偏微分方程式

■**常微分方程式から偏微分方程式へ**　次に，$u = u(t, x)$ として，偏微分方程式

$$\frac{\partial u}{\partial t} = f\left(u, \frac{\partial u}{\partial x}, \frac{\partial^2 u}{\partial x^2}, \ldots, t\right) \tag{3.6.106}$$

を考える．初期値 $u_0 = u(0, x)$ を与えてやれば，その後の時間発展の計算には前節の手法がそのまま利用できる．

右辺にあらわれる偏微分の計算には，いうまでもなく 6.4.1 項で論じられた差分が使われる．

■**移流方程式**　u を定数として，

$$\frac{\partial \varphi}{\partial t} + u \frac{\partial \varphi}{\partial x} = 0 \tag{3.6.107}$$

と表される移流方程式を取り上げる．この解は，任意関数 f を用いて $\varphi(x, t) = f(x - ut)$ と表すことができた．

この方程式を差分化して

$$\begin{cases} \varphi_{i,j} = \varphi(t_i, x_j) \\ h = t_i - t_{i-1} \\ k = x_j - x_{j-1} \end{cases} \tag{3.6.108}$$

とすると，

$$\varphi_{i+1,j} = \varphi_{i,j} - u \frac{h}{2k}(\varphi_{i,j+1} - \varphi_{i,j-1}) \tag{3.6.109}$$

となる．

初期値を

$$\varphi(0, x) = \exp(-x^2) \tag{3.6.110}$$

とすると，方程式 (3.6.107) の解は

$$\varphi(t, x) = \exp\left\{-(x - ut)^2\right\} \tag{3.6.111}$$

となるはずである．差分方程式 (3.6.109) に基づく数値計算によってこれを確かめてみよう．この問題は解析的に解くことができるので数値計算の必要はないが，このあと取り上げる KdV 方程式などの非線型微分方程式の数値解を求めるときに生じる問題を解決するための重要な示唆を与えるだろう．

(3.6.109) 式に基づいて，初期条件 (3.6.110) のもとで時間発展を調べる．時間 t と空間 x に関して

$$0 \leqq t \leqq 1, \quad h = t_i - t_{i-1} = 0.001, \quad -5 \leqq x \leqq 5, \quad k = x_i - x_{i-1} = 0.1 \tag{3.6.112}$$

としておく．$u = 1$ として，$t = 0, 0.4, 0.8$ における様子を示したものが図 3.6.11 である．この図から，確かに波が速さ $u = 1$ で $+x$ 方向に進行していることが確かめられる．

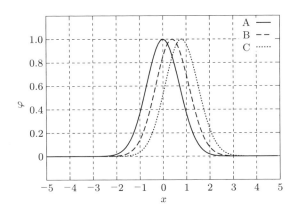

図 **3.6.11** 移流方程式の数値解 ($u = 1, h = 0.001, k = 0.1; uh/k = 0.01$)：曲線 A ($t = 0$)，B ($t = 0.4$)，C ($t = 0.8$) は，波高 1 の波が速さ $u = 1$ で $+x$ 方向に進行していることを正確に表している．

次に，他の条件を変えずに $u = 10$ としてみよう（図 3.6.12）．周期性により $t = 0.8$（曲線 C）におけるピーク位置は $x = -2$ に来ることが期待されるが，少しずれている．また，その高さも不正確である．$t = 0.4$（曲線 B）における波についても同様である．さらに，$u = 10$ としたまま，$h = 0.01$ とすると図 3.6.13 のようになって，全く使い物にならない．とりわけ，ピークのうしろ側に激しい振動が生じていることがわかるだろう．

ここに見られるように，計算の精度を保つためにパラメータに制限が課せられるが，hu/k の値は精度評価のための重要な指標となる．具体的には

$$\frac{uh}{k} < 1 \quad \text{すなわち} \quad u < \frac{k}{h} \tag{3.6.113}$$

を満たすことが必要である．この条件を **CFL (Courant–Friedrichs–Lewy) 条件**という．k/h が計算情報の伝播速度を意味するものと考えると，この条件の意

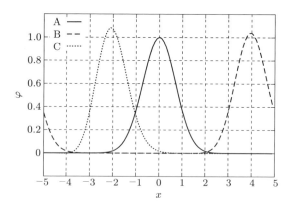

図 3.6.12　移流方程式の数値解（$u = 10$, $h = 0.001$, $k = 0.1$; $uh/k = 0.1$）：波高 1 の曲線 A（$t = 0$）に対して，曲線 B（$t = 0.4$），C（$t = 0.8$）の波高は少し大きくなっている．また，その位置も期待される位置 $x = 4$（B），-2（C）から少しずれている．

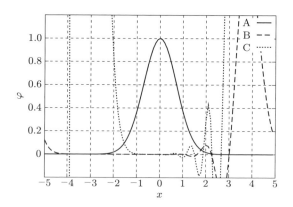

図 3.6.13　移流方程式の数値解（$u = 10$, $h = 0.01$, $k = 0.1$; $uh/k = 1$）：$t = 0$ における波（曲線 A）以外は全く正しく描けていない．CFL 条件からも厳しいが，それ以上に，移流方程式 (3.6.107) における空間微分を (3.6.109) 式のように中心差分で計算したことに起因するところが大きい．

味は直感的に理解しやすいだろう．

ところで，(3.6.109) 式の代わりに

$$\varphi_{i+1,j} = \varphi_{i,j} - u\frac{h}{k}(\varphi_{i,j} - \varphi_{i,j-1}) \tag{3.6.114}$$

を使って計算してみよう．$u = 10$, $h = 0.01$ としたときの計算結果を図 3.6.14 に示す．ここには図 3.6.13 のような破綻は見られない．

この状況は次のように説明される．(3.6.114) 式では $\varphi_{i+1,j}$ を求めるために $\varphi_{i,j}$ と $\varphi_{i,j-1}$ すなわち x_j と x_{j-1} における値を利用しているが，これは，計算のため

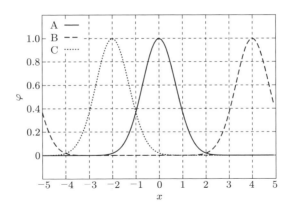

図 **3.6.14** 移流方程式の数値解（$u = 10$, $h = 0.01$, $k = 0.1$; $uh/k = 1$）: u, h, k については，図 3.6.13 と同じ条件で計算してあるが，移流方程式 (3.6.107) における空間微分を風上差分で計算した結果，計算精度が飛躍的に改善されていることがわかる．

の情報を，波動がやってくる「上流」から得ているということを意味する．これに対して，(3.6.109) 式の中心差分には「下流」の情報が含まれてしまっている．これが計算を不安定にした原因である．

左右の極限が一致する連続関数であっても差分のとり方次第で結果に重大な違いが生じるということは，よく肝に銘じておくべきだろう．

方程式 (3.6.107) において，速度が $u > 0$ を満たすとき，

$$u \frac{\partial \varphi}{\partial x} = u \cdot \frac{\varphi(x) - \varphi(x-k)}{k} \quad (k > 0) \tag{3.6.115}$$

ととるのがよい．これを**風上差分**という．これに対して，

$$u \frac{\partial \varphi}{\partial x} = u \cdot \frac{\varphi(x+k) - \varphi(x)}{k} \quad (k > 0) \tag{3.6.116}$$

を**風下差分**という．ここで用いたプログラムのサンプルを，プログラム 6.7（6.5 節）にあげておく．

■**KdV 方程式** φ を u として，3 階微分の項を加えたのが，KdV 方程式であった．

$$\frac{\partial u}{\partial t} + u \frac{\partial u}{\partial x} + \delta^2 \frac{\partial^3 u}{\partial x^3} = 0 \tag{3.6.117}$$

少なくとも δ が大きくないときには，上でみた移流方程式に準じた計算をするのがよいだろう．

とりわけ，第 2 項（**移流項**）については，u の符号にかかわらず常に風上差分になるように場合分けをするとよい．

$$u\frac{\partial u}{\partial x} = \begin{cases} u(x)\cdot\dfrac{u(x)-u(x-k)}{k} & (u>0) \\ u(x)\cdot\dfrac{u(x+k)-u(x)}{k} & (u<0) \end{cases} \quad (3.6.118)$$

これはまた，次のようにも書くことができる．

$$u(x)\cdot\frac{u(x+k)-u(x-k)}{2k} - \frac{|u(x)|k}{2}\cdot\frac{u(x+k)-2u(x)+u(x-k)}{k^2} \quad (3.6.119)$$

この式の第1項は中心差分である．第2項は**人工拡散項**または**数値粘性項**，その係数 $|u|k/2$ は拡散係数と呼ばれる．移流項の効果が小さいときには，拡散係数，すなわち k の値を調節して最適化をはかることもある．

また，移流項の係数 u を，サブスキーとクルスカルの式 (3.6.68) のように

$$\frac{u(x+k)+u(x)+u(x-k)}{3} \quad (3.6.120)$$

と空間的に平滑化することも，計算の安定化に有効である．

6.5 ソフトウエア

本章では，数値計算が重要な役割を果たしてきた．各時代の最先端問題はスーパーコンピュータを利用して取り組むテーマにもなってきたが，ここで取り上げられた問題は，いまとなってはパーソナルコンピュータを使って手軽に数値計算が実行できるものになっているので，第 I 部での「実験」のように，読者自身が実際に手を動かして計算を確かめてみるとよいだろう．

ここでは，そのために利用できるソフトウエアをいくつか紹介するとともに，本章でとりあげられた計算やプロットに使われたプログラムを掲載しておく．本章でとりあげられた問題のみならず，いろいろな場面で活用されることを期待する．

■**数値計算**　科学計算に利用されるプログラミング言語の定番は，FORTRAN や C であろう．これら古くから知られている言語に加えて，インターネットの時代になると Perl, Java といった言語が登場し，より多くの人々にとってプログラミングが身近なものとなった．これらは必ずしも科学計算を主目的に開発されたものではないが，それでも本章で取り上げられているような計算であれば，問題なく解決できるだろう．また，プログラミング言語とはやや趣を異にするが，MATLAB のような計算システムもある．

このように，パーソナルコンピュータ上で科学計算を実行するさまざまな方法・

環境が提供されているが，ここでは，MATLAB のような計算システムを紹介することにしよう．

MATLAB は商用のソフトウエアであるが，これとよく似た Scilab, GNU Octave, FreeMat といったフリーソフトが開発され，インターネットから入手することができるようになっている．

大学等で MATLAB が使える環境にある読者はこれを使うとよいだろう．そうでない場合は，MATLAB と比較的高い互換性をもつ GNU Octave をおすすめする．GNU Octave は，GPL に従うフリーソフトウエアで，Windows, Linux, Mac OS X などのプラットフォーム上で利用できる．コマンドラインインターフェースを備え，非線型方程式の解を求めたり，関数の積分，多項式の操作，常微分方程式および微分代数方程式の積分をしたりするためのツールなどが用意されている．情報は http://www.gnu.org/software/octave/index.html から得られる．

以下に掲げる参考プログラムも GNU Octave で動作確認されたものである．

■**グラフィックス** グラフ作成においてもコンピュータが活躍する．本シリーズで挿入されたグラフの多くは，フリーソフトの gnuplot を使って作成されたものである．数値計算ソフトの GNU Octave などでも gnuplot と協調してグラフを作成している．情報は http://www.gnuplot.info/ にある．

作成されたグラフは，さまざまな形式の画像ファイルとして残しておくことが可能である．画像ファイルのさらなる編集・加工を行う必要があるときには，GPL に従うフリーソフトの GIMP (http://www.gimp.org) を使うとよい．GIMP はたいていのビットマップ画像に対応している．

Encapsulated PostScript (eps) 形式にすれば，グラフをベクトルデータとして保存することができる．これは PostScript と呼ばれるページ記述言語をベースにしたものである．PostScript あるいは Encapsulated PostScript で記述された画像を表示する（すなわちビットマップ画像に変換する）ためには，これを解釈するソフトウエア（インタプリタ）が必要である．Ghostscript (http://www.ghostscript.com) は代表的なフリーの PostScript インタプリタで，ふつう GhostView, gv, GSview といったユーザインターフェースから利用される[§]．以下のサンプルプログラムでは eps 形式で出力しているが，pdf 形式を利用することをお勧めする．

■**数式処理** コンピュータの威力は数値計算のみならず，代数計算においても発揮される．最近では，代数計算を行うソフトウエアをコンピュータ代数システム

[§] 最近では eps に代わって pdf が利用されるようになってきた．

(Computer Algebra System, CAS) と呼ぶことが多い．この分野では，Mathematica, Maple といった商用ソフトウエアが広く使われているが，フリーのものとしては数値計算の GNU Octave と同様，GPL に従う Maxima がある．本シリーズの中では特に記述はないが，うまく利用すれば役に立つであろう．詳しくは http://maxima.sourceforge.net/ などを参照されたい．

■サンプルプログラム　以下では，本章でとりあげた数値解析やグラフ描画に用いたプログラム（GNU Octave および gnuplot）を掲載する．

GNU Octave 利用上の注意　ソフトウエアの入手法・利用法については，説明を省くが，GNU Octave の利用に関して著者の経験に基づく注意をいくつかしておく．

起動後，プログラムファイルが保存されているフォルダに移動するために cd コマンドが用意されている．例えば Windows の場合，D:ドライブの octave フォルダに移動するには，

```
cd d:/octave
```

と入力する．

プログラムファイルは適当なテキストエディタで作成・編集する．ファイル名に許される文字はアルファベットと数字および_であるが，数字を先頭にすることはできない．また，拡張子はふつう.mとする（m ファイルと呼ばれる）．

GNU Octave のコンソールからプログラムを実行するには，ファイルを保存したフォルダに移動した後，.m 拡張子を除いたファイル名のみを入力すればよい．

ひとつのファイルで function 命令を用いて関数を定義しておくと，その関数は他のプログラムファイルからも呼び出して使えるようになる．その場合，

- 関数の名前とファイル名（拡張子.m を除いた部分）が一致していること
- ファイルの先頭行が function 命令であること（コメント行を除く）

が必要である．ファイルに関数定義以外のプログラムを含む場合，ファイルの先頭行が function にならないように注意しなければならない（初心者にとって，こちらの方が重要である）．これを避けるために，下の例に見られるように，ファイルの先頭に 1; のような意味のない行を挿入することがある．

%または#から行末まではコメントとみなされる．

環境とバージョンによっては，起動後に作成されたプログラムファイルが認識されないことがある．

以上の注意を踏まえて，下記のサンプルプログラムを参考にして，実際に計算機実験を行うことをお勧めする．

6.5 ソフトウエア

楕円関数のプロット ランデン変換（6.2節）を利用して，楕円関数 sn, cn などの値が得られる．プログラム 3 行目から 11 行目までで，ランデン変換に基づく関数 sn の再帰的な定義を行っている．4 行目にみえるように，母数 $k < 0.0001$ では関数 sn が三角関数 sin に一致するものとしている．

Octave では，配列の扱いに特徴がある．13 行目で 1 次元配列 x を定義している．こうして定義された配列の各要素に対して．^や．/といった演算が役に立つ．

最後の 22 行目にあるのは，プロットの結果を eps 形式のファイル elliptic-sn.eps に保存するものである．

プログラム **6.1** 楕円関数 sn のプロット（Octave）

```
1   1;
2   % ランデン変換を利用した関数 sn の再帰的定義
3   function retval = sn(u, k)
4     if (k < 0.0001)
5       retval = sin(u);
6     else
7       kprime = sqrt(1-k^2);
8       kstar = (1-kprime)/(1+kprime);
9       retval = 2/(1+kprime)*sn((1+kprime)*u/2,kstar)./(1+kstar*(sn((1+
              kprime)*u/2,kstar)).^2);
10    endif
11  endfunction
12  % 変数の設定
13  x = linspace(-10, 10, 201);
14  y = sn(x, 0);
15  z = sn(x, 0.5);
16  u = sn(x, 0.8);
17  v = sn(x, 0.99);
18  % プロット
19  plot (x, y, x, z, x, u, x, v)
20  axis ([-10, 10, -1.5, 1.5], "normal");
21  grid "on"
22  print -deps elliptic-sn.eps
```

関数 sn を求めることができれば，それを元にして，派生する楕円関数が得られる．次のプログラムでは，クノイド波の表現に必要な関数 cn^2 を求めるために，プログラム 6.1 の関数定義をそのまま利用している．

プログラム **6.2** 楕円関数 cn^2 のプロット（Octave）

```
1   1;
2   % ランデン変換を利用した関数 sn の再帰的定義
```

```
3   function retval = sn(u, k)
4     if (k < 0.0001)
5       retval = sin(u);
6     else
7       kprime = sqrt(1-k^2);
8       kstar = (1-kprime)/(1+kprime);
9       retval = 2/(1+kprime)*sn((1+kprime)*u/2,kstar)./(1+kstar*(sn((1+
              kprime)*u/2,kstar)).^2);
10    endif
11  endfunction
12  % 変数の設定
13  x = linspace(-10, 10, 201);
14  y = sn(x, 0.5);
15  z = sn(x, 0.99);
16  u = 1-y.^2;
17  v = 1-z.^2;
18  % プロット
19  plot (x, u, x, v)
20  axis ([-10, 10, 0, 1], "normal");
21  grid "on"
22  print -deps elliptic-cn.eps
```

KdV方程式の数値解（図 3.6.6） ザブスキー–クルスカルの方法による KdV 方程式の数値解を求めるプログラムである．14行目までに各関数を，15〜21行目に空間座標の範囲とその刻み，22〜28行目に時間座標の範囲とその刻みを定義している．30行目の`delta=0.022`は，分散を与える項の寄与を示す．これを`delta = 0`とすれば，図 3.6.1 に示された結果を与える．31〜46行目で系の時間発展を計算している．得られた結果から時刻を選択して，空間的変位のグラフを描いているのが47〜53行目の部分である．

プログラム **6.3** KdV 方程式の数値解（Octave）

```
1   % KdV 方程式の数値解（蛙跳び法）
2   1;
3   function av = ave3 (f)
4   %  隣接 3 項間の平均を計算する関数の定義
5     av = (shift(f,-1) + f + shift(f,1))/3;
6   endfunction
7   function df = diff1 (f, dx)
8   %  1 階微分を計算する関数の定義
9     df = (shift(f,-1) - shift(f,1))/(2*dx);
10  endfunction
11  function df = diff3 (f, dx)
```

```
12  %   3 階微分を計算する関数の定義
13      df = (shift(f,-2) - 2*shift(f,-1) + 2*shift(f,1) - shift(f
          ,2))/(2*dx^3);
14  endfunction
15  % 空間座標 x の範囲
16  xinit = 0;
17  xfinal = 2;
18  xsamples = 201;
19  % 空間座標 x の増分と配列生成
20  dx = (xfinal - xinit)/(xsamples-1);
21  x = linspace(xinit, xfinal, xsamples);
22  % 時間座標 t の範囲と増分
23  tinit = 0;
24  tfinal = 2;
25  tsamples = 5001;
26  % 時間座標 t の増分と配列生成
27  dt = (tfinal-tinit)/(tsamples-1);
28  t = linspace(tinit, tfinal, tsamples);
29  % 分散を与える項の係数
30  delta=0.022;
31  % 配列 u の生成およびその初期値 (i=1) の設定
32  u = zeros (tsamples,xsamples);
33  u(1,:) = cos(pi*x);
34  % i=2 における配列 u の値を求める計算
35  u0 = ave3 (u(1,:));
36  u1 = diff1 (u(1,:), dx);
37  u3 = diff3 (u(1,:), dx);
38  u(2,:) = u(1,:) - u0 .* u1 *dt -delta^2*u3*dt;
39  % KdV 方程式の積分
40  % i-2, i-1 における量から i における u を求める計算
41  for i = 3:tsamples
42     u0 = ave3 (u(i-1,:));
43     u1 = diff1 (u(i-1,:), dx);
44     u3 = diff3 (u(i-1,:), dx);
45     u(i,:) = u(i-2,:) - u0 .* u1 *2*dt -delta^2*u3*2*dt;
46  end
47  % 時刻 t=0, t=1/pi, t=3.6/pi での波の様子をプロット
48  a = 1;
49  b = ceil(1/pi/dt) + 1;
50  c = ceil(3.6/pi/dt) + 1;
51  plot (x, u(a,:), x, u(b,:), x, u(c,:));
52  grid on
53  axis ([xinit, xfinal,-1, 3]);
```

引き続き，次のプログラムを実行すれば，計算の結果がテキストファイルの配列としてファイルに保存できる（ただし，巨大なファイルになる）．

プログラム 6.4　KdV 方程式の数値解：続き（Octave）

```
1  % 続き
2  % gnuplot でプロットするためのテキストデータ保存
3  % save data for gnuplot (kdv_plot_zd.plt)
4  v = [x', u(a,:)', u(b,:)', u(c,:)'] ;
5  save -ascii kdv_plot_zd.txt v;
6  % gnuplot でプロットするためのテキストデータ保存
7  w = u';
8  save -ascii kdv_plot_full.txt w;
```

これを他のソフトウエアから読み込むこともできる．例えば，図 3.6.6 と図 3.6.9 は，それぞれ下記のプログラムによって gnuplot で描かれたものである．

プログラム 6.5　ザブスキー–クルスカルの数値解のプロット（gnuplot）

```
1  reset
2  set yrange [-1:3]
3  set ytics ("-1.0" -1, "0" 0, "1.0" 1, "2.0" 2, "3.0" 3)
4  set xlabel "Normalized Distance"
5  set grid
6  plot "kdv_plot_zd.txt" using 1:2 with lines title "A",\
7       "kdv_plot_zd.txt" using 1:3 with lines title "B",\
8       "kdv_plot_zd.txt" using 1:4 with lines title "C"
```

プログラム 6.6　ザブスキー–クルスカルの数値解の 3D プロット（gnuplot）

```
1   reset
2   unset key
3   set view 45, 120
4   set xtics ("0" 0, "0.5" 1250, "1.0" 2500, "1.5" 3750, "2.0" 5000)
5   set ytics ("0" 0, "0.5" 50, "1.0" 100, "1.5" 150, "2.0" 200)
6   set zrange [-1:3.5]
7   set ztics ("-1.0" -1, "0" 0, "1.0" 1, "2.0" 2, "3.0" 3)
8   set xlabel "Normalized Time"
9   set ylabel "Normalized Distance"
10  set grid
11  set hidden3d
12  splot "kdv_plot_full.txt" matrix every 100 with lines
```

移流方程式（6.4.3 項）　速度 u 一定の移流方程式における初期値問題を解くプログラムである．CFL 条件や差分のとり方（風上・風下・中心）をかえて結果を比較す

るとよいだろう．

プログラム **6.7** 移流方程式の数値解（Octave）

```
1   % 移流方程式の数値解
2   1;
3   function df = diff1 (f, k)
4   %   df = (shift(f,-1)-f)/k;% 風下差分;
5   %   df = (f-shift(f,1))/k; % 風上差分;
6       df = (shift(f,-1) - shift(f,1))/(2*k); % 中心差分;
7   endfunction
8   % x の範囲と増分および配列定義
9   xinit = -5;
10  xfinal = 5;
11  xsamples = 100;
12  k = (xfinal - xinit)/xsamples;
13  x = linspace(xinit, xfinal-k, xsamples);
14  % t の範囲と増分および配列定義
15  tinit = 0;
16  tfinal = 1;
17  tsamples = 1000;
18  h = (tfinal-tinit)/tsamples;
19  t = linspace(tinit, tfinal-h, tsamples);
20  % 波の速さ
21  u = 1;
22  disp("h="), disp(h);
23  disp("k="), disp(k),;
24  disp("u="), disp(u);
25  disp("u * h / k="), disp(u*h / k);
26  % プロットする時刻 t
27  ta = 0;
28  tb = .4;
29  tc = .8;
30  na = ceil(ta/h) + 1;
31  nb = ceil(tb/h) + 1;
32  nc = ceil(tc/h) + 1;
33  disp(na), disp(nb), disp(nc);
34  % 初期条件
35  y = zeros (tsamples,xsamples);
36  y(1,:) = exp(-x.* x);
37  % 数値積分
38  for i = 2:tsamples
39      y1 = diff1 (y(i-1,:), k);
40      y(i,:) = y(i-1,:) - u * y1 * h ;
41  end
```

```
42  % プロット
43  plot (x, y(na,:), x, y(nb,:), x, y(nc,:));
44  axis ([xinit, xfinal,-0.2, 1.2]);
```

この章のまとめ

1. **非線型波動**
$$\frac{\partial u}{\partial t} + u\frac{\partial u}{\partial x} = 0$$
初期条件を $u(x,0) = \cos \pi x$ とすると，$x = 1/2$ でつねに $u = 0$．波形は $x = 1/2$ で直立する傾向を示し，時刻 $t = 1/\pi$ のとき $x = 1/2$ で波が不安定になる．

2. **分散のある波動**
$$\frac{\partial u}{\partial t} + c\left(\frac{\partial u}{\partial x} + \beta \frac{\partial^3 u}{\partial x^3}\right) = 0$$
分散関係
$$\omega = ck(1 - \beta k^2)$$
したがって，位相速度は
$$c_{\mathrm{p}} \equiv \frac{\omega}{k} = c(1 - \beta k^2)$$
となり，波数 k に依存する．

3. **KdV 方程式**
   分散のある非線型波動方程式
$$\frac{\partial u}{\partial t} + u\frac{\partial u}{\partial x} + \mu \frac{\partial^3 u}{\partial x^3} = 0$$
の解は
$$u = u_2 + U\,\mathrm{cn}^2\left(\sqrt{\frac{U}{12\mu k^2}}\left\{x - \left(u_2 + \frac{1}{3}(2 - k^{-2})U\right)t\right\},\; k\right)$$
であり，特に
$k = 1$ ($u_2 = u_1$) でソリトン
$$u = u_1 + U\,\mathrm{sech}^2 \sqrt{\frac{U}{12\mu}}\left\{x - \left(u_1 + \frac{1}{3}U\right)t\right\}$$
が現れる．

4. **ザブスキーとクルスカルの数値計算**
   KdV 方程式の差分化，$t \to t_i = i\Delta t$, $x \to x^j = j\Delta x$, によって $u_i{}^j = u(t_i, x^j)$ が満たすべき式は次のようになる．

$$u_{i+1}{}^j = u_{i-1}{}^j + \left(\frac{u_i{}^{j+1} + u_i{}^j + u_i{}^{j-1}}{3} \cdot \frac{u_i{}^{j+1} - u_i{}^{j-1}}{2\Delta x} \right.$$
$$\left. + \delta^2 \cdot \frac{u_i{}^{j+2} - 2u_i{}^{j+1} + 2u_i{}^{j-1} - u_i{}^{j-2}}{2(\Delta x)^3} \right) 2\Delta t$$

この式に従って，初期条件 $u_0{}^j$ から数値解 $u_i{}^j$ を順に求める．

初期条件 $u_0{}^j = \cos \pi x^j$ のもとで計算を進めるとソリトン列が現れる．

5. ソリトン

サブスキーとクルスカルの数値計算によって，次の性質が示された．

- 一定の波形と速さを保つ局在波
- 衝突の前後でも波形を保つこと

このような性質をもつソリトンは，KdV 方程式などの非線型方程式において，広範な初期条件のもとで見出されている．

参考文献

- マックス・ボルン，エミル・ウォルフ『光学の原理 I』，(第 7 版) 草川徹訳，東海大学出版会（2005）
- マックス・ボルン，エミル・ウォルフ『光学の原理 II』，(第 7 版) 草川徹訳，東海大学出版会（2006）
- マックス・ボルン，エミル・ウォルフ『光学の原理 III』，(第 7 版) 草川徹訳，東海大学出版会（2006）
- 石黒浩三『光学』，共立全書（1953）
- 小橋豊『音と音波』，裳華房（1969）
- 小杉雅夫『振動・波動』，裳華房（1999）
- 新井仁之『新・フーリエ解析と関数解析学』，培風館（2010）
- 俣野博『岩波講座 現代数学への数学入門 6 熱・波動と微分方程式』，岩波書店（1996）
- 早稲田大学理工学基礎実験室編『理工学基礎実験 1A』（2012）
- 早稲田大学理工学基礎実験室編『理工学基礎実験 1B』（2010）
- 国立天文台編『理科年表』，丸善株式会社（2005）
- 和達三樹『現代物理学叢書 非線形波動』，岩波書店（2000）
- 巽友正『岩波基礎物理シリーズ 2 連続体の力学』，岩波書店（1995）
- 伊理正夫・藤野和建『数値計算の常識』，共立出版（2011）

編集者あとがき

本書「波動現象」の執筆者は以下の通りである．

　　第I部　第1章：　　師　啓二
　　　〃　　第2章：　　師　啓二
　　　〃　　第3章：　　師　啓二
　　　〃　　第4章：　　師　啓二・徳永　旻
　　第II部　第1章：　　牧野　哲
　　　〃　　第2章：　　牧野　哲
　　第III部　第1章：　　徳永　旻
　　　〃　　第2章：　　徳永　旻
　　　〃　　第3章：　　徳永　旻
　　　〃　　第4章：　　徳永　旻
　　　〃　　第5章：　　徳永　旻
　　　〃　　第6章：　　平尾淳一

　本書では本シリーズの他の巻同様，「波動」という物理現象のイメージを確実なものとし理解を助けるため，種々の実験に多くのページを割いている．今回は特に「波動」が身近な物理現象であることを考慮して，精度は悪いものの，身の回りで入手可能な道具立てでできるような実験も取り入れた．もし，読者のみなさんが実際に実験をしてみようと思われたとしたら，それは筆者たちの望外の喜びである．一部の実験のデータ（写真など）については森北出版のWebサイトで提供しているので，ぜひデータ解析にもチャレンジしてほしい．第I部で示した実験の一部は本シリーズの他の巻同様，過去に早稲田大学理工学実験室において行われた学生実験を参考にさせていただいた．また，実験室スタッフには，データや資料をご提供いただいた．ご協力いただいた実験室の染谷貞一氏はじめスタッフの皆さんにあらためて感謝申し上げる．
　索引の文責は，英語表記についてはその用語の初出の章の担当者に，韓国語表記については師に，中国語表記については木村博（元中国科学院紫金山天文台教授）にある．韓国語索引の作成にあたっては元早稲田大学助手朴善洪氏，および中国語索

引の作成では中国科学院の劉彩品氏，のお二人にそれぞれ大変協力していただいた．お二人にはあらためて感謝申し上げる．また，本シリーズの企画の段階から編集会議，校正作業にわたり財団法人アジア学生文化協会の会館ロビーを使わせていただいた．当協会の関係者にお礼を申し上げる．出版にあたっては森北出版株式会社代表取締役社長森北博巳氏はじめ出版部の上村紗帆の各氏に大変お世話になった．ここに感謝申し上げる．

編集：ISSE「現象と数学的体系から見える物理学」第3巻編集委員

平尾淳一（第III部），師　啓二，徳永　旻（アルファベット順）

四か国語索引

日本語	韓国語	中国語	English	Page Number
― あ行 ―				
アイコナール	아이코날	程函	eikonal	229
アイコナール方程式	아이코날방정식	程函方程	eikonal equation	230
アダムス法	아담스법	亚当斯方法	Adams method	277
位相	위상	相位	phase	121
位相速度	위상속도	相速	phase velocity	121
一面弾性率	전단 탄성률	单边的弹性模量	unilateral modulus of elasticity	143
移流項	이류항	移流项	advection term	281
移流方程式	이류방정식	移流方程	advection equation	256, 278
インコヒーレント	인코히런트	不相干的	incoherent	225
うなり	맥놀이	拍	beat	11, 195
S波	S파	次波	secondary wave	70
エネルギー密度	에너지 밀도	能量密度	energy density	170
FPUの再起現象	FPU의 재현현상	FPU 重现	FPU recurrence	272
LED（発光ダイオード）	LED (발광다이오드)	LED 发光二级管	light emitting diode	41
オイラー法	오일러 방법	欧拉方法	Euler's method	276
応力	응력	应力	stress	141

日本語	韓国語	中国語	English	Page Number
音圧	음압	声压	sound pressure	138
——か行——				
回折	회절	衍射	diffraction	40, 198
回折格子	회절격자	衍射光栅	diffraction grating	48, 221
蛙跳び法	개구리뛰기 방법	跳步法	leap-frog method	267, 277
鏡	거울	镜	mirror	23
角振動数	각진동수	角频率	angular frequency	122
風上差分	풍상차분	上风差分	upwind difference	281
風下差分	풍하차분	下风差分	downwind difference	281
重ね合せの原理	중첩의 원리	叠加原理	superposition principle	109
干渉	간섭	干涉	interference	14, 33, 218
完全系	완전계	全集	complete sets	96
基準振動	기준진동	简正振动	normal vibration	186, 189
基本振動	기본진동	基本振动	fundamental vibration	186, 189
逆位相	역위상	异相	out of phase	126
球面波	구면파	球面波	spherical wave	129
キルヒホッフの回折公式	키르히호프의 회절 공식	基尔霍夫衍射公式	Kirchhoff's diffraction formula	200
キルヒホッフの公式	키르히호프의 공식	基尔霍夫公式	Kirchhoff's formula	165
近軸光線	근축광선	傍轴光线	paraxial ray	241
矩形公式	사각형공식	矩形公式	rectangular rule	276
屈折の法則	굴절의 법칙	折射律	law of refraction	32, 235
屈折率	굴절률	折射率	refractive index	32
クノイド波	크노이드파	椭圆余弦波	cnoidal wave	261
グリーンの定理	그린 정리	格林定理	Green's theorem	162
クルスカル	크루스칼	M.D. 克鲁斯卡尔	M.D. Kruskal	267

日本語	韓国語	中国語	English	Page Number
群速度	군속도	群速度	group velocity	124
クントの実験	쿤트의 실험	孔特实验	Kundt's experiment	18
KdV 方程式	KdV 방정식	KdV 方程	KdV equation	259
剛性率	강성률	刚度系数	rigidity	142
光線	광선	光线	light ray	228
光速度不変の原理	광속불변의 원리	光速度不变原理	principle of constant of light velocity	34
国際単位系	국제 단위계	国际单位系统	international system of units	ix
コヒーレント	코히런트	相干的	coherent	224
固有角振動数	고유 각진동수	固有角频率	eigen angular frequency, characteristic angular frequency	182
固有関数	고유함수	本征函数	eigenfunction	95
固有値	고유치	本征值	eigenvalue	95
孤立波	고립파	孤立波	solitary wave	258
コルテヴェーク	콜테베끄	D.J. 科介特弗	D.J. Korteweg	259
コルニュ・スパイラル	코르뉴 나선	考纽螺线	Cornu spiral	214
── さ行 ──				
ザブスキー	자부스키	N.J. 扎布斯基	N.J. Zabusky	267
差分	차분	差分	difference	273
CFL 条件	CFL 조건	CFL 条件	CFL condition	279
視差	시차	视差	parallax	25
実体波	실체파	体波	body wave	70
ジャマン干渉計	다민 간섭계	雅满干涉仪	Jamin interferometer	33

日本語	韓国語	中国語	English	Page Number
収差	수차	象差	aberration	248
縮退	퇴화	简并	degenerate	96
主面	주평면	主面	principal plane	247
衝撃波	충격파	激波	shock wave	160
焦点	초점	焦点	principal focus, focal point	241
常微分方程式	상미분방정식	常微分方程	ordinary differential equation	92
初期条件	초기조건	初始条件	initial condition	115
震央	진앙	震中	epicenter	72
真空中の光速	진공중의 광속	真空中的光速	speed of light in vacuum	132
人工拡散	인공확산	人造扩散	artificial diffusion	282
進行波	진행파	行波	traveling wave	121
深水波	심해파	深水波	deep-water wave	7
シンプソンの公式	심슨 법칙	辛普森法则	Simpson's rule	276
数値粘性	수치 점성	数值粘度	numerical viscosity	282
スコット＝ラッセル	스콧 러셀	斯科特-热塞尔	Scott-Russell	258
正規直交系	정규 직교계	标准正交系	orthonormal system	96
斉次	제차	齐次，均匀	homogeneous	93
赤方偏移	적색편이	红移	redshift	160
節線	절선 (마디선)	节线	nodal line	220
節面	절면 (마디면)	节面	nodal surface	220
線型	선형	线性的	linear	93
浅水波	천해파	浅水波	shallow-water wave	9
全反射	전반사	全反射	total reflection	235
ソリトン	솔리톤	孤立子，孤子	soliton	266, 268

日本語	韓国語	中国語	English	Page Number
——た行——				
台形公式	사다리꼴 공식	梯形法则	trapezoidal rule	276
楕円関数	타원함수	椭圆函数	elliptic function	261, 262
楕円積分	타원적분	椭圆积分	elliptic integral	261
縦倍率	종배율	纵向放大率	longitudinal magnification	248
ダランベールの公式	달랑베르 공식	法朗贝尔公式	d'Alembert's formula	115
単スリット	단일슬릿	单缝	single slit	40
中心差分	중심차분	中心差分	central difference	273
長波	긴파동	长波	long wave	9, 148
直線偏光	직선 편광	线偏振	linear polarization	54
定在波	정재파	驻波	standing wave	122
定常波	정상파	定态波	stationary wave	18, 63, 122
展開定理	전개정리	展开定理	expansion theorem	96
同位相	동위상	同相	inphase	125
ドップラー効果	도플러효과	多普勒效应	Doppler effect	153
ド・フリース	드브리스	G. 德. 弗里斯	G. de Vries	259
——な行——				
ニュートン－コーツの公式	뉴턴－코츠 공식	牛顿－科茨公式	Newton–Cotes formulas	275
——は行——				
媒質	매질	介质	medium	108
波数	파수	波数	wave number	121
波数ベクトル	파수벡터	波数矢	wave number vector	125
波長	파장	波长	wave length	121

日本語	韓国語	中国語	English	Page Number
波動関数	파동함수	波函数	wave function	109, 113
波動方程式	파동방정식	波动方程	wave equation	113
波面	파면	波面	wave surface	126
腹	배	腹, 波腹	anti-node	122
パルス	펄스	脉冲	pulse	110
反射の法則	반사의 법칙	反射律	law of reflection	25, 234
P–S 時間	P–S 시간	P–S 时间	P–S time	72
P 波	P 파	初波, P 波	primary wave	70
ひずみ	변형	应变	strain	141
非斉次	비제차	非齐次的, 非均匀的	non-homogeneous	93
非線型	비선형	非线性的	nonlinear	93
非線型波動	비선형파동	非线型波	nonlinear wave	255
非分散性	비분산성	非色散波	non-dispersive	125
表面張力波	표면장력파	表面张力波	capillary wave	7
表面波	표면파	表面波	surface wave	7, 71
フェルマーの原理	페르마의 원리	费马原理	principle of Fermat	231
節	마디	节, 波节	node	122
フックの法則	훅(후크) 법칙	胡克定律	Hooke's law	141
フラウンホーファー回折	프라운호퍼 회절	夫琅禾费衍射	the Fraunhofer class of diffraction	201
フーリエ係数	푸리에 계수	傅里叶系数	Fourier coefficient	86
フーリエ展開	푸리에 전개	傅里叶展开	Fourier expansion	86
フーリエの反転公式	푸리에 역변환 공식	傅里叶逆变换公式	Fourier transform inversion formula	100
フーリエ変換	푸리에 변환	傅里叶变换	Fourier transform	99, 105
フレネル回折	프레넬 회절	非涅耳衍射	Fresnel class of diffraction	201
フレネル積分	프레넬 적분	非涅耳积分	Fresnel's integral	211

日本語	韓国語	中国語	English	Page Number
ふれの角	편각	偏向角	angle of deviation	249
分解能	분해능	分辨率	optical resolution, resolving power	251
分散公式	분산공식	色散关系	dispersion relation	137
分散性	분산성	色散性	dispersibility	125
分散のある波動	분산파	色散波	dispersive wave	258
平面波	평면파	平面波	plane wave	126
ベッセルの不等式	베셀 부등식	贝塞耳不等式	Bessel's inequality	87
偏光	편광	偏振	polarization	54
偏微分方程式	편미분 방정식	偏微分方程	partial differential equation	92
ポアソン比	푸아송 비	泊松比	Poisson's ratio	141
ホイヘンスの原理	호이겐스의 원리	惠更斯原理	Huygens' principle	161
ポインティングベクトル	포인팅 벡터	坡印廷向量	Poynting vector	178
ーーま行ーー				
マイケルソン干渉計	마이켈슨 간섭계	迈克耳孙干涉仪	Michelson interferometer	34
マッハ円錐	마하 원뿔	马赫圆锥	Mach cone	160
万華鏡	만화경	万花筒	kaleidoscope	26
ーーや行ーー				
ヤングの干渉計	영의 간섭계	杨氏干射仪	Young's interferometer	223
ヤング率	영률	杨氏模量	Young's modulus	141
横倍率	횡배율	横向放大率	lateral magnification	247

302　四か国語索引

日本語	韓国語	中国語	English	Page Number
——ら行——				
ラグランジュ補間	라그랑주 보간법	拉格朗日插值	Lagrange interpolation	275
ランデン変換	랜든변환	兰登变换	Landen transformation	263
リーマン–ルベーグの定理	리만–르베그 보조정리	黎曼–勒贝格定理	Riemann–Lebesgue theorem, lemma	91
粒子速度	입자속도	质点速度	particle velocity	175
臨界角	임계각	临界角	critical angle	235
ルンゲ–クッタ法	룽게–쿠타 방법	龙格–库塔法	Runge–Kutta method	277
レンズの公式	렌즈공식	透镜公式	lens formula	244, 248

著者略歴

平尾　淳一（ひらお・じゅんいち）
1958 年東京都生まれ
東京大学大学院理学系研究科博士課程単位取得満期退学
大東文化大学法学部教授

牧野　哲（まきの・てつ）
1949 年大阪府生まれ
大阪市立大学大学院理学研究科修了　理学博士（京都大学）
山口大学工学部教授

師　啓二（もろ・けいじ）
1949 年東京都生まれ
早稲田大学大学院理工学研究科博士課程単位取得満期退学　理学博士
白鷗大学経営学部教授

德永　旻（とくなが・あきら）
1935 年東京都生まれ
京都大学大学院理学研究科博士課程修了　理学博士
元・大阪産業大学教養部教授

編集担当　上村紗帆（森北出版）
編集責任　石田昇司（森北出版）
組　版　プレイン
印　刷　ワコープラネット
製　本　ブックアート

現象と数学的体系から
見える物理学 3
波動現象　　　　　　　　　　ⓒ　平尾淳一・牧野 哲　2015
　　　　　　　　　　　　　　　　師 啓二・德永 旻

2015 年 3 月 9 日　第 1 版第 1 刷発行　【本書の無断転載を禁ず】

著　者　平尾淳一・牧野 哲・師 啓二・德永 旻
発行者　森北博巳
発行所　森北出版株式会社
　　　　東京都千代田区富士見 1-4-11（〒102-0071）
　　　　電話 03-3265-8341 ／ FAX 03-3264-8709
　　　　http://www.morikita.co.jp/
　　　　日本書籍出版協会・自然科学書協会　会員
　　　　JCOPY ＜(社)出版者著作権管理機構　委託出版物＞

落丁・乱丁本はお取替えいたします.

Printed in Japan ／ ISBN978-4-627-15831-3

図書案内　森北出版

力学 I
平尾淳一・岸根順一郎・牧野　哲・師　啓二・徳永　旻／著
菊判 ・ 312頁　定価（本体 4200円 +税）　ISBN978-4-627-15811-5

「現象をよく観察し，そこから一般的な法則をみつけ出す」という物理学の本領に立ち返り，これまでに出版されている物理の本とはひと味違ったスタイルをとったシリーズ．第1部では紙上実験を通して現象を考え，第2部で物理学に必要な数学を学び，最後に第3部にて物理の理論をまとめた．

力学 II
木村　博・牧野　哲・師　啓二・徳永　旻／著
菊判 ・ 400頁　定価（本体 5200円 +税）　ISBN978-4-627-15821-4

「現象をよく観察し，そこから一般的な法則をみつけ出す」という物理学の本領に立ち返り，これまでに出版されている物理の本とはひと味違ったスタイルをとったシリーズ．「力学II」では，既刊「力学I」の続編として2次元以上の運動をあつかい，具体的で興味深い話題から物理の本質に迫っていく．

電磁気学 I
牧野　哲・松永　康・徳永　旻／著
菊判 ・ 240頁　定価（本体 3500円 +税）　ISBN978-4-627-15851-1

「現象をよく観察し，そこから一般的な法則をみつけ出す」という物理学の本領に立ち返り，これまでに出版されている物理の本とはひと味違ったスタイルをとったシリーズ．一般的な理論の構築にこだわらず，従来とは違った視点で学ぶことにより，とらえづらい電磁気についての理解がぐっと深められる．

電磁気学 II
松永　康・徳永　旻／著
菊判 ・ 280頁　定価（本体 4200円 +税）　ISBN978-4-627-15861-0

「現象をよく観察し，そこから一般的な法則をみつけ出す」という物理学の本領に立ち返り，これまでに出版されている物理の本とはひと味違ったスタイルをとったシリーズ．「電磁気学I」の続編として，古典電磁気学の立場から場の時空変化について学ぶ．

量子力学 I
平尾淳一・牧野　哲・師　啓二・徳永　旻・山本正樹／著
菊判 ・ 272頁　定価（本体 4500円 +税）　ISBN978-4-627-15891-7

「現象をよく観察し，そこから一般的な法則をみつけ出す」という物理学の本領に立ち返り，これまでに出版されている物理の本とはひと味違ったスタイルをとったシリーズ．はじめに，プランク定数が非常に大きい世界での物理実験を行い，SF的に現象を考え，最後はシュレーディンガー方程式の限界を考察する．

現在の定価等は弊社Webサイトをご覧下さい．
http://www.morikita.co.jp

図書案内　森北出版

波　動
音波・光波

小野　昱郎／著

菊判・208頁
定価(本体2800円＋税)
ISBN978-4-627-15381-3

「波動」とは何か．いろいろな物理現象に深く係わり合いをもつこの現象について，その性質を知り，よく理解することは重要なことである．本書では力学的な振動・波動現象から説き起こし，音波の性質，電磁波である光波の干渉・回折・偏光現象について，波動に共通した現象を具体的な例を取り上げ，解を求める筋道をわかりやすく解説している．

―― 目次 ――

波動と振動／1次元波動方程式 - 弦と棒を伝わる波 - ／波動のエネルギーの伝播, 反射と透過／音　波／波形の分解と合成／うなり，変調，群速度／2次元及び3次元の波動／波の干渉／波の回折／偏光現象／幾何光学

ホームページからもご注文できます
http://www.morikita.co.jp/